研究生教学用书

冲压成形工艺参数优化设计

谢延敏　刘光帅　何朝明　编著

科学出版社

北　京

内 容 简 介

本书是作者 10 多年来对冲压成形工艺参数优化设计的理论研究和授课的总结。本书由 11 章组成：第 1 章介绍了板料成形中有限元技术的发展；第 2 章介绍了冲压成形中有限元仿真技术的一些基本理论；第 3 章介绍了冲压成形仿真分析的分析系统；第 4 章介绍了冲压成形中所必要的一些试验研究及方法；第 5~8 章介绍了在冲压成形领域内基于代理模型的优化设计方法，包括变压边力优化、拉延筋优化、扭曲回弹控制、伪拉延筋结构设计；第 9 章介绍了基于稳健模型的冲压成形工艺优化；第 10 章介绍了高强度钢热冲压中冷却系统的设计与优化；第 11 章介绍了铝合金热冲压中的损伤本构及热成形工艺分析。

本书理论严谨，脉络分明，深入浅出，易于学习。本书适合冲压成形工艺优化方向的初学者阅读，可作为理工科相关专业的高年级本科生及研究生教材，也可供工程技术人员参考。

图书在版编目(CIP)数据

冲压成形工艺参数优化设计/谢延敏，刘光帅，何朝明编著. —北京：科学出版社，2022.3
研究生教学用书
ISBN 978-7-03-071537-1

Ⅰ.①冲⋯ Ⅱ.①谢⋯ ②刘⋯ ③何⋯ Ⅲ.①冲压-工艺学-最优设计-研究生-教材 Ⅳ.①TG38

中国版本图书馆 CIP 数据核字(2022)第 028882 号

责任编辑：邓 静 / 责任校对：胡小洁
责任印制：张 伟 / 封面设计：迷底书装

科 学 出 版 社 出版
北京东黄城根北街 16 号
邮政编码：100717
http://www.sciencep.com
北京九州迅驰传媒文化有限公司 印刷
科学出版社发行 各地新华书店经销
*
2022 年 3 月第 一 版 开本：787×1092 1/16
2022 年 3 月第一次印刷 印张：13
字数：330 000
定价：88.00 元
(如有印装质量问题，我社负责调换)

序

　　在过去几十年，代理模型方法和基于代理模型的优化引起了广泛的关注。这种类型的方法使用简单的分析模型来近似计算密集型函数，然后应用优化方法来搜索最优值，可以有效地解决工程上相关的设计与优化问题。在冲压成形领域，实现高质量、低成本、短周期的产品开发是设计人员追求的核心目标，而在生产实践中要达到这个目标，直接面临的问题是冲压成形工艺的选择。为确定合理的冲压成形工艺，基于代理模型的优化技术在冲压成形领域的应用便应运而生，它可以帮助实现高效率、高质量冲压产品的开发。正是基于这样的特点，需要进一步深入研究与拓展冲压成形工艺参数优化设计这门多学科交叉的技术。

　　冲压成形中原始工艺与最终质量之间的关系是未知的，有效地建立起它们之间的关系并进行优化以用于指导工程实践具有很强的迫切性。该书作者经过长期的理论和实践探索，对冲压成形工艺参数优化设计的相关理论和一些影响成形质量的关键问题进行了深入的研究，利用基于代理模型的优化技术对变压边力、拉延筋、用于扭曲回弹控制的模具结构、伪拉延筋结构进行相关的优化与设计，建立相应的稳健模型，寻得在保证产品质量稳定条件下的最佳成形工艺，此外还对高强度钢和铝合金热冲压过程的相关工艺参数优化问题进行研究。与此同时，作者发表了大量的相关学术论文，其中多篇被 SCI 和 EI 收录。这些研究内容基本包含了冲压成形过程中影响产品质量的关键因素，并进行了相关的设计与优化以实现冲压产品性能的提升。该书在作者最新成果的基础上，从理论与实际相结合的角度出发，系统地研究了影响冲压成形产品质量的关键工艺参数的设计与优化问题，这对于冲压成形实践具有很强的实用性。

　　冲压产品性能提升的需求驱使着工艺设计优化问题的深入研究，这也成为产品设计人员考虑的重要环节。随着《冲压成形工艺参数优化设计》一书的出版，我相信，它将对从事冲压成形工艺优化研究和生产的科技人员提供有力的帮助。我很高兴为该书作序，希望作者在冲压成形工艺参数优化设计方面取得更好的成绩。

上海交通大学材料科学与工程学院塑性成形技术与装备研究院院长

陈　军

2021 年 8 月

前　言

在冲压成形领域，工艺参数直接影响着成形结果，利用数值仿真技术确定最优工艺参数取代了传统的参数设计方法，这一方法伴随着有限元技术的发展和代理模型的使用得到进一步深化。基于代理模型的优化方法可以有效解决冲压成形中的参数优化问题，采用这种技术能减少制造产品的时间及成本，并提高产品的质量。基于优化策略的工艺参数确定对冲压成形的具体实践具有重要的意义。

本书由 11 章组成：第 1 章介绍了板料成形中有限元仿真技术的发展情况；第 2 章介绍了冲压成形的有限元仿真理论；第 3 章介绍了冲压成形仿真分析中的基本模块及关键问题；第 4 章介绍了冲压成形中关键的试验研究方法及成形性能的评定；第 5～8 章介绍了采取基于代理模型的优化技术对冲压成形过程中的关键工艺参数进行确定，包括对变压边力和拉延筋参数的优化，以及对扭曲回弹控制的模具结构设计方法和伪拉延筋的结构设计，这些内容包含了成形参数以及结构参数的优化以实现冲压过程性能的提升；第 9 章介绍了冲压成形中利用稳健模型研究参数波动对质量的影响，在保证产品质量稳定条件下寻求最佳成形工艺参数；第 10 章介绍了高强度钢冲压件热成形中模具冷却系统关键参数的优化；第 11 章介绍了铝合金热冲压过程中的本构行为及工艺参数的优化。

本书由谢延敏、刘光帅、何朝明编著。特别感谢西南交通大学机械原理教研室模具方向的研究生，他们的研究工作为本书奠定了良好的基础。

冲压成形工艺参数的优化方法正在迅速发展，许多理论和实际问题还需进一步认识和解决。由于时间仓促，书中不妥之处在所难免，恳请读者对本书提出批评指正意见。

谢延敏

2021 年 8 月于成都

目　　录

第1章 绪 论

1.1 板料成形仿真分析技术的发展

1.1.1 有限元技术的发展

20 世纪 40 年代，航空事业的飞速发展对飞机结构提出了越来越高的要求，人们必须进行精确的设计和计算，正是在这一背景下，有限元技术应运而生。在 1960 年发表的著名论文 *The finite element method in plane stress analysis* 中，由 Clough 教授首次提出了"有限元"这一概念，他用这种方法首次求解了弹性力学的二维平面应力问题[1]。之后大量的工程师开始使用这一方法来处理许多复杂的工程问题。被公认为世界三大有限元法先驱的 Zienkiewicz 出版了第一本有限元分析的专著 *The Finite Element Method*，此书是有限元领域最早、最著名的专著，为有限元法的推广和普及做出了杰出贡献，该书曾多次再版，并被译成多种语言，其 2000 年版共有 1400 多页[2, 3]。

1965 年 Marcal 提出了用弹塑性小变形的有限元列式求解弹塑性变形问题，揭开了有限元在塑性加工领域应用的序幕[4]。1968 年日本东京大学的 Yamada 等推导了弹塑性小变形本构的显式表达式，为小变形弹塑性有限元法奠定了基础。但是，小变形理论不适于板料冲压成形这样的大变形弹塑性成形问题[5]。因此，人们开始致力于发展大变形弹塑性有限元法。1970 年 Hibbitt 等首次利用有限变形理论建立了基于完全 Lagrangian 格式（total Lagrangian formulation，T. L.格式）的弹塑性大变形有限元列式[6]。1973 年 Lee 和 Kobayashi 提出了刚塑性有限元法[7]。1973 年 Oden 等建立了热黏弹塑性大变形有限元列式[8]。1978 年 Zienkiewicz 等提出了热耦合的刚塑性有限元法[9]。1980 年 Owen 和 Hinton 出版了第一本塑性力学有限元方面的专著，全面系统地论述了材料非线性和几何非线性的问题[10]。至此，大变形弹塑性有限元理论被系统地建立起来。

1.1.2 板料成形有限元技术的发展

在有限元法用于板料成形分析之前，工程师主要用试验分析方法来了解不同金属板料的塑性成形性能，为设计提供依据。例如，Keeler[11]提出的成形极限图（forming limit diagram，FLD）概念描述了板料在发生缩颈前所能承受的最大局部塑性变形，并得到广泛应用。大多数商业金属成形工艺的特点是高度非线性的材料行为[12,13]，工件和工具之间广泛地滑动接触，以及非常大的材料应变。这些意味着板料和体积成形的有限元分析是非常复杂的[14]。

有限元法最初在板料成形中应用是在 20 世纪 70 年代，最初是从分析简单的轴对称问题开始的。1973 年，Lee 和 Kobayashi[7]提出了刚塑性有限元法，并把这一方法用于分析冲压成形问题，这是人们第一次用有限元法来模拟冲压成形过程。随后，Iseki 等[15]用弹塑性增量型有限元法模拟了液压胀形过程。1976 年，Wifi[16]基于轴对称理论，用弹塑性增量型有限元法模拟了圆形坯料在半球形凸模下的胀形和深拉伸过程。1978 年，在美国通用汽车公司召开的一个关于板料成形过程力学分析的研讨会上，Kobayashi 和 Kim[17]用刚塑性有限元法模拟了板料液压胀形和半球形凸模作用下的拉延过程。自此，板料冲压成形数值模拟沿着这两篇文章开创的道路发展起来。1978 年，Wang 和 Budiansky[18]基于非线性薄壳理论，采用弹塑性全 Lagrange（拉格朗日）法对一般形状的冲压成形问题进行了分析；Onate 和 Zienkiewicz[19]基于非牛顿流体的流动理论，用黏塑性有限元法分析了非轴对称情形下的胀形和拉延过程。1980 年，Oh 和 Kobayashi[20]首先比较了冲压成形过程的刚塑性有限元解和弹塑性有限元解，然后用刚塑性有限元法对成形中的拉延过程进行了分析。1985 年，Toh 和 Kobayashi[21]采用板壳单元的刚塑性有限元法分析了三维方盒件的拉延过程。1986 年，Yang 和 Kim[22]建立了平面塑性各向异性的刚塑性有限元列式。1988 年，板料成形数值模拟在实用性方面取得了较大的进步。Nakamochi 和 Sowerby[23]用弹塑性有限元法对方盒形拉延件进行了分析，取得了和试验一致的结果。美国的 Tang 和 Chappuis[24]完成了轿车前翼子板冲压成形的有限元分析。1989 年，在 NUMIFORM'89 会议上，Honecker 和 Mattiason[25]给出了油盒成形过程的数值模拟结果，并描述了成形过程中可能出现的起皱情况。此后，板料成形过程的数值模拟在汽车工业领域的研究成为热点。进入 90 年代后，板料成形分析向 CAD/CAE/CAM 一体化方向发展，开发了虚拟制造系统（virtual manufacturing system），同时有限元的显式积分算法也逐步进入板料成形领域，并把理论研究逐步推向了实际。

随着板料成形有限元数值模拟研究的发展，大量的研究内容不断在有关国际会议和刊物上发表。为了促进板料成形模拟技术的研究和发展应用，除传统的工业成形过程中的数值模拟方法国际会议（International Conference on Numerical Methods in Industrial Forming Processes，NUMIFORM）外，国际上还发起了定期召开国际板料成形三维数值模拟会议（International Conference on Numerical Simulation of 3D Sheet Forming Processes，NUMISHEET），迄今已举办过 11 届。

在国内，板料成形数值模拟研究起步于 20 世纪 80 年代末。1987 年上海交通大学的贾明华等[26]对刚塑性有限元在金属塑性成形中的应用进行了比较深入的研究，对杯-杯复合挤压及杆-杆复合挤压时的金属变形规律做了详细的探讨，并在微机上完成了一个以轴对称工件冷挤压工艺数值模拟为主的刚塑性有限元程序。同年，华中工学院的肖景容等[27]推广了 Kirchhoff 提出的刚塑性变形时外力边界与相对速度有关的广义变分原理，给出了刚塑性变分原理的新形式，对刚塑性有限元中的约束进行了分析，对两种不同摩擦条件下的镦粗过程进行了分析计算。1990 年，北京航空航天大学的熊火轮[28]采用 ADINA 程序模拟了宽板的拉延、液压胀形以及汽车暖风罩的成形过程。由于 ADINA 程序主要适用于非线性结构计算分析，处理接触边界的能力有限，不能直接用来模拟板料成形过程，所以文中采用了一种"分步修正法"处理板料成形过程中的动态接触问题。1991 年，华中理工大学的董湘怀[29]采用薄膜三角形单元，建立了用于板料成形分析的有限元模型，编制了盒形零件和机油收集器的成形过程分析程序。吉林工业大学的胡平等[30]建立了可合理反映塑性变形导致材料模量软化，并能描述由正交法则向非正交法则光滑过渡的弹塑性有限变形的拟流动理论。柳玉起[31]利用胡平等提出的理论，将各种非经典本构模型引入弹塑性大变形有限元法中，基于 Hill 的各向异性屈服准则，采用 Mindlin 曲壳单元对方盒拉深成形过程突缘起皱现象进行了模拟。哈尔滨工业大学的郭刚[32]采用大变形弹塑性有限元法对直壁类冲压件的成形过程以及破裂现象进行了分析，建立了相应的有限元数值模拟系统。湖南大学的李光耀[33]开展了板料成形过程的有限元显式程序的开发研究，并基于主仆接触算法和 Hill 各向异性屈服准则对 S 形轨与汽车挡泥板等标准考题进行了模拟研究。徐康聪[34]利用有限元数值模拟技术对汽车车身覆盖件的冲压成形过程进行了分析，对其中的几何形体描述、材料非线性和接触算法等进行了系统的研究，并提出了并环设计概念以及并行设计方法。此外，上海交通大学的朱谨和阮雪榆[35]采用库仑摩擦模型和常剪力模型模拟了圆形板料在半球形冲头下的拉胀成形过程和在柱状冲头下的成形过程。

进入 20 世纪 90 年代后期以来，大批关于板料成形数值模拟研究的论文在国内涌现，其中既有基于独立开发有限元软件的基础性研究成果，也有利用现有商业专业软件的应用实例，并且板料成形数值模拟技术也开始由高校和实验室走向企业。

1.2　仿真分析软件的分类

20 世纪 70 年代产生了可以应用到工程领域的有限元程序和软件，并快速发展至今，软件的图形界面、功能模块和前后处理能力都得到了大幅度的提升[36]。

事实上，目前国际上研究开发的用于分析冲压成形问题的有限元软件不下 100 个，常见的如表 1-1 所示。而目前最流行的有 ABAQUS、ANSYS、MSC。其中 ABAQUS 在非线性分析方面有较强的能力，目前是业内最认可的有限元分析软件之一，ANSYS、MSC 进入中国比较早，所以在国内知名度高、应用广泛。

表 1-1　常用板料成形有限元仿真软件

序号	软件	开发单位	算法	国家
1	MTLFRM	Ford Motor		美国
2	LS-NIKE3D	Liver Software Inc.		美国
3	AutoForm	ETH Zwrich	静力隐式	瑞士
4	ABAQUS/Standard	HKS		美国
5	INDEED	INPRO		德国
6	LS-DYNA3D	Liver Software Inc.		美国
7	OPTRIS	Matra Data Vision		法国
8	Dynaform	ETA	动力显式	美国
9	PAM-STAMP	ESI		法国
10	ABAQUS/Explicit	HKS		美国
11	RADIOS	MECALOG		法国

国外有限元软件有 ABAQUS、ANSYS、ADINA 等大型通用有限元商业软件，可以分析多学科的问题，如机械、电磁、热力学等；电机有限元分析软件有 NASTRAN 等。

目前在多物理场耦合方面几大公司都可以做到结构、流体、热的耦合分析，但是除 ADINA 以外，大多软件必须与别的软件搭配进行迭代分析，唯一能做到真正流固耦合的软件只有 ADINA。

国产有限元软件有 FEPG、SciFEA、JiFEX、KMAS、FELAC 等。

值得一提的是 FEPG。中国科学院数学与系统科学研究院梁国平研究员团队历经八年的潜心研究，独创了具有国际领先水平的有限元程序自动生成系统——FEPG。FEPG 采用元件化思想和有限元语言，为各领域、各方面问题的有限元求解提供了一个极有利的工具，采用 FEPG 可以在数天甚至数小时内完成通常需要数月甚至数年才能完成的编程劳动。FEPG 是目前幸存下来的为数不多的 CAE 技术中发展较好的有限元软件，目前有 300 多家科研院所、企业应用，也已经成为国内做得最大的有限元软件平台。

FEPG 作为通用有限元软件，能够解决固体力学、结构力学、流体力学、热传导、电磁场以及数学方面的有限元计算问题，在耦合方面具有特殊的优势，能够实现多物理场的任意耦合，在有限元并行计算方面处于领先地位。

1.3　有限元技术的应用

有限元法自提出以来，有限元理论及其应用得到了迅速发展。发展至今，已由二维问题扩展到三维问题、板壳问题，由静力学问题扩展到动力学问题、稳定性问题，由结构力学扩展到流体力学、电磁学、传热学等学科，由线性问题扩展到非线性问题，由弹性材料扩展到弹塑性、塑性、黏弹性、黏塑性和复合材料，从航空技术领域扩展到航天、土木建筑、机械制造、水利工程、造船、电子技术及原子能等领域，由单一物理场的求解扩展到多物理场的耦合，其应用的深度和广度都得到了极大的拓展[37]。

1. 有限元法在生物医学中的应用

在研究人体力学结构时，力学试验几乎无法进行，这时就需要有限元分析方法来代替。

1）改良及优化器械的设计

利用有限元力学分析，可以改良医疗器械的力学性能以及优化器械的设计。除试验方法外，利用有限元法对器械进行的模拟力学试验具有时间短、费用少、可处理复杂条件、力学性能测试全面及重复性好等优点。另外，还可进行优化设计，指导对医疗器械进行设计及改进，以获得更好的临床疗效[38]。

2）利用有限元模型进行力学仿真试验

利用有限元软件的强大建模功能及接口工具，可以很逼真地建立三维人体骨骼、肌肉、血管、口腔、中耳等器官组织的模型，并能够赋予其生物力学特性。在仿真试验中，对模型进行试验条件仿真，模拟拉伸、弯曲、扭转、抗疲劳等力学试验，可以求解在不同试验条件下任意部位的变形，应力、应变分布，内部能量变化及极限破坏情况[39-44]。目前有限元法在国内已经得到了普遍应用，取得了大量的成就。然而与国外生物力学中有限元的应用情况相比，国内的有限元工作依然有一定差距，所以在有限元的研究中，为解决实际的临床问题仍然需要不懈地努力。

2. 有限元法在激光超声研究中的应用

在激光热弹机制激发超声的理论研究工作中，大部分在求解热传导和热弹方程过程中采用解析计算方法，在数值计算中主要采用显式或隐式有限差分法，而这些文献工作都局限在板材上，当脉冲激光非轴对称地照射到管状材料表面时，用这些方法求解都非常困难。另外，在激光作用过程中，由于温度的变化，材料的热物理性能也随之发生变化，以上所有解析分析方法都无法应用于实际情况。而在数值计算中，有限元法能够灵活处理复杂的几何模型并且能够得到全场数值解，另外，有限元模型能够考虑材料参数随温度变化的实际情况[45]。

3. 有限元法在机电工程上的应用

在电机中，电流会使绕组发热，涡流损耗和磁滞损耗会使铁心发热。温度分布不均造成的局部过热，会危及电机的绝缘和安全运行；在瞬态过程中，巨大的电磁力有可能损坏电机的端部绕组。为了准确地预测并防止这些不良现象的产生，需要进行电磁场的计算，有限元法正是计算电磁场的一种有力工具[37,46]。

4. 有限元法在汽车产品开发中的应用

作为制造业的中坚,汽车工业一直是以有限元为主的 CAE 技术应用的先锋。有限元法在汽车零部件结构强度、刚度分析中最显著的应用是在车架、车身设计中的应用。车架和车身有限元分析的目的在于提高其承载能力和抗变形能力、减轻其自身重量并节省材料。就整个汽车而言,当车架和车身重量减轻后,整车重量也随之降低,从而改善整车的动力性和经济性等性能。应用有限元法对整车结构进行分析,可在产品设计初期对其刚度和强度有充分认识,使产品在设计阶段就可保证使用要求,缩短设计试验周期,节省大量的试验和生产费用,是提高产品可靠性既经济又实用的方法之一。有限元法在汽车设计及产品开发中的应用使得汽车在轻量化、舒适性和操纵稳定性方面得到改进和提高[47-49]。

5. 有限元法在物流运输行业的应用

运输是物流的重要环节,但在运输过程中包装件不可避免地会遇到碰撞、跌落等冲击,致使产品遭到致命损坏。采用有限元技术模拟包装件在运输中的碰撞、跌落等状态,能够减少或避免不必要的人工反复实物试验和破坏性试验,缩短试验周期,降低费用。吴彦颖和郑全成[50]通过跌落模拟分析计算了不同工况下运输包装件的冲击力学响应,并结合以往的环境试验结果,得出了缓冲包装的可靠性和包装件内部无法检测部件的环境适应性结论;还将理论模拟结果与模拟试验测量结果进行对比,验证了数值模型和模拟方法的有效性。国内研究人员对产品采用不同材料作为缓冲包装均进行了有限元跌落模拟分析[51-54]。国外研究人员利用有限元软件对电视机、烤箱、收音机等电子产品[55-59]采用缓冲包装后进行跌落模拟,主要研究模拟分析过程中的关键技术。

6. 有限元法在建筑方面的应用

现今有限元技术在建筑业也凸显了它的重大作用。天津大学从事有限元研究的人员对河北柏林寺塔进行了地震反应分析[60]。研究发现,水平地震作用下,塔结构在下部会出现拉应力区域,更易开裂、破坏,而且强烈地震的鞭梢效应会导致塔刹破坏,因此提出对塔体抗震加固时可采用塔体加箍、碳纤维布加固等措施。

参 考 文 献

[1] CLOUGH R W. The finite element method in plane stress analysis[C]. ASCE Conference on Electronic Computation, Pittsburgh, 1960: 345-378.

[2] ZIENKIEWICZ O C, TAYLOR R L. The finite element method[M]. 5th ed. Oxford: Butterworth-Heinemann, 2000.

[3] 曾攀. 有限元分析及应用[M]. 北京: 清华大学出版社, 2004.

[4] MARCAL P V. A note on the elastic-plastic thick cylinder with internal pressure in the open and closed-end condition[J]. International journal of mechanical sciences, 1965, 7(12): 841-845.

[5] YAMADA Y, YOSHIMURA N, SAKURAI T. Plastic stress-strain matrix and its application for the solution of elastic-plastic problems by the finite element method[J]. International journal of mechanical sciences, 1968, 10(5): 343-354.

[6] HIBBITT H D, MARCAL P V, RICE J R. A finite element formulation for problems of large strain and large displacement[J]. International journal of solids and structures, 1970, 6(8): 1069-1086.

[7] LEE C H, KOBAYASHI S. New solutions to rigid-plastic deformation problems using a matrix method[J]. Journal of engineering for industry, 1973, 95(3): 865-873.

[8] ODEN J T, BHANDARI D R, YAGAWA G, et al. A new approach to the finite-element formulation and solution of a class of problems in coupled thermoelastoviscoplasticity of crystalline solids[J]. Nuclear engineering and design, 1973, 24(3): 420-430.

[9] ZIENKIEWICZ O, OATE E, HEINRICh J. Plastic flow in metal forming: 1. Coupled thermal, 2. Thin sheet forming[A]//ARMAN H, TONES R F. Applications of numerical methods to forming processes[C]. New York: ASME, 1978: 107-120.

[10] OWEN D R J, HINTON E. Finite element in plasticity: theory and practice[M]. Swansea: Pinerige Press Limited, 1980.

[11] KEELER S P. Circular grid system-a valuable aid for evaluating sheet metal formability[J]. SAE technical paper, 1968, (680092): 371-379.

[12] 王新宝. 基于改进 BP 神经网络模型的拉延筋参数反求优化研究[D]. 成都：西南交通大学，2014.

[13] 田银. 基于 RBF 神经网络的变压边力优化研究[D]. 成都：西南交通大学，2015.

[14] 熊文诚. 基于 RBF 神经网络的板料成形工艺优化研究[D]. 成都：西南交通大学，2017.

[15] ISEKI H, JIMMA T, MUROTA T. Finite element method of analysis of the hydrostatic bulging of a sheet metal(part1)[J]. Bulletin of JSME, 1974, 17(112): 1240-1246.

[16] WIFI A S. An incremental complete solution of the stretch-forming and deep-drawing of a circular blank using a hemispherical punch[J]. International journal of mechanical sciences, 1976, 18(1): 23-31.

[17] KOBAYASHI S, KIM J H. Deformation analysis of axisymmetric sheet metal forming processes by the rigid-plastic finite element method[A]//KOISTINEN D P, WANG N M. Mechanics of sheet metal forming[C]. New York: Plenum Press, 1978: 341-365.

[18] WANG N M, BUDIANSKY B. Analysis of sheet metal stamping by a finite-element method[J]. Journal of applied of mechanics, 1978, 45(1): 73-82.

[19] ONATE E, ZIENKIEWICZ O C. Plastic flow of axisymmetric thin shells as a non Newtonian flow problem and its applications to stretch forming and deep drawing problem[A]//Sheet metal forming and formability proceeding of IDDRG 10th Biennial Congress[C]. Coventry: University of Warwick, 1978: 29-38.

[20] OH S I, KOBAYASHI S. Finite element analysis of plane-strain sheet bending[J]. International journal of mechanical sciences, 1980, 22(9): 583-594.

[21] TOH C H, KOBAYASHI S. Deformation analysis and blank design in square cup drawing[J]. International journal of machine tool design and research, 1985, 25(1): 15-32.

[22] YANG D Y, KIM Y J. A rigid-plastic finite-element formulation for the analysis of general deformation of planar anisotropic sheet metals and its applications[J]. International journal of mechanical sciences, 1986, 28(12): 825-840.

[23] NAKAMOCHI E, SOWERBY R. Finite element modeling of the punch stretching of square plates[J]. Journal of applied mechanics, 1988, 55(3): 667-671.

[24] TANG S C, CHAPPUIS L B. Evaluation of sheet metal forming process design by simple models[J]. Journal of materials in manufacturing processes, 1988, 8: 19-26.

[25] HONECKER A, MATTIASON K. Finite element procedures for 3D sheet metal forming simulation[A]//THOMPSON E G. NUMIFORM'89[C]. Colorado: Numerical Methods in Industrial Forming Process, 1989: 457-464.

[26] 贾明华，曾宪章，阮雪榆. 冷挤压工艺刚塑性有限元数值模拟程序及其应用[J]. 模具技术，1987，（6）：1-12.

[27] 肖景容，李尚健，李赞，等. 刚塑性变形模拟的相似条件[J]. 华中工学院学报，1987，15（S1）：35-40.

[28] 熊火轮. 计算机辅助板料成形分析模拟系统[D]. 北京：北京航空航天大学，1990.

[29] 董湘怀. 轴对称及三维金属板料成形过程的有限元模拟[D]. 武汉：华中理工大学，1991.

[30] 胡平，连建设，李运兴. 弹塑性有限变形的拟流动理论[J]. 力学学报，1994，26（3）：275-283.

[31] 柳玉起. 板料成形塑性流动规律及其起皱破裂回弹的数值研究[D]. 长春：吉林工业大学，1995.

[32] 郭刚. 直壁类冲压件成形过程弹塑性有限元模拟及破裂预测系统[D]. 哈尔滨：哈尔滨工业大学，1994.

[33] 李光耀. 三维板料成形过程的显式有限元分析[J]. 计算结构力学及其应用，1996，13（3）：253-267.

[34] 徐康聪. 汽车车身覆盖件成形过程计算机数值分析与应用研究[D]. 长沙：湖南大学，1995.

[35] 朱谨，阮雪榆. 板料变形中两种摩擦模型的比较[J]. 上海交通大学学报，1995，29（2）：72-78.

[36] CHEN Y M, TSAO T H. A structured methodology for implementing engineering data management[J]. Robotics and computer-integrated manufacturing, 1998, 14(4): 275-296.

[37] 李强，高耀东，王昌. 有限元法及 CAE 技术在现代机械工程中的应用[J]. 机械科学与技术，2003，22（S2）：126-128.

[38] 崔红新，程方荣，王健智. 有限元法及其在生物力学中的应用[J]. 中医正骨，2005，17（1）：53-55.

[39] 刘立峰，蔡锦方，梁进. 跟骨骨折内固定方法的有限元模拟比较[J]. 中国矫形外科杂志，2003，11（8）：557-558.

[40] 仇敏，何黎升. 下颌骨牙槽嵴萎缩三维有限元模型与生物力学分析[J]. 中国临床康复，2003，7（2）：225-226，355.

[41] 张美超，钟世镇. 国内生物力学中有限元的应用研究进展[J]. 解剖科学进展，2003，9（1）：53-56.

[42] 杨秀萍，王鹏林，郑孝慈，等. 有限元法在口腔种植修复中的应用[J]. 天津理工学院学报，2003，19（1）：54-57.

[43] 罗建文，白净. 超声弹性成像仿真的有限元分析[J]. 北京生物医学工程，2003，22（2）：99-103.

[44] 刘后广，塔娜，饶柱石. 人体中耳有限元法数值仿真[J]. 系统仿真学报，2009，21（24）：7899-7901.

[45] 何跃娟，朱日宏，沈中华，等. 有限元方法在激光超声研究中的应用[J]. 应用激光，2004，24（5）：269-272.

[46] 刘桂芹，曹明，江进国. 有限元法在机电工程中的应用[J]. 机床电器，2005，32（3）：9-10，14.

[47] 蔡青，李世芸，陈丽. 有限元法在我国汽车行业中的应用与展望[J]. 重型汽车，2005，（1）：10-11.

[48] 谢延敏，张飞，潘贝贝，等. 基于并行加点 kriging 模型的拉延筋优化[J]. 机械工程学报，2019，55（8）：73-79.

[49] XIE Y M, XIONG W C, ZHUO D Z, et al. Drawbead geometric parameters using an improved equivalent model and PSO-BP neural network[J]. Proceedings of the institution of mechanical engineers, Part L: Journal of materials design and applications, 2015, 230(4): 899-910.

[50] 吴彦颖, 郑全成. 运输包装件跌落冲击响应仿真分析[J]. 中国包装工业, 2007, (5): 79-81.

[51] 朱若燕, 李厚民. 空调包装结构的跌落仿真分析[J]. 包装工程, 2006, 27 (6): 4-5, 14.

[52] 杨婕, 季忠, 赵晓栋. 压缩过程中现场发泡包装材料微观结构的有限元分析[J]. 包装工程, 2010, 31 (1): 30-33, 75.

[53] 滑广军, 谢勇. 蜂窝纸板与瓦楞纸板边压强度有限元分析[J]. 包装工程, 2009, 30 (5): 1-2, 12.

[54] 滑广军, 向红, 冯伟. 瓦楞纸箱的有限元建模及屈曲分析[J]. 包装工程, 2009, 30 (3): 34-35.

[55] WANG Y Y, LU C, LI J, et al. Simulation of drop/impact reliability for electronic devices[J]. Finite elements in analysis and design, 2005, 41(6): 667-680.

[56] LOW K H, YANG A Q, HOON K H, et al. Initial study on the drop-impact behavior of mini Hi-Fi audio products[J]. Advances in engineering software, 2001, 32(9): 683-693.

[57] DAN N, CHATIRI M, HOERMANN M. Drop test simulation of a cooker including foam packaging and prestressed plastic foil wrapping[A]//The 9th International LS-DYNA User Conference[C]. Dearborn: LSTC, 2006: 34-40.

[58] SHIGEKI K. Development of aluminum honeycomb model using shell dements[A]//The 9th International LS-DYNA User Conference[C]. Dearborn: LSTC, 2006: 1-10.

[59] HUANG L, HIKOSAKA H, KOMINE K. Simulation of accordion effect in corrugated steel web with concrete flanges[J]. Computers & structures, 2004, 82(23/24/25/26): 2061-2069.

[60] 周占学, 麻建锁, 张海. 柏林寺塔抗震性能非线性有限元分析[J]. 工业建筑, 2010, 40 (2): 74-76, 63.

第2章 冲压成形有限元仿真分析理论

2.1 概 述

在弹性力学问题有限元分析中，应变和位移的关系（几何方程）、应力和应变的关系（物理方程）、变形前的力平衡方程都是线性的。但是，冲压成形是一个双重非线性问题，不仅是几何非线性的，而且材料（或物理）也是非线性的，此时上述线性关系不再成立[1]。需要同时对几何非线性、材料非线性以及接触非线性问题进行分析，建立材料本构方程以对应力-应变进行描述，由此正确模拟和分析在各种不同边界条件作用下的板料成形过程，并对几何参数和加工工艺参数等进行合理有效的修正和调整，最终得出合理的计算结果。

几何非线性问题可分为两类：第一类是大位移、大转动、小应变问题，其特点是尽管位移和截面转动非常大，但应变却很小，甚至还保持在材料的弹性应变范围之内，即物理方程可能是线性的，如薄壁板壳结构的大挠度和后屈曲；第二类是大位移、大转动、大应变问题，其特点是应变很大，材料已发生塑性变形，即不仅几何关系和平衡方程是非线性的，应力-应变关系（物理方程）也是非线性的，如薄板成形问题。

非线性问题的求解方法通常有增量法、迭代法和混合法。在金属薄板的几何非线性成形过程分析中，为了保证计算分析的精度和求解的稳定性，通常需要采用增量分析的方法。增量法的实质是用一系列线性问题去近似非线性问题，即用分段线性的折线代替非线性曲线。当材料应力超过屈服极限时，将呈现弹塑性的性质，这种弹塑性行为与加载、应变率等变形历史相关。尽管可以采用全量理论和增量理论对材料的塑性变形过程进行分析，但采用增量理论能够反映结构加载过程，也可以考虑卸载情况，所以在板成形有限元分析中，涉及材料非线性问题时，通常采用增量法求解。

有限元法的基本思路就是将连续的空间求解区域离散成一组单元，然后将这些单元按一定方式组合在一起，从而近似模拟整个求解域的变化情况。

对于金属板料变形力学问题，其变形过程是一个空间域与时间域函数。为便于对板料变形过程进行分析，需要对变形时间与空间进行离散化处理。

通常可采用两种不同的表达格式来建立有限元列式：第一种格式中所有的动力学、静力学和运动学变量总是参考于初始构形的，即在整个分析过程中参考构形始终一致，保持不变，这种格式称为完全的 Lagrangian 格式（即 T. L.格式）；第二种格式中所有的动力学、静力学和运动学变量均参考于每一载荷或时间步长开始时的构形，即在分析过程中参考构形是不断更新的，这种格式称为更新的 Lagrangian 格式（即 U. L.格式）。对于大位移、大转动、小应变的非线性问题采用 T. L.格式比较合适；而对于大位移、大转动、大应变的非线性问题，采用 U. L.格式则是一种自然而合理的选择。因此，对于冲压成形这样的大应变、双重非线性问题，宜采用 U. L.格式来建立有限元列式。

2.2　非线性有限元列式

2.2.1　物体运动坐标描述

为了对物体的运动和变形进行描述，需要选择某一特定时刻的构形作为参考。在一固定的笛卡儿坐标系中，物体在外力作用下的运动和变形描述方法通常有两种：拉格朗日描述和欧拉描述[2,3]。

设在某一笛卡儿坐标系中，X_i（$i=1,2,3$）为物质坐标（即 Lagrangian 坐标），表示质点；x_i（$i=1,2,3$）为空间坐标（即 Eulerian 坐标），表示空间位置。用 Lagrangian 描述，X 是独立于时间的变量，用 $x=x(X,t)$ 表示同一质点 X 随着时间的不同所占据空间点的变化。

考察物体运动和变形前后的构形，若采用 Lagrangian 坐标，则以变形前的构形作为参考构形进行描述；若采用 Eulerian 坐标，则以变形后的构形作为参考构形进行描述。在小变形问题上，欧拉描述与拉格朗日描述是一致的。但是对于板壳成形这类大变形问题，这两种描述有所不同。另外，由于变形后的构形是未知的，所以通常采用变形前的构形进行计算。对于流体问题，一般采用 Eulerian 坐标，这是因为在流体分析中以变形和运动之前质点的位置作为参考坐标不太方便。而对于固体问题，由于变形前各质点有明确的位置，因此在分析金属材料时，通常采用 Lagrangian 坐标进行描述[4]。

2.2.2　非线性有限元列式描述

在一固定的笛卡儿坐标系中，考察一边界为 Γ（$\Gamma=\Gamma^1+\Gamma^2$）的变形体 Ω 中任意质点随时间的变化过程。考虑选取初始时刻任意一质点的 Lagrangian 坐标为 X_i（$i=1,2,3$）。在任意时刻 t，该质点 X_i 运动到点 x_i（$i=1,2,3$），于是这个质点的运动方程可以表示为[5]

$$x_i=x_i(X_j,t)\quad(i=1,2,3)\tag{2-1}$$

它满足 $t=0$ 时刻的初始条件：

$$x_i(X_j,0)=X_i\tag{2-2}$$

$$\dot{x}_i(X_j,0)=v_i(X_j)\tag{2-3}$$

式中，x_i 为 i 点的坐标随着时间的变化情况；X_j 为 j 点的物质坐标，即初始坐标；v_i 为 i 点的初始速度。

该质点的位移函数为

$$u_i(X_j,t)=x_i(X_j,t)-X_i\tag{2-4}$$

对于此变形体，可以建立如下一些基本方程[2,6]。

在整个变形体 Ω 内满足动量方程：

$$\sigma_{ij}+\rho f_i-c\dot{u}_i=\rho\ddot{u}_i\tag{2-5}$$

在边界 Γ^1 上满足力边界条件：

$$\sigma_{ij}n_j=T_i(t)\tag{2-6}$$

在边界 Γ^2 上满足力边界条件：

$$u_i(X_j,t)=U_i(t)\tag{2-7}$$

式中，σ_{ij} 为 Cauchy 应力；f_i 为单位质量体力；$\ddot{u}_i = a_i$ 为加速度；$\dot{u}_i = v_i$ 为速度；ρ 为当前质量密度，并设 ρ_0 为初始质量密度；c 为阻尼系数；n_j 为现时构形边界 Γ^1 的外法线方向余弦，$j = 1,2,3$；$T_i(t)$ 为外力载荷，$i = 1,2,3$；$U_i(t)$ 为给定位移函数，$i = 1,2,3$。

根据虚功原理，变形体中满足平衡条件的力系在任意满足协调条件的变形状态 δu_i 上做的虚功等于零，或者在外力作用下处于平衡状态的弹塑性体，当发生位移约束允许的任意虚速度 δv_i 时，外力（表面力和体力）在虚速度上所做的虚功与弹塑性体内在虚应变速率上所做的功率相等。从而通常可以建立虚位移方程、虚应力方程和虚功率方程等。

以虚位移原理为例，其基本力学意义是：对于满足动量方程、力边界条件的平衡力系，它们在虚位移和虚应变上所做之功的总和为零；反之，若力系在虚位移及虚应变上所做之功的总和为零，则力系是平衡的。这里，根据虚位移原理，不失一般性地选取位移的变分 δu_i，建立满足式（2-5）~式（2-7）中运动方程和边界条件的等效积分，可以得到伽辽金（Galerkin）平衡方程弱形式[2,6,7]：

$$\int_{\Omega} (\rho \ddot{u}_i + c \dot{u}_i - \sigma_{ij,i} - \rho f_i) \delta u_i \mathrm{d}V + \int_{\Gamma^1} (\sigma_{ij} n_j - T_i) \delta u_i \mathrm{d}S = 0 \tag{2-8}$$

式中，δu_i 表示在 Γ^2 边界上满足位移边界条件。

应用高斯公式和散度定理，并考虑到在边界 Γ^2 上位移的变分 δu_i 为零，因而可以得到

$$\int_{\Omega} (\sigma_{ij} \delta u_i)_{,j} \mathrm{d}V = \int_{\Gamma = \Gamma^1 + \Gamma^2} \sigma_{ij} n_i \delta u_i \mathrm{d}S = \int_{\Gamma} \sigma_{ij} n_j \delta u_i \mathrm{d}S \tag{2-9}$$

根据分部积分公式可得

$$(\sigma_{ij} \delta u_i)_{,j} - \sigma_{ij,j} \delta u_i = \sigma_{ij} \delta u_{i,j} \tag{2-10}$$

将式（2-10）代入式（2-8），可以得到虚功原理的变分列式：

$$\delta \pi = \int_{\Omega} \rho \ddot{u}_i \delta u_i \mathrm{d}V + \int_{\Omega} c \dot{u}_i \delta u_i \mathrm{d}V + \int_{\Omega} \sigma_{ij} \delta u_{i,j} \mathrm{d}V - \int_{\Omega} \rho f_i \delta u_i \mathrm{d}V - \int_{\Omega} T_i \delta u_i \mathrm{d}S = 0 \tag{2-11}$$

式中，第一项和第二项为惯性力项所做的功；第三项为物体内力所做的功；第四项为体力所做的功；第五项为外力所做的功。

2.2.3　场方程的离散形式

在空间域 Ω 中，使用有限元离散化方法将之离散为诸多个单元。单元的构造形式有多种，一般来说要根据物体特征选取不同的单元。对于金属薄板的成形问题，通常构造和选取相应的壳体单元。为此我们选取一插值函数 N_i（$i = 1,2,\cdots,n$），对空间域 Ω 进行离散分析。单元内任意点的位移可以通过节点位移和形状插值函数来表示。

$$\begin{cases} u_i(t) = \sum_{m=1}^{n} N_m u_i^m(t) & （三维 i = 1,2,3，平面 i = 1,2） \\[2mm] v_i(t) = \sum_{m=1}^{n} N_m v_i^m(t) & （三维 i = 1,2,3，平面 i = 1,2） \\[2mm] a_i(t) = \sum_{m=1}^{n} N_m a_i^m(t) & （三维 i = 1,2,3，平面 i = 1,2） \end{cases} \tag{2-12}$$

式中，$u_i^m(t)$ 为 t 时刻该单元节点 m 的位移值；N_m 为离散单元的形状函数；n 为单元的节点数目。

与式（2-12）相应的矩阵表达式为

$$\begin{cases} \boldsymbol{u}(t) = \boldsymbol{N}\boldsymbol{u}^e \\ \boldsymbol{v}(t) = \boldsymbol{N}\boldsymbol{v}^e \\ \boldsymbol{a}(t) = \boldsymbol{N}\boldsymbol{a}^e \end{cases} \tag{2-13}$$

式中，$\boldsymbol{u}(t)=[u_1\ u_2\ u_3]^{\mathrm{T}}$，$\boldsymbol{v}(t)=[v_1\ v_2\ v_3]^{\mathrm{T}}$，$\boldsymbol{a}(t)=[a_1\ a_2\ a_3]^{\mathrm{T}}$，分别为单元内任意点的位移、速度、加速度矢量；

$\boldsymbol{u}^e = [u_1^1, u_2^1, u_3^1, \cdots, u_1^n, u_2^n, u_3^n]^{\mathrm{T}}$ 为单元节点的位移矢量；

$\boldsymbol{v}^e = [v_1^1, v_2^1, v_3^1, \cdots, v_1^n, v_2^n, v_3^n]^{\mathrm{T}}$ 为单元节点的速度矢量；

$\boldsymbol{a}^e = [a_1^1, a_2^1, a_3^1, \cdots, a_1^n, a_2^n, a_3^n]^{\mathrm{T}}$ 为单元节点的加速度矢量；

$$\boldsymbol{N} = \begin{pmatrix} N_1 & & N_2 & & \cdots & N_n & \\ & N_1 & & N_2 & & \cdots & N_n & \\ & & N_1 & & N_2 & & \cdots & N_n \end{pmatrix}$$ 为 $3 \times 3n$ 插值函数矩阵。

于是可得

$$\boldsymbol{u}_{i,j} = \boldsymbol{B}\boldsymbol{u}^e \tag{2-14}$$

式中，$\boldsymbol{B}$ 为应变位移矩阵，即 $\boldsymbol{B} = \begin{pmatrix} \dfrac{\partial}{\partial x_1} & 0 & 0 \\ 0 & \dfrac{\partial}{\partial x_2} & 0 \\ 0 & 0 & \dfrac{\partial}{\partial x_3} \\ \dfrac{\partial}{\partial x_2} & \dfrac{\partial}{\partial x_1} & 0 \\ 0 & \dfrac{\partial}{\partial x_3} & \dfrac{\partial}{\partial x_2} \\ \dfrac{\partial}{\partial x_3} & 0 & \dfrac{\partial}{\partial x_1} \end{pmatrix} \boldsymbol{N}$。

对于几何非线性问题来说，$\boldsymbol{B}$ 矩阵通常由线性和非线性两个部分组成，即 $\boldsymbol{B} = \boldsymbol{B}_0 + \boldsymbol{B}_L$。

将式（2-12）代入式（2-11），然后对所有单元求和，可得变分列式（2-11）的近似等式，再取此表达式的矩阵形式：

$$\delta\pi = \sum_{k=1}^{K} \delta\pi_k$$
$$= \sum_{k=1}^{K} \delta\boldsymbol{u}^{e\mathrm{T}} \left[\int_{\Omega_e} \rho \boldsymbol{N}^{\mathrm{T}} \boldsymbol{N}\ddot{\boldsymbol{u}}^e \mathrm{d}V + \int_{\Omega_e} c\boldsymbol{N}^{\mathrm{T}} \boldsymbol{N}\dot{\boldsymbol{u}}^e \mathrm{d}V \int_{\Omega_e} \boldsymbol{B}^{\mathrm{T}} \boldsymbol{\sigma} \boldsymbol{N}\mathrm{d}V - \int_{\Omega_e} \rho \boldsymbol{N}^{\mathrm{T}} \boldsymbol{f}\mathrm{d}V - \int_{\Gamma_e} \boldsymbol{N}^{\mathrm{T}} \boldsymbol{T}\mathrm{d}S \right] = 0 \tag{2-15}$$

式中，K 为单元数目；$\boldsymbol{\sigma}^{\mathrm{T}}=[\sigma_x\ \sigma_y\ \sigma_z\ \sigma_{xy}\ \sigma_{yz}\ \sigma_{xz}]$ 为 Cauchy 应力矢量；$\boldsymbol{f}^{\mathrm{T}}=[f_1\ f_2\ f_3]$ 为体力矢量；$\boldsymbol{T}^{\mathrm{T}}=[t_1\ t_2\ t_3]$ 为外力矢量。

由于式（2-15）中的 δu_i 具有任意性，所以可以得到下列方程：

$$\sum_{k=1}^{K} \left[\boldsymbol{M}^e \ddot{\boldsymbol{u}}^e + \boldsymbol{C}^e \dot{\boldsymbol{u}}^e + \boldsymbol{F}_{\text{int}}^e - \boldsymbol{F}_g^e - \boldsymbol{F}_{\text{ext}}^e \right]_k = 0 \tag{2-16}$$

式中，$\boldsymbol{F}_{\text{int}}^e = \int_{\Omega_e} \boldsymbol{B}^{\text{T}} \boldsymbol{\sigma} \mathrm{d}V$ 为单元内力；$\boldsymbol{F}_g^e = \int_{\Omega_e} \rho \boldsymbol{N}^{\text{T}} \boldsymbol{f} \mathrm{d}V$ 为单元体力；$\boldsymbol{F}_{\text{ext}}^e = \int_{\Gamma_e} \boldsymbol{N}^{\text{T}} \boldsymbol{T} \mathrm{d}S$ 为单元外载；$\boldsymbol{M}^e = \int_{\Omega_k} \rho \boldsymbol{N}^{\text{T}} \boldsymbol{N} \mathrm{d}V$ 为单元质量矩阵；$\boldsymbol{C}^e = \int_{\Omega_k} c \boldsymbol{N}^{\text{T}} \boldsymbol{N} \mathrm{d}V$ 为单元阻尼矩阵。

若将其中的同一行矩阵元素都合并到对角元素项，可以形成集中质量矩阵和集中阻尼矩阵。

将各单元计算的结构进行集合后可得

$$\boldsymbol{M}\boldsymbol{a} + \boldsymbol{C}\boldsymbol{v} + \boldsymbol{F}(x,v) - \boldsymbol{P}(x,t) = 0 \tag{2-17}$$

式中，第一项为惯性力；第二项为阻尼力；第三项为内力；第四项由外力和体力组成；$\boldsymbol{M}$ 为总体质量矩阵；$\boldsymbol{a} = \ddot{\boldsymbol{u}}(t)$ 为总体节点加速度矢量；$\boldsymbol{P}$ 为包括节点载荷、面力、体力等的总体载荷矢量；$\boldsymbol{F}$ 由单元应力场的等效节点矢量（或称应力散度）组集而成，即

$$\boldsymbol{F} = \sum_{k=1}^{K} \int_{\Omega_k} \boldsymbol{B}^{\text{T}} \boldsymbol{\sigma} \mathrm{d}V \tag{2-18}$$

从而可以推导出有限元方程的离散形式。

2.3　几何非线性应力和应变描述

为了计算和反映变形体的运动变化过程，必须建立应变-位移关系、应力-应变关系的描述方式，获得相应的几何方程与物理方程。针对所分析对象的不同，内力的计算可分别采取不同的形式。对于金属薄板成形这类具有几何非线性的弹塑性问题，由于所选取的参考构形和计算列式的不同，而具有不同的形式。

在经典弹性力学中，在小位移、小变形情况下，假设应变量很小，从而略去位移导数的高次幂，位移与应变之间的关系是线性关系，通常满足如下关系式[3,5]：

$$\varepsilon_{ij} = \frac{1}{2} \left(\frac{\partial u_i}{\partial x_j} + \frac{\partial u_j}{\partial x_i} \right) \tag{2-19}$$

同样，在弹性理论中，认为应力与应变之间满足广义胡克定律，即每个应力分量与应变分量之间呈比例关系。

在冲压成形过程中，由于材料发生了大的塑性变形，产生了较大的应变，原来在线弹性范围内所定义的应力、应变的概念已经不适用了，必须重新定义大变形中应力和应变的概念，建立非线性的几何关系和物理方程。

为了描述物体中任一质点的位置随时间的变化情况，选择两个固定重合的坐标系：一个为用大写字母 X_i（$i=1,2,3$）来表示参考构形 V 的坐标系；另一个为用小写字母 x_i（$i=1,2,3$）来表示现时构形 v 的坐标系，如图 2-1 所示。物体中任一质点 P 在参考构形中的坐标向量为

$$\boldsymbol{X} = [X_1 \ X_2 \ X_3] \tag{2-20}$$

而在现时构形中的坐标向量为

$$\boldsymbol{x} = [x_1 \ x_2 \ x_3] \tag{2-21}$$

于是物体构形的变化可通下面的方程来描述：

$$x_i = x_i(X_a, t) \quad (i, a = 1, 2, 3) \tag{2-22}$$

式中，$x_i(X_a, t)$ 是单值、连续和可微的，且 Jacobi 行列式不为零，即

$$J = \det \boldsymbol{F} \neq 0 \tag{2-23}$$

式中

$$\boldsymbol{F} = \begin{pmatrix} \dfrac{\partial x_1}{\partial X_1} & \dfrac{\partial x_1}{\partial X_2} & \dfrac{\partial x_1}{\partial X_3} \\[2mm] \dfrac{\partial x_2}{\partial X_1} & \dfrac{\partial x_2}{\partial X_2} & \dfrac{\partial x_2}{\partial X_3} \\[2mm] \dfrac{\partial x_3}{\partial X_1} & \dfrac{\partial x_3}{\partial X_2} & \dfrac{\partial x_3}{\partial X_3} \end{pmatrix} \tag{2-24}$$

于是式（2-22）表示的变换存在唯一的单值、连续和可微的逆变换：

$$X_a = X_a(x_i, t) \tag{2-25}$$

且有

$$j = \det \boldsymbol{f} \neq 0 \tag{2-26}$$

$$\boldsymbol{f} = \begin{pmatrix} \dfrac{\partial X_1}{\partial x_1} & \dfrac{\partial X_1}{\partial x_2} & \dfrac{\partial X_1}{\partial x_3} \\[2mm] \dfrac{\partial X_2}{\partial x_1} & \dfrac{\partial X_2}{\partial x_2} & \dfrac{\partial X_2}{\partial x_3} \\[2mm] \dfrac{\partial X_3}{\partial x_1} & \dfrac{\partial X_3}{\partial x_2} & \dfrac{\partial X_3}{\partial x_3} \end{pmatrix} \tag{2-27}$$

$\boldsymbol{F}$ 和 $\boldsymbol{f}$ 分别称为在参考构形和现时构形内度量的变形梯度张量。

2.3.1　应变的度量

如图 2-1 所示，设在 P 点的邻域内有一点 Q，在参考构形 V 中和现时构形 v 中，Q 点的坐标分别为 $X_i + \mathrm{d}X_i$ 和 $x_i + \mathrm{d}x_i$，则在参考构形和现时构形中，P、Q 两点的距离分别为

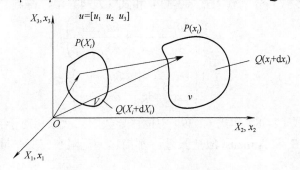

图 2-1　应变的度量

$$(\mathrm{d}S)^2 = \mathrm{d}X_i \mathrm{d}X_i = \frac{\partial X_i}{\partial x_m} \frac{\partial X_i}{\partial x_n} \mathrm{d}x_m \mathrm{d}x_n \tag{2-28}$$

$$(\mathrm{d}s)^2 = \mathrm{d}x_i \mathrm{d}x_i = \frac{\partial x_i}{\partial X_m}\frac{\partial x_i}{\partial X_n}\mathrm{d}X_m\mathrm{d}X_n \tag{2-29}$$

此线段在变形前后长度的变化即反映了物体的变形，对此可有两种表示，即

$$(\mathrm{d}s)^2 - (\mathrm{d}S)^2 = \left(\frac{\partial x_k}{\partial X_i}\frac{\partial x_k}{\partial X_j} - \delta_{ij}\right)\mathrm{d}X_i\mathrm{d}X_j = 2E_{ij}\mathrm{d}X_i\mathrm{d}X_j \tag{2-30}$$

$$(\mathrm{d}s)^2 - (\mathrm{d}S)^2 = \left(\delta_{ij} - \frac{\partial X_k}{\partial x_i}\frac{\partial X_k}{\partial x_j}\right)\mathrm{d}x_i\mathrm{d}x_j = 2e_{ij}\mathrm{d}x_i\mathrm{d}x_j \tag{2-31}$$

式中，δ_{ij} 为 Kronecker 函数，且

$$\delta_{ij} = \begin{cases} 1 & (i = j) \\ 0 & (i \neq j) \end{cases} \tag{2-32}$$

式（2-30）和式（2-31）分别定义了两种应变张量，即

$$E_{ij} = \frac{1}{2}\left(\frac{\partial x_k}{\partial X_i}\frac{\partial x_k}{\partial X_j} - \delta_{ij}\right) \tag{2-33}$$

$$e_{ij} = \frac{1}{2}\left(\delta_{ij} - \frac{\partial X_k}{\partial x_i}\frac{\partial X_k}{\partial x_j}\right) \tag{2-34}$$

E_{ij} 称为 Green-Lagrange 应变张量（简称 Green 应变张量），它是以参考构形定义的；e_{ij} 称为 Almansi 应变张量，它是以现时构形定义的。两者都是对称二阶张量。

为了得到应变和位移的关系，引入位移场：

$$u_i = x_i - X_i \tag{2-35}$$

式中，u_i 表示物体内任一点从参考构形到现时构形的位移。由式（2-35）可得

$$\frac{\partial x_i}{\partial X_j} = \delta_{ij} + \frac{\partial u_i}{\partial X_j} \tag{2-36}$$

$$\frac{\partial X_i}{\partial x_j} = \delta_{ij} - \frac{\partial u_i}{\partial x_j} \tag{2-37}$$

将式（2-36）和式（2-37）分别代入式（2-33）和式（2-34）中，得到

$$E_{ij} = \frac{1}{2}\left(\frac{\partial u_i}{\partial X_j} + \frac{\partial u_j}{\partial X_i} + \frac{\partial u_k}{\partial X_i}\frac{\partial u_k}{\partial X_j}\right) \tag{2-38}$$

$$e_{ij} = \frac{1}{2}\left(\frac{\partial u_i}{\partial x_j} + \frac{\partial u_j}{\partial x_i} - \frac{\partial u_k}{\partial x_i}\frac{\partial u_k}{\partial x_j}\right) \tag{2-39}$$

当为小变形时，式（2-38）和式（2-39）中位移导数的二次项相对于它的一次项可以忽略，这时 Green 应变张量 E_{ij} 和 Almansi 应变张量 e_{ij} 都简化为无限小应变张量 ε_{ij}，它们之间的差别也消失了，即

$$E_{ij} = e_{ij} = \varepsilon_{ij} \tag{2-40}$$

所以式（2-38）、式（2-39）和式（2-40）相比，反映了有限变形和小变形的区别。

将式（2-38）、式（2-39）分别展开，得

$$
\left.
\begin{aligned}
E_{11} &= \frac{\partial u_1}{\partial X_1} + \frac{1}{2}\left[\left(\frac{\partial u_1}{\partial X_1}\right)^2 + \left(\frac{\partial u_2}{\partial X_1}\right)^2 + \left(\frac{\partial u_3}{\partial X_1}\right)^2\right] \\
E_{22} &= \frac{\partial u_2}{\partial X_2} + \frac{1}{2}\left[\left(\frac{\partial u_1}{\partial X_2}\right)^2 + \left(\frac{\partial u_2}{\partial X_2}\right)^2 + \left(\frac{\partial u_3}{\partial X_2}\right)^2\right] \\
E_{33} &= \frac{\partial u_3}{\partial X_3} + \frac{1}{2}\left[\left(\frac{\partial u_1}{\partial X_3}\right)^2 + \left(\frac{\partial u_2}{\partial X_3}\right)^2 + \left(\frac{\partial u_3}{\partial X_3}\right)^2\right] \\
E_{12} &= \frac{1}{2}\left(\frac{\partial u_1}{\partial X_2} + \frac{\partial u_2}{\partial X_1}\right) + \frac{1}{2}\left(\frac{\partial u_1}{\partial X_1}\frac{\partial u_1}{\partial X_2} + \frac{\partial u_2}{\partial X_1}\frac{\partial u_2}{\partial X_2} + \frac{\partial u_3}{\partial X_1}\frac{\partial u_3}{\partial X_2}\right) \\
E_{23} &= \frac{1}{2}\left(\frac{\partial u_2}{\partial X_3} + \frac{\partial u_3}{\partial X_2}\right) + \frac{1}{2}\left(\frac{\partial u_1}{\partial X_2}\frac{\partial u_1}{\partial X_3} + \frac{\partial u_2}{\partial X_2}\frac{\partial u_2}{\partial X_3} + \frac{\partial u_3}{\partial X_2}\frac{\partial u_3}{\partial X_3}\right) \\
E_{31} &= \frac{1}{2}\left(\frac{\partial u_3}{\partial X_1} + \frac{\partial u_1}{\partial X_3}\right) + \frac{1}{2}\left(\frac{\partial u_1}{\partial X_1}\frac{\partial u_1}{\partial X_3} + \frac{\partial u_2}{\partial X_1}\frac{\partial u_2}{\partial X_3} + \frac{\partial u_3}{\partial X_1}\frac{\partial u_3}{\partial X_3}\right)
\end{aligned}
\right\}
\tag{2-41}
$$

和

$$
\left.
\begin{aligned}
e_{11} &= \frac{\partial u_1}{\partial x_1} - \frac{1}{2}\left[\left(\frac{\partial u_1}{\partial x_1}\right)^2 + \left(\frac{\partial u_2}{\partial x_1}\right)^2 + \left(\frac{\partial u_3}{\partial x_1}\right)^2\right] \\
e_{22} &= \frac{\partial u_2}{\partial x_2} - \frac{1}{2}\left[\left(\frac{\partial u_1}{\partial x_2}\right)^2 + \left(\frac{\partial u_2}{\partial x_2}\right)^2 + \left(\frac{\partial u_3}{\partial x_2}\right)^2\right] \\
e_{33} &= \frac{\partial u_3}{\partial x_3} - \frac{1}{2}\left[\left(\frac{\partial u_1}{\partial x_3}\right)^2 + \left(\frac{\partial u_2}{\partial x_3}\right)^2 + \left(\frac{\partial u_3}{\partial x_3}\right)^2\right] \\
e_{12} &= \frac{1}{2}\left(\frac{\partial u_1}{\partial x_2} + \frac{\partial u_2}{\partial x_1}\right) - \frac{1}{2}\left(\frac{\partial u_1}{\partial x_1}\frac{\partial u_1}{\partial x_2} + \frac{\partial u_2}{\partial x_1}\frac{\partial u_2}{\partial x_2} + \frac{\partial u_3}{\partial x_1}\frac{\partial u_3}{\partial x_2}\right) \\
e_{23} &= \frac{1}{2}\left(\frac{\partial u_2}{\partial x_3} + \frac{\partial u_3}{\partial x_2}\right) - \frac{1}{2}\left(\frac{\partial u_1}{\partial x_2}\frac{\partial u_1}{\partial x_3} + \frac{\partial u_2}{\partial x_2}\frac{\partial u_2}{\partial x_3} + \frac{\partial u_3}{\partial x_2}\frac{\partial u_3}{\partial x_3}\right) \\
e_{31} &= \frac{1}{2}\left(\frac{\partial u_3}{\partial x_1} + \frac{\partial u_1}{\partial x_3}\right) - \frac{1}{2}\left(\frac{\partial u_1}{\partial x_1}\frac{\partial u_1}{\partial x_3} + \frac{\partial u_2}{\partial x_1}\frac{\partial u_2}{\partial x_3} + \frac{\partial u_3}{\partial x_1}\frac{\partial u_3}{\partial x_3}\right)
\end{aligned}
\right\}
\tag{2-42}
$$

式（2-38）和式（2-39）还可以表示为矩阵形式：

$$
E = \frac{1}{2}(H + H^{\mathrm{T}} + H^{\mathrm{T}}H) \tag{2-43}
$$

$$
e = \frac{1}{2}(h + h^{\mathrm{T}} - h^{\mathrm{T}}h) \tag{2-44}
$$

式中

$$H = \begin{pmatrix} \dfrac{\partial u_1}{\partial X_1} & \dfrac{\partial u_1}{\partial X_2} & \dfrac{\partial u_1}{\partial X_3} \\[6pt] \dfrac{\partial u_2}{\partial X_1} & \dfrac{\partial u_2}{\partial X_2} & \dfrac{\partial u_2}{\partial X_3} \\[6pt] \dfrac{\partial u_3}{\partial X_1} & \dfrac{\partial u_3}{\partial X_2} & \dfrac{\partial u_3}{\partial X_3} \end{pmatrix} \tag{2-45}$$

$$h = \begin{pmatrix} \dfrac{\partial u_1}{\partial x_1} & \dfrac{\partial u_1}{\partial x_2} & \dfrac{\partial u_1}{\partial x_3} \\[6pt] \dfrac{\partial u_2}{\partial x_1} & \dfrac{\partial u_2}{\partial x_2} & \dfrac{\partial u_2}{\partial x_3} \\[6pt] \dfrac{\partial u_3}{\partial x_1} & \dfrac{\partial u_3}{\partial x_2} & \dfrac{\partial u_3}{\partial x_3} \end{pmatrix} \tag{2-46}$$

式（2-45）和式（2-46）是分别在参考构形和现时构形内度量的位移梯度张量。不难证明

$$F = I + H \tag{2-47}$$
$$f = I - h \tag{2-48}$$

式中，I 为 3 阶单位阵，即

$$I = \begin{pmatrix} 1 & 0 & 0 \\ 0 & 1 & 0 \\ 0 & 0 & 1 \end{pmatrix} \tag{2-49}$$

可以证明，Green 应变张量 E 和 Almansi 应变张量 e 可以通过变形梯度张量来转换。而且 Green 应变张量 E 是不随刚体转动而变化的客观张量。

由于 Green 应变张量的计算是参考变形前的构形计算的结果，而此构形的坐标是固结于材料的共旋坐标，当物体发生刚体转动时，Green 应变张量的各个分量保持不变，它是不随刚体转动的对称张量，所以 Green 张量是客观张量，常用于非线性有限元分析中。

Green-Lagrange 应变张量和工程应变是根据质点的初始位置和终了位置进行计算的，并没有考虑到粒子的变形路径。所以这种应变张量比较适用于弹性问题的分析和小应变非弹性的近似计算。但当材料发生较为明显的塑性变形时，由于塑性变形与材料的变形路径和变形率有关，所以上述应变张量就不太合适了。为了描述金属材料的塑性变形行为，必须考虑到材料的变形历史。这样就要从变形体的质点速度着手，使用应变速率张量和旋转张量等来反映材料的塑性行为。

根据极分解理论，任何一个变形过程都可以分解成为一个刚体转动与一个纯变形的合成过程。因而 F 总可以分解为一个转动张量与一个变形张量，这种分解有左右两种形式，每种形式又可以分成两步。

考察质点 P、Q，由质点的位置不同引起的速度变化可以表示为[5]

$$\mathrm{d}v_i = \frac{\partial v_i}{\partial x_j}\mathrm{d}x_j = v_{i,j}\mathrm{d}x_j \tag{2-50}$$

式中的速度梯度张量分量可以分解为

$$v_{i,j} = \frac{1}{2}(v_{i,j} + v_{j,i}) + \frac{1}{2}(v_{i,j} - v_{j,i}) \tag{2-51}$$

从而可认为速度梯度张量由一个对称张量（应变速率张量）和一个反对称张量（旋转张量）组成：

$$v_{ij} = D_{ij} + \Omega_{ij} \tag{2-52}$$

式中

$$\Omega_{ij} = \frac{1}{2}\left(\frac{\partial v_i}{\partial x_j} - \frac{\partial v_j}{\partial x_i}\right) \tag{2-53}$$

应变速率张量是一个不随材料微元的刚体旋转而发生变化的客观张量。所以当应力表达中扣除了具有刚体旋转不变性的旋转张量的影响后，可以采用应变速率张量进行分析计算。

2.3.2　应力的度量

如图 2-2 所示，设 dT、dA、N 和 dt、da、n 分别为从参考构形 V 和现时构形 v 中所取微元体上的微力矢量、微小面及法向量。

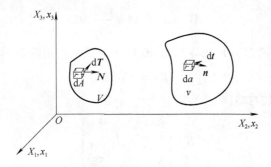

图 2-2　应力的度量

若用分量形式表示，则

$$\mathrm{d}\boldsymbol{T} = [\mathrm{d}T_1\ \mathrm{d}T_2\ \mathrm{d}T_3] \tag{2-54}$$

$$\boldsymbol{N} = [N_1\ N_2\ N_3] \tag{2-55}$$

$$\mathrm{d}\boldsymbol{t} = [\mathrm{d}t_1\ \mathrm{d}t_2\ \mathrm{d}t_3] \tag{2-56}$$

$$\boldsymbol{n} = [n_1\ n_2\ n_3] \tag{2-57}$$

在现时构形中，由静力平衡条件有

$$\mathrm{d}t_i = \sigma_{ij} n_j \mathrm{d}a \tag{2-58}$$

定义的应力分量 σ_{ij} 称为 Cauchy 应力分量，用矩阵表示为

$$\mathrm{d}\boldsymbol{t} = \boldsymbol{\sigma}^{\mathrm{T}} \boldsymbol{n} \mathrm{d}a \tag{2-59}$$

式中

$$\boldsymbol{\sigma} = \begin{pmatrix} \sigma_{11} & \sigma_{12} & \sigma_{13} \\ \sigma_{21} & \sigma_{22} & \sigma_{23} \\ \sigma_{31} & \sigma_{32} & \sigma_{33} \end{pmatrix} \tag{2-60}$$

称为 Cauchy 应力张量，它具有明确的物理意义，代表真实应力。

按照 Lagrange 规定：

$$\mathrm{d}T_i = \mathrm{d}t_i \tag{2-61}$$

则由下式

$$dT_i = T_{ij}N_j dA = dt_i \qquad (2\text{-}62)$$

定义的应力分量 T_{ij} 称为第一类 Piola-Kirchhoff 应力分量，用矩阵表示为

$$dt = T^T N dA \qquad (2\text{-}63)$$

式中

$$T = \begin{pmatrix} T_{11} & T_{12} & T_{13} \\ T_{21} & T_{22} & T_{23} \\ T_{31} & T_{32} & T_{33} \end{pmatrix} \qquad (2\text{-}64)$$

称为第一类 Piola-Kirchhoff 应力张量，有时又称为 Lagrange 应力张量。

按照 Kirchhoff 规定：

$$dT_i = \frac{\partial X_i}{\partial x_j} dt_j \qquad (2\text{-}65)$$

则由下式

$$dT_i = S_{ij}N_j dA = \frac{\partial X_i}{\partial x_j} dt_j \qquad (2\text{-}66)$$

定义的应力分量 S_{ij} 称为第二类 Piola-Kirchhoff 应力分量，用矩阵表示为

$$f dt = S N dA \qquad (2\text{-}67)$$

式中，f 的表达式见式（2-27）；

$$S = \begin{pmatrix} S_{11} & S_{12} & S_{13} \\ S_{21} & S_{22} & S_{23} \\ S_{31} & S_{32} & S_{33} \end{pmatrix} \qquad (2\text{-}68)$$

称为第二类 Piola-Kirchhoff 应力张量，有时又称为 Kirchhoff 应力张量。

可以证明，上述三种应力张量之间的关系是

$$T_{ij} = \frac{\rho_0}{\rho} \frac{\partial X_j}{\partial x_k} \sigma_{ki} \qquad (2\text{-}69)$$

$$S_{ij} = \frac{\rho_0}{\rho} \frac{\partial X_i}{\partial x_\alpha} \frac{\partial X_j}{\partial x_\beta} \sigma_{\alpha\beta} \qquad (2\text{-}70)$$

$$S_{ij} = \frac{\partial X_i}{\partial x_\alpha} T_{j\alpha} \qquad (2\text{-}71)$$

式中，ρ_0、ρ 分别为参考构形和现时构形中的材料密度。

从式（2-69）可见，Lagrange 应力张量 T 是非对称的，所以它不适合用于描述应力-应变关系，因为应变张量总是对称的。而从式（2-70）可见，Kirchhoff 应力张量 S 是对称的；此外，S 也不随刚体转动而变化，因此 Kirchhoff 应力张量 S 是客观张量。

Cauchy 应力张量 σ 和 Almansi 应变张量 e 都是在现时构形中定义的，考虑了物体的变形，因而是真实应力和真实应变，它们是相互匹配的。在以后的分析计算中，所用到的都是 Cauchy 应力和 Almansi 应变。

Kirchhoff 应力张量 S 和 Green 应变张量 E 都是相对参考构形度量的，而且它们都是客观张量，所以它们构成描述材料本构关系的合适匹配。用 Kirchhoff 应力张量和 Green 应变张量描述的本构关系适合于建立 T. L. 法的有限元格式。

　　覆盖件冲压成形涉及的双重非线性问题，需要采用增量理论来分析，因而应采用微分型或速率型的材料本构关系，这时要用到 Cauchy 应力张量的物质导数 $\dot{\sigma}$（material derivative）。可以证明，Cauchy 应力张量的物质导数 $\dot{\sigma}$ 不是客观张量，它受刚体转动的影响。但本构关系要求具有客观性，即不随坐标的变换而改变。为了消除刚体转动的影响，在连续介质力学中定义了一种分量不随材料刚体转动而变化的速率型应力张量，这就是 Cauchy 应力张量的 Jaumann 导数（或称为 Cauchy 应力张量的 Jaumann 应力率）：

$$\sigma_{ij}^{J} = \dot{\sigma}_{ij} - \sigma_{ip}\Omega_{pj} - \sigma_{jp}\Omega_{pi} \tag{2-72}$$

式中

$$\dot{\sigma}_{ij} = \frac{\mathrm{d}\sigma_{ij}}{\mathrm{d}t} \tag{2-73}$$

$\dot{\sigma}_{ij}$ 为 Cauchy 应力张量的变化率（物质导数）；

$$\Omega_{ij} = \frac{1}{2}\left(\frac{\partial \dot{u}_j}{\partial x_i} - \frac{\partial \dot{u}_i}{\partial x_j}\right) \tag{2-74}$$

Ω_{ij} 为旋转张量 $\boldsymbol{\Omega}$ 的分量，表示材料的角速度。

　　式（2-72）写成矩阵形式为

$$\boldsymbol{\sigma}^{J} = \dot{\boldsymbol{\sigma}} - \boldsymbol{\sigma}\boldsymbol{\Omega} - \boldsymbol{\Omega}^{\mathrm{T}}\boldsymbol{\sigma} \tag{2-75}$$

　　显然，Cauchy 应力张量的 Jaumann 导数 $\boldsymbol{\sigma}^{J}$ 是对称张量，由于它不受刚体转动的影响，因而是客观张量。因此，可以用 $\boldsymbol{\sigma}^{J}$ 建立速率型或微分型的本构关系。

　　Green-Naghdi 应力率是另外一种常用的应力率，其计算公式如下：

$$\boldsymbol{\sigma}^{J} = \dot{\boldsymbol{\sigma}} - \boldsymbol{W}\boldsymbol{\sigma} - \boldsymbol{\sigma}\boldsymbol{W} \tag{2-76}$$

式中，$\boldsymbol{W}$ 为自旋张量。在有限变形问题中，变形前后物体的构形发生了明显变化，物质坐标和空间坐标之间发生了有限改变。有限变形条件下的弹塑性本构方程与小变形弹塑性本构方程在形式上是相同的。只是其中的应力速率和应变速率要具有客观性。

　　针对不同的应变度量方式，必须构造相同的共轭应力表达，从而通过两者的点乘积获得变形体的内力功。

　　以上应力表达形式中，第一类 Piola-Kirchhoff 应力张量是非对称的，不适合用于建立应力-应变本构方程，而第二类 Piola-Kirchhoff 应力张量、Jaumann 应力率、Green-Naghdi 应力率都是客观张量，分别与 Green 应变、应变速率张量构成相应的共轭对。另外，还有其他一些具有客观性的应力张量表达式，如 Truesdell 应力率等。而如果在有限元分析中采用随动局部坐标系，那么在这个共旋坐标系中就可以直接使用 Cauchy 应力率和应变速率构成共轭张量，建立相应的材料本构关系以对材料的变形过程进行分析。

2.3.3　计算构形的选择

　　连续介质的移动包括刚体位移和变形两个部分，其中只有变形位移才引起应变并产生相应的变形能，所以在大变形计算中，要将变形引起的位移与刚体位移分割开来。通常在此类问题的处理中，是通过将现时构形与参考构形相比较来实现位移分离的。

　　现时构形是对变形体当前的空间位置和方向的完整描述。而参考构形可以是变形体的初始构形，即在 0 时刻的初始构形，或变形体在其他任一时刻的构形。通常，将参考构形选择为前一时刻的物体构形。参考构形的选择决定了所计算的变形类型。

在 T. L.格式中,以初始构形为参考构形,将现时构形与初始构形相比较。已知在 t 时刻变形体的各变量,计算 $t+\Delta t$ 时刻的应力、应变和节点力,计算相对于初始构形的位移,从而获得整体变形。

在 U. L.格式中,以前一构形为参考构形,将现时构形与前一时刻的构形相比较。计算现时构形相对于时刻 t 的位移,从而获得变形增量。通常在单元中建立一个局部坐标系,并且在每一个计算时间步 Δt 内对此坐标系重新进行定义。

在绝大多数按照时间步计算的拉格朗日法中,通常使用增量理论,因为这样可以使其他算法大为简化,特别是连续性材料模型。但是将现时构形直接与参考构形相比较,并不能直接确定变形量,而是计算出全局位移或位移增量。如果将现时构形直接与参考构形相比较,计算所得的位移量将包括刚体位移和变形引起的位移。这样就需要将刚体位移与变形位移分离开来。通常将计算所得的位移减去刚体位移,可以求得变形引起的位移。而精确的刚体通常是无法获得的,而通过共旋理论可以估算出刚体位移。

在共旋理论中,每个有限单元中都建立了一个笛卡儿局部坐标系,这个坐标系随着物体的变形而平移、旋转。在 T. L.格式的共旋方法中,以初始构形为参考构形,但其会随着共旋局部坐标系的运动而发生平移与旋转。在 U. L.格式的共旋方法中,以 t 时刻平移与旋转后的构形作为 $t+\Delta t$ 计算时步的参考构形。

2.4　非线性弹塑性材料的本构模型

2.4.1　塑性硬化模型

材料在复杂应力状态下进入塑性后对其卸载,然后再加载,屈服函数会随着以前发生过的塑性变形的历史而有所改变。当应力分量满足某一关系时,材料将重新进入塑性状态而产生新的塑性变形,发生与简单卸载下类似的强化现象。材料在进入初始屈服以后再进入塑性状态时,应力分量间必须满足与初始屈服准则相异的函数关系,即后继屈服准则或强化准则。强化准则描述了初始屈服准则随着塑性应变的增加是怎样发展的。一般来说,屈服面的变化是以前应变历史的系数,通常使用强化准则来表示。塑性硬化准则规定了材料进入塑性变形后的后继屈服函数。通常强化模型有等向强化、随动强化和混合强化几种[8],如图 2-3 所示。

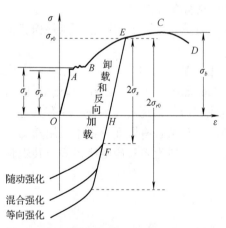

图 2-3　等向强化、随动强化和混合强化

1. 等向强化

等向强化,即各向同性强化:无论在哪个方向加载,拉伸屈服极限同压缩屈服极限总相等,材料发生相同程度的强化,如图 2-4 所示。

此准则规定材料进入塑性变形以后,屈服面在各方向上均匀地向外扩张,其形状、中心及在应力空间的方位均保持不变。在这种情况下,后继屈服函数与初始屈服函数具有相同的表达形式。

对 von Mises 屈服准则来说，屈服面在所有方向上均匀扩
张。加载面仅由其曾经达到过的最大应力点决定，与加载历
史有关。由于等向强化，在受压方向的屈服极限等于受拉过
程中所达到的最高应力。

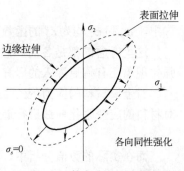

图 2-4　等向强化示意图

2．随动强化

随动强化理论包含包辛格效应，随着塑性变形的增加，
屈服极限在一个方向上提高而在相反方向上降低的效应即为
包辛格效应，此时材料为各向异性。若一个方向上屈服极限
提高的数值和相反方向上屈服极限降低的数值相等，则称为
理想的包辛格效应，此时材料的强化现象称为随动强化，如
图 2-5 所示。

此准则规定材料进入塑性以后，屈服面在应力空间做刚体移动，而其形状、大小和方位
均保持不变，在这种情况下，后继屈服面可表示为[9]

$$\Phi(\sigma_{ij}, \alpha_{ij}) = 0 \tag{2-77}$$

式中，α_{ij} 为屈服面中心在应力空间的移动张量。

根据 α_{ij} 具体规定的不同，随动强化准则又有 Prager 随动强化准则和 Zeigler 随动强化准
则两种形式。

随动强化理论认为，对大多数金属来说，假定屈服面的大小保持不变而仅在屈服的方向
上移动，当某个方向的屈服应力增大时，其相反方向的屈服应力降低。在随动强化中，由于
拉伸方向屈服应力的增加导致压缩方向屈服应力的降低，所以在对应的两个屈服应力之间总
存在一个 $2\sigma_s$ 的差值，初始各向同性的材料在屈服之后将不再是各向同性的。相应的屈服函
数可表示为[9]

$$F(\sigma_{ij}, \alpha_{ij}) = f(\sigma_{ij} - \alpha_{ij}) - k = 0 \tag{2-78}$$

式中，α_{ij} 为移动张量，表示加载面中心的位移，它与塑性变形 ε_{ij}^{p} 的历程相关联。

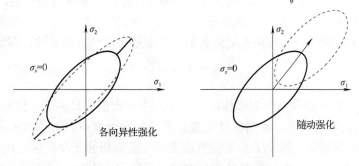

图 2-5　各向异性强化及随动强化图示

3．混合强化

混合强化即随动强化和等向强化同时存在[10]，实际试验表明，弹塑性材料的屈服强化过
程通常同时具有等向强化和随动强化特性，初始强化几乎完全是各向同性的，但随着塑性变
形的增加，弹性域达到一定常数值，强化性质更接近纯运动状态。为了同时考虑这两种强化
特性，提出了混合强化的概念，其后继屈服函数表示为

$$\frac{3}{2}(s_{ij} - \alpha_{ij})(s_{ij} - \alpha_{ij}) - \sigma_y^2 = 0 \tag{2-79}$$

式中，α_{ij} 和 σ_y 均为 ε_{ij}^p 的函数，与塑性变形历程有关。

这里考虑的都是各向同性材料，但有些材料会表现出各向异性的特征，对于这些材料的强化现象还有待更深入的研究。

对金属材料的应力-应变曲线，研究学者提出了多种表示方法。通常可以近似使用式（2-80）对材料的应变强化曲线进行逼近分析：

$$\sigma = K\varepsilon^n \tag{2-80}$$

而在实际的数值分析中，常使用线性强化模型，通过双线性或多线性折线来表示应力-应变曲线。对于双线性应力-应变曲线，一般通过材料的弹性模量（弹性斜率）和切线模量（切线斜率）两个斜率来计算材料的塑性斜率。然后通过等效应力和等效应变进行分析计算。根据 von Mises 屈服准则，屈服应力计算如下[9]：

$$\sigma_y = \sigma_s + \beta E_p \varepsilon_p \tag{2-81}$$

式中，ε_p 为等效塑性应变；σ_s 为初始屈服应力；E_p 为塑性硬化模量；β 为硬化参数（ $\beta = 1$ 时为等向强化，$\beta = 0$ 时为随动强化，$0 < \beta < 1$ 时为混合强化）。

2.4.2　流动准则

材料屈服后存在塑性流动，总应变包括塑性应变和弹性应变。弹性应变可以按弹性理论来求解，而塑性应变就要根据流动准则来求解。

1928 年，von Mises 将弹性势概念推广到塑性理论中，即对于塑性流动状态，假设也存在着类似于弹性势函数的某种塑性势函数 $Q(\sigma_{ij})$，塑性流动方向与塑性势函数 Q 的梯度或外法线方向一致，这就是塑性位势理论[11]。它的数学公式可以表示为

$$\mathrm{d}\varepsilon_{ij}^p = \mathrm{d}\lambda \frac{\partial Q}{\partial \sigma_{ij}} \tag{2-82}$$

式（2-82）是一个矢量表达式，表明了 $\mathrm{d}\varepsilon_{ij}^p$ 的方向始终与塑性势面正交。式（2-82）中，$Q(\sigma_{ij})$ 一般写成不变量 J_1、J_2、J_3 或主应力 σ_1、σ_2、σ_3 的函数；$\mathrm{d}\lambda$ 为一个非负的比例系数。

根据 Drucker 公设[12]，塑性应变增量矢量与屈服面外法线方向一致，即表示为

$$\mathrm{d}\varepsilon_{ij}^p = \mathrm{d}\lambda \frac{\partial \Phi}{\partial \sigma_{ij}} \tag{2-83}$$

将式（2-83）中的 $\mathrm{d}\lambda \geqslant 0$ 称为塑性因子，为一个未定的标量因子。比较式（2-82）和式（2-83）可以看出，若 $Q = \Phi$，即塑性势函数 Q 就是屈服函数 Φ，则由此所得的塑性应力-应变关系通常称为相关联流动准则。由于塑性应变增量与屈服面正交，因此相关联流动准则也称为正交流动准则。若 $Q \neq \Phi$，即塑性应变增量与屈服面不正交，则其相应的塑性应力-应变关系称为非关联流动准则。

2.4.3　屈服准则

屈服准则又称塑性条件，它是判断材料处于弹性阶段还是处于塑性阶段的准则[13]。对于单向拉伸应力状态，可以通过比较轴向应力与材料的屈服应力来确定材料是否发生了塑性变形。然而在复杂应力状态时，因一点的应力状态是由六个应力分量确定的，所以不能选取某

一个应力分量的数值作为判断材料是否进入塑性状态的标准，而应考虑所有应力分量对材料进入塑性状态的影响，这时就要借助相应的屈服准则。如果知道了材料所处的应力状态和相应的屈服准则，就可以判定是否有塑性应变产生。

常用的屈服准则有 Tresca 屈服准则和 von Mises 屈服准则。Tresca 屈服准则认为，当材料的最大剪应力达到临界值时，材料发生屈服；而使用更多的屈服准则是 von Mises 屈服准则。

1. von Mises 屈服准则

von Mises 屈服准则把板料处理为各向同性材料。在 von Mises 塑性模型中，屈服应力与压力无关。认为在三维应力状态的主应力空间中屈服面是一个圆柱表面，柱面的轴线 $\sigma_1 = \sigma_2 = \sigma_3$ 是一条与主应力 σ_1、σ_2、σ_3 坐标轴的夹角相等并过原点的直线。von Mises 屈服面在 Π 平面（通过坐标原点，且与轴线 $\sigma_1 = \sigma_2 = \sigma_3$ 相垂直的平面）上的截线是一个圆，二维状态下的屈服面是一个椭圆。在屈服面内部的任何应力状态都是弹性状态，屈服面外部的任何应力状态都会引起塑性应变。von Mises 屈服准则表述为：在一定的变形条件下，当受力物体内一点的应力偏张量的第二不变量 J_2 达到临界值时，材料发生屈服。即

$$f(\sigma_{ij}) = J_2 = C \tag{2-84}$$

所以有

$$\bar{\sigma} = \frac{1}{\sqrt{2}}\sqrt{(\sigma_x - \sigma_y)^2 + (\sigma_y - \sigma_z)^2 + (\sigma_z - \sigma_x)^2 + 6(\tau_{xy}^2 + \tau_{yz}^2 + \tau_{zx}^2)} = \sigma_s \tag{2-85}$$

因此 von Mises 屈服准则也可表述为：在一定的变形条件下，当受力物体内一点的等效应力 $\bar{\sigma}$ 达到某一定值时，该点开始进入塑性状态。

2. Hill 屈服准则

更多的理论和试验研究表明，板料的塑性特性是各向异性的。Hill 首先提出了一个二次屈服函数来描述正交各向异性材料的塑性行为。Hill 假设，在材料的每一质点上，存在互相垂直的三个各向异性平面，其交线构成三个各向异性主轴 1、2、3，屈服准则写为[13]

$$F(\sigma_{22} - \sigma_{33})^2 + G(\sigma_{33} - \sigma_{11})^2 + H(\sigma_{11} - \sigma_{22})^2 + 2L\sigma_{23}^2 + 2M\sigma_{31}^2 + 2N\sigma_{12}^2 - 1 = 0 \tag{2-86}$$

式中，F、G、H、L、M、N 分别为与材料在三个方向的拉伸屈服应力和剪切屈服应力相关的常数。

设 σ_{y1}、σ_{y2}、σ_{y3} 分别表示各向异性主方向上的拉伸屈服应力，σ_{y12}、σ_{y23}、σ_{y31} 表示剪切屈服应力，则有

$$\begin{cases} 2F = \dfrac{1}{\sigma_{y2}^2} + \dfrac{1}{\sigma_{y3}^2} - \dfrac{1}{\sigma_{y1}^2}, & 2L = \dfrac{1}{\sigma_{y23}^2} \\[2mm] 2G = \dfrac{1}{\sigma_{y3}^2} + \dfrac{1}{\sigma_{y1}^2} - \dfrac{1}{\sigma_{y2}^2}, & 2M = \dfrac{1}{\sigma_{y31}^2} \\[2mm] 2H = \dfrac{1}{\sigma_{y1}^2} + \dfrac{1}{\sigma_{y2}^2} - \dfrac{1}{\sigma_{y3}^2}, & 2N = \dfrac{1}{\sigma_{y12}^2} \end{cases} \tag{2-87}$$

此屈服模型反映了材料厚度方向的各向异性，因此在冲压成形有限元仿真中得到了广泛的应用。但在分析多晶体塑性材料时出现了困难，不能得到较好的计算结果。

3. Barlat 屈服准则

Barlat 及其合作者 Lian 在 Hosford 屈服准则的基础上提出了一系列包含面内各向异性的屈服准则。Barlat 和 Lian 的屈服准则适合于平面应力状态，包含 4 个参数，是一种新的非二次屈服准则。Barlat 和 Lian 的屈服准则能更合理地描述有较强织构的各向异性金属板料的屈服行为，可以有效地模拟板料拉深成形过程中凸缘的塑性流动规律，可以模拟凸缘出现 2 个、4 个、6 个凸耳的现象，全面地反映了面内各向异性和 Barlat 指数 M 对板料成形过程中的塑性流动规律及成形极限的影响。其函数形式如下：

$$f = a\,|\,K_1 + K_2\,|^M + a\,|\,K_1 - K_2\,|^M + c\,|\,2K_2\,|^M = 2\bar{\sigma}^M \tag{2-88}$$

式中，M 为 Barlat 指数，面心立方晶格(FCC)材料取 8，体心立方晶格(BCC)取 6；$\bar{\sigma}$ 为与单轴拉伸屈服应力一致的等效屈服应力；K_1、K_2 分别为应力张量不变量，$K_1 = \dfrac{\sigma_{xx} + h\sigma_{yy}}{2}$，

$K_2 = \sqrt{\left(\dfrac{\sigma_{xx} - h\sigma_{yy}}{2}\right)^2 + p^2\sigma_{xy}^2}$；$a$、$h$、$p$ 为材料常数，$a = 2 - 2\sqrt{\dfrac{R_0}{1+R_0} \times \dfrac{R_{90}}{1+R_{90}}}$，

$h = \sqrt{\dfrac{R_0}{1+R_{90}} \times \dfrac{1+R_{90}}{R_{90}}}$，$R_0$、$R_{90}$ 为各向异性系数，$p = \dfrac{\bar{\sigma}}{\tau_{s1}}\left(\dfrac{2}{2a + 2^M c}\right)^{1/M}$，$\tau_{s1}$ 为纯剪切变形时的屈服切应力；$c = 2 - a$。

Barlat 等后来又提出了一个可说明任何应力状态的通用表述。这一表述包含了应力张量中的 6 个应力分量、反映屈服模型的指数 M 和 6 个材料系数 a、b、c、f、g 和 h。

$$A = \sigma_{yy} - \sigma_{zz}, B = \sigma_{zz} - \sigma_{xx}, C = \sigma_{xx} - \sigma_{yy}, F = \sigma_{yz}, G = \sigma_{zx}, H = \sigma_{xy} \tag{2-89}$$

$$I_2 = \dfrac{(fF)^2 + (gG)^2 + (hH)^2}{3} - \dfrac{(aA - cC)^2 + (cC - bB)^2 + (bB - aA)^2}{54} \tag{2-90}$$

$$I_3 = \dfrac{(cC - bB)(aA - cC)(bB - aA)}{54} + fghFGH$$
$$- \dfrac{(cC - bB)(fF)^2 + (aA - cC)(gG)^2 + (bB - aA)(hH)^2}{6} \tag{2-91}$$

$$\theta = \arccos\left(\dfrac{I_3}{I_2^{\frac{3}{2}}}\right) \quad (0 \leq \theta \leq \pi) \tag{2-92}$$

$$\Phi = (3I_2)^{\frac{M}{2}}\left\{\left[2\cos\left(\dfrac{2\theta + \pi}{6}\right)\right]^M + \left[-2\cos\left(\dfrac{2\theta + 5\pi}{6}\right)\right]^M\right\} = 2\bar{\sigma}^M \tag{2-93}$$

有试验研究表明，Barlat 的屈服函数是正交各向异性材料的各向异性塑性行为的很好描述，以屈服函数反映的应力/应变响应与多晶体塑性力学的结果是相符合的。

2.4.4　弹塑性矩阵的推导

考虑材料的塑性，其增量形式的本构关系可表达为

$$\mathrm{d}\sigma = (\boldsymbol{D} - \boldsymbol{D}^p)\mathrm{d}\varepsilon \tag{2-94}$$

式中，$\boldsymbol{D}$ 为弹性矩阵；$\boldsymbol{D}^p$ 为塑性矩阵。

弹性矩阵 $\boldsymbol{D}$ 的形式为

$$\boldsymbol{D} = \begin{bmatrix} K+\dfrac{4}{3}G & K-\dfrac{2}{3}G & K-\dfrac{2}{3}G & 0 & 0 & 0 \\[2mm] K-\dfrac{2}{3}G & K+\dfrac{4}{3}G & K-\dfrac{2}{3}G & 0 & 0 & 0 \\[2mm] K-\dfrac{2}{3}G & K-\dfrac{2}{3}G & K+\dfrac{4}{3}G & 0 & 0 & 0 \\[2mm] 0 & 0 & 0 & G & 0 & 0 \\[1mm] 0 & 0 & 0 & 0 & G & 0 \\[1mm] 0 & 0 & 0 & 0 & 0 & G \end{bmatrix} \qquad (2\text{-}95)$$

式中，体积模量 $K = \dfrac{E}{3(1-2\mu)}$ ；剪切模量 $G = \dfrac{E}{2(1+\mu)}$ 。

在应变空间内，塑性矩阵可表达为

$$\boldsymbol{D}^p = \frac{1}{A} \boldsymbol{D} \frac{\partial f}{\partial \boldsymbol{\sigma}} \left(\boldsymbol{D} \frac{\partial f}{\partial \boldsymbol{\sigma}} \right)^{\mathrm{T}} \qquad (2\text{-}96)$$

式中， $A = \left(\dfrac{\partial f}{\partial \boldsymbol{\sigma}}\right)^{\mathrm{T}} \boldsymbol{D} \dfrac{\partial f}{\partial \boldsymbol{\sigma}} - \left(\dfrac{\partial f}{\partial \boldsymbol{\sigma}^p}\right)^{\mathrm{T}} \boldsymbol{D} \dfrac{\partial f}{\partial \boldsymbol{\sigma}} - B$ ； f 为屈服函数； σ^p 为塑性应力， $\sigma^p = \boldsymbol{D}\varepsilon^p$ 。

$$B = \begin{cases} \dfrac{\partial f}{\partial w^p} \boldsymbol{\sigma}^{\mathrm{T}} \dfrac{\partial f}{\partial \boldsymbol{\sigma}} & (\kappa = w^p) \\[3mm] \dfrac{\partial f}{\partial \theta^p} \boldsymbol{I}'^{\mathrm{T}} \dfrac{\partial f}{\partial \boldsymbol{\sigma}} & (\kappa = \theta^p) \\[3mm] \dfrac{\partial f}{\partial \overline{\varepsilon}^p} \left(\left(\dfrac{\partial f}{\partial \boldsymbol{\sigma}}\right)^{\mathrm{T}} \left(\dfrac{\partial f}{\partial \boldsymbol{\sigma}}\right) \right)^{1/2} & (\kappa = \overline{\varepsilon}^p) \end{cases} \qquad (2\text{-}97)$$

其中， $\boldsymbol{I}' = [1\,1\,1\,0\,0\,0]^{\mathrm{T}}$ ； w^p 为塑性功； θ^p 为塑性体应变； $\overline{\varepsilon}^p$ 为等效塑性应变； κ 为反映加载历史的参数。

对于 Drucker-Prager 模型，其屈服条件为

$$f = \alpha I_1 + \sqrt{J_2} = 0 \qquad (2\text{-}98)$$

$$I_1 = \sigma_x + \sigma_y + \sigma_z, \ J_2 = \frac{1}{2}(S_x^2 + S_y^2 + S_z^2) + S_{xy}^2 + S_{yz}^2 + S_{zx}^2, \ \alpha \text{ 为材料常数} \qquad (2\text{-}99)$$

式中， S_x 、 S_y 、 S_z 、 S_{xy} 、 S_{yz} 、 S_{zx} 为应力偏量。

$$\frac{\partial f}{\partial \boldsymbol{\sigma}} = \alpha \boldsymbol{I}' + \frac{1}{2\sqrt{J_2}} \boldsymbol{S}' \qquad (2\text{-}100)$$

$$\boldsymbol{S}' = \begin{bmatrix} S_x & S_y & S_z & 2S_{xy} & 2S_{yz} & 2S_{zx} \end{bmatrix}^{\mathrm{T}} \qquad (2\text{-}101)$$

$$\boldsymbol{D} \frac{\partial f}{\partial \boldsymbol{\sigma}} = \boldsymbol{D}\left(\alpha \boldsymbol{I}' + \frac{1}{2\sqrt{J_2}} \boldsymbol{S}' \right) = 3K\alpha \boldsymbol{I}' + \frac{G}{\sqrt{J_2}} \boldsymbol{S} \qquad (2\text{-}102)$$

$$A = \left(\frac{\partial f}{\partial \boldsymbol{\sigma}}\right)^{\mathrm{T}} \boldsymbol{D} \frac{\partial f}{\partial \boldsymbol{\sigma}} = \left(\alpha \boldsymbol{I}'^{\mathrm{T}} + \frac{1}{2\sqrt{J_2}} \boldsymbol{S}'^{\mathrm{T}} \right)\left(3K\alpha \boldsymbol{I}' + \frac{G}{\sqrt{J_2}} \boldsymbol{S} \right) = 9K\alpha^2 + G \qquad (2\text{-}103)$$

$$D^p = \frac{1}{A} D \frac{\partial f}{\partial \sigma} \left(D \frac{\partial f}{\partial \sigma} \right)^{\mathrm{T}} \qquad (2\text{-}104)$$

$$
\begin{aligned}
D^p &= \frac{1}{9K\alpha^2 + G} \left(3K\alpha I' + \frac{G}{\sqrt{J_2}} S \right)\left(3K\alpha I' + \frac{G}{\sqrt{J_2}} S^{\mathrm{T}} \right) \\
&= \frac{9K^2\alpha^2}{9K\alpha^2 + G} I T'^{\mathrm{T}} + \frac{3K\alpha G}{(9K\alpha^2 + G)\sqrt{J_2}} I' S^{\mathrm{T}} + \frac{3K\alpha G}{(9K\alpha^2 + G)\sqrt{J_2}} S I'^{\mathrm{T}} + \frac{G^2}{(9K\alpha^2 + G)\sqrt{J_2}} SS^{\mathrm{T}} \quad (2\text{-}105)
\end{aligned}
$$

$$
= \begin{bmatrix}
m^2 & mn & ml & \beta_1 S_{12}m & \beta_1 S_{23}m & \beta_1 S_{13}m \\
mn & n^2 & nl & \beta_1 S_{12}n & \beta_1 S_{23}n & \beta_1 S_{13}n \\
ml & nl & l^2 & \beta_1 S_{12}l & \beta_1 S_{23}l & \beta_1 S_{13}l \\
\beta_1 S_{12}m & \beta_1 S_{12}n & \beta_1 S_{12}l & (\beta_1 S_{12})^2 & \beta_1 S_{12} \cdot \beta_2 S_{23} & \beta_1 S_{12} \cdot \beta_2 S_{13} \\
\beta_1 S_{23}m & \beta_1 S_{23}n & \beta_1 S_{23}l & \beta_1 S_{12} \cdot \beta_2 S_{23} & (\beta_1 S_{23})^2 & \beta_1 S_{13} \cdot \beta_2 S_{23} \\
\beta_1 S_{13}m & \beta_1 S_{13}n & \beta_1 S_{13}l & \beta_1 S_{12} \cdot \beta_2 S_{13} & \beta_1 S_{13} \cdot \beta_2 S_{23} & (\beta_1 S_{13})^2
\end{bmatrix}
$$

令 $p = K + \dfrac{4}{3}G$, $q = K - \dfrac{2}{3}G$, 弹塑性矩阵可表达为

$$D^{ep} = D - D^p$$

$$
= \begin{bmatrix}
p - m^2 & q - mn & q - ml & -\beta_1 S_{12}m & -\beta_1 S_{23}m & -\beta_1 S_{13}m \\
q - mn & p - n^2 & q - nl & -\beta_1 S_{12}n & -\beta_1 S_{23}n & -\beta_1 S_{13}n \\
q - ml & q - nl & p - l^2 & -\beta_1 S_{12}l & -\beta_1 S_{23}l & -\beta_1 S_{13}l \\
-\beta_1 S_{12}m & -\beta_1 S_{12}n & -\beta_1 S_{12}l & G - (\beta_1 S_{12})^2 & -\beta_1 S_{12} \cdot \beta_2 S_{23} & -\beta_1 S_{12} \cdot \beta_2 S_{13} \\
-\beta_1 S_{23}m & -\beta_1 S_{23}n & -\beta_1 S_{23}l & -\beta_1 S_{12} \cdot \beta_2 S_{23} & G - (\beta_1 S_{23})^2 & -\beta_1 S_{13} \cdot \beta_2 S_{23} \\
-\beta_1 S_{13}m & -\beta_1 S_{13}n & -\beta_1 S_{13}l & -\beta_1 S_{12} \cdot \beta_2 S_{13} & -\beta_1 S_{13} \cdot \beta_2 S_{23} & G - (\beta_1 S_{13})^2
\end{bmatrix} \quad (2\text{-}106)
$$

2.4.5　Hill 屈服准则下的本构关系

通过弹塑性矩阵 D^{ep}，可以建立式（2-107）所示的速率型本构关系的显式表达。采用关联流动准则后，有

$$\mathrm{d}\varepsilon^p = \mathrm{d}\lambda \frac{\partial Q}{\partial \sigma} \qquad (2\text{-}107)$$

$$Q = \Phi \qquad (2\text{-}108)$$

采用等向强化准则后，正交各向异性屈服准则所对应的后继屈服函数为

$$\Phi = 2\bar{\sigma}^2 = F(\sigma_{22} - \sigma_{33})^2 + G(\sigma_{33} - \sigma_{11})^2 + H(\sigma_{11} - \sigma_{22})^2 + 2L\sigma_{23}^2 + 2M\sigma_{31}^2 + 2N\sigma_{12}^2 \quad (2\text{-}109)$$

则可求出弹塑性矩阵 D^{ep} 的各个分量。经整理，得到 D^{ep} 的完整表达式为

$$
D^{ep} = D^e - \frac{1}{A}
\begin{bmatrix}
A_1^2 & A_1 A_2 & A_1 A_3 & A_1 A_4 & A_1 A_5 & A_1 A_6 \\
A_2 A_1 & A_2^2 & A_2 A_3 & A_2 A_4 & A_2 A_5 & A_2 A_6 \\
A_3 A_1 & A_3 A_2 & A_3^2 & A_3 A_4 & A_3 A_5 & A_3 A_6 \\
A_4 A_1 & A_4 A_2 & A_4 A_3 & A_4^2 & A_4 A_5 & A_4 A_6 \\
A_5 A_1 & A_5 A_2 & A_5 A_3 & A_5 A_4 & A_5^2 & A_5 A_6 \\
A_6 A_1 & A_6 A_2 & A_6 A_3 & A_6 A_4 & A_6 A_5 & A_6^2
\end{bmatrix} \quad (2\text{-}110)
$$

式中

$$
\begin{cases}
A = \dfrac{4}{9}\sigma^2 H' + A_1\sigma'_{11} + A_2\sigma'_{22} + A_3\sigma'_{33} + 2A_4\sigma'_{23} + A_5\sigma'_{31} + A_6\sigma'_{12} \\[4pt]
\quad A_1 = 2G\sigma'_{11}, \quad A_2 = 2G\sigma'_{22}, \quad A_3 = 2G\sigma'_{33} \\[4pt]
\quad A_4 = 2G\sigma'_{23}, \quad A_5 = 2G\sigma'_{31}, \quad A_6 = 2G\sigma'_{12} \\[4pt]
\sigma'_{11} = -\dfrac{H(\sigma_{11}-\sigma_{22}) + G(\sigma_{11}-\sigma_{33})}{F+G+H}, \quad \sigma'_{23} = -\dfrac{L\sigma_{23}}{F+G+H} \\[8pt]
\sigma'_{22} = \dfrac{F(\sigma_{22}-\sigma_{33}) + H(\sigma_{22}-\sigma_{11})}{F+G+H}, \quad \sigma'_{31} = -\dfrac{M\sigma_{31}}{F+G+H} \\[8pt]
\sigma'_{33} = \dfrac{G(\sigma_{33}-\sigma_{11}) + F(\sigma_{33}-\sigma_{22})}{F+G+H}, \quad \sigma'_{12} = \dfrac{N\sigma_{12}}{F+G+H}
\end{cases}
\tag{2-111}
$$

$$
\begin{cases}
\sigma^J_{ij} = D^{ep}_{ijkl}\varepsilon'_{kl} \\[4pt]
\boldsymbol{\sigma}^J = \boldsymbol{D}^{ep}\boldsymbol{\varepsilon}'
\end{cases}
\tag{2-112}
$$

式（2-110）即为正交各向异性屈服准则下的弹塑性本构关系矩阵，它是一个四阶对称张量，把它代入式（2-112）中，即得到相应的正交各向异性屈服准则下的速率型弹塑性本构关系。

2.4.6　Barlat 屈服准则下的本构关系

Barlat 等提出的平面各向异性多晶体材料屈服准则经试验证实非常适合于描述板料的各向异性特性。建立基于 Barlat 平面各向异性屈服准则的弹塑性本构关系的显式表达。

Barlat 平面各向异性屈服准则相应的后继屈服函数为

$$
\Phi = 2\bar{\sigma}^M = a|K_1 + K_2|^M + a|K_1 - K_2|^M + c|2K_2|^M
\tag{2-113}
$$

由于屈服模型仅限于平面应力状态，因此对应的弹塑性矩阵为一个对称二阶张量，其中的弹性矩阵为

$$
\boldsymbol{D}^e = \frac{E}{1-v^2}
\begin{bmatrix}
1 & v & 0 \\
v & 1 & 0 \\
0 & 0 & \dfrac{1-v}{2}
\end{bmatrix}
\tag{2-114}
$$

采用关联流动准则和等向强化准则，有 $Q = \Phi$，应用复合函数求导法则得到

$$
\frac{\partial Q}{\partial \sigma_{11}} = \frac{\partial \Phi}{\partial \sigma_{11}} = M\left[a(K_1 - K_2)|K_1 - K_2|^{M-2}\left(\frac{1}{2} - \frac{\sigma_{11}-h\sigma_{22}}{4K_2}\right) + a(K_1 \right.
$$
$$
\left. + K_2)|K_1 + K_2|^{M-2}\left(\frac{1}{2} + \frac{\sigma_{11}-h\sigma_{22}}{4K_2}\right) + 2^M cK_2^{M-1}h\frac{\sigma_{11}-h\sigma_{22}}{4K_2} \right]
\tag{2-115}
$$

$$
\frac{\partial Q}{\partial \sigma_{22}} = \frac{\partial \Phi}{\partial \sigma_{22}} = M\left[a(K_1 - K_2)|K_1 - K_2|^{M-2}\left(\frac{h}{2} + \frac{\sigma_{11}-h\sigma_{22}}{4K_2}\right) + a(K_1 \right.
$$
$$
\left. + K_2)|K_1 + K_2|^{M-2}\left(\frac{h}{2} - \frac{\sigma_{11}-h\sigma_{22}}{4K_2}\right) - 2^M cK_2^{M-1}h\frac{\sigma_{11}-h\sigma_{22}}{4K_2} \right]
\tag{2-116}
$$

$$\frac{\partial Q}{\partial \sigma_{12}} = \frac{\partial \Phi}{\partial \sigma_{12}} = M[a(K_1+K_2)\,|\,K_1+K_2\,|^{M-2} -a(K_1-K_2)\,|\,K_1-K_2\,|^{M-2} +2^M cK_2^{M-1}]p^2\frac{\sigma_{12}}{2K_2} \quad (2\text{-}117)$$

记

$$\begin{cases} H_1 = a(K_1-K_2)\,|\,K_1-K_2\,|^{M-2},\ H_2 = a(K_1+K_2)\,|\,K_1+K_2\,|^{M-2} \\ H_3 = \frac{1}{2} - \frac{\sigma_{11}-h\sigma_{22}}{4K_2},\ H_4 = \frac{1}{2} + \frac{\sigma_{11}-h\sigma_{22}}{4K_2},\ H_5 = 2^M cK_2^{M-1} \\ H_6 = \frac{\sigma_{11}-h\sigma_{22}}{4K_2},\ H_7 = p^2\frac{\sigma_{12}}{2K_2} \end{cases} \quad (2\text{-}118)$$

则有

$$\boldsymbol{D}^{ep} = \frac{E}{1-v^2}\begin{bmatrix} 1 & v & 0 \\ v & 1 & 0 \\ 0 & 0 & \frac{1-v}{2} \end{bmatrix} - \frac{E^2\bar{\sigma}M}{(1-v^2)^2}$$

$$\begin{bmatrix} \dfrac{H_1H_3+H_2H_4+H_5H_6}{H'\sigma_{11}+\dfrac{E\bar{\sigma}M}{1-v^2}(H_1H_3+H_2H_4+H_5H_6)} & \dfrac{v^2(H_2-H_1+H_5)H_7}{H'\sigma_{12}+\dfrac{E\bar{\sigma}M}{1-v^2}(H_2-H_1+H_5)H_7} & 0 \\ \dfrac{v^2(H_2-H_1+H_5)H_7}{H'\sigma_{12}+\dfrac{E\bar{\sigma}M}{1-v^2}(H_2-H_1+H_5)H_7} & \dfrac{h(H_1H_4+H_2H_3-H_5H_6)}{H'\sigma_{22}+\dfrac{E\bar{\sigma}Mh}{1-v^2}(H_1H_4+H_2H_3-H_5H_6)} & 0 \\ 0 & 0 & 0 \end{bmatrix} \quad (2\text{-}119)$$

式（2-119）即为 Barlat 平面各向异性屈服准则下的弹塑性本构关系矩阵，它是一个对称二阶张量，把它代入式（2-112），即得 Barlat 平面各向异性屈服准则下的速率型弹塑性本构关系。

2.5　板壳单元模型

2.5.1　基本板壳理论

板壳结构是指板的厚度 t 与其他两个方向的尺寸相比小很多。与平面问题的平板不同，板壳结构的板可以是平板也可以是单曲面板或双曲面板，同时可以承受任意方向上的载荷，也就是既有作用在平面内的载荷，又作用有垂直于平面的载荷。一般板壳结构处于三维应力状态。

对于小挠度弹性薄板弯曲问题，板的变形完全由垂直于板面的挠度 w 确定，在一般情况下，取 w 和它的一阶、二阶导数为参数进行数值计算。当前用来离散薄板的单元多为四边形或三角形单元，相邻单元之间有弯矩传递，所以将节点看成刚性的。

设板的中面在 xoy 平面上，即 $z=0$ 表示板的中面，在板理论中，一般假设板的中面是一个中性面，也就在没有面内力时，中面上的三个应变 $\varepsilon_x = \varepsilon_y = \varepsilon_{xy} = 0$。另一个基本假设即为直法线假定：变形前垂直于中面的法线变形后仍然保持直线，但是不一定仍然垂直于变形后的中面。这条直线绕 x 和 y 轴的转角分别为 ψ_x 和 ψ_y。

2.5.2　Mindlin 板单元

当位移和转动为各自独立的场函数时，系统的平均总位能为

$$\overline{\Pi}_p = \Pi_p + \iint_\Omega \alpha_1 \left(\frac{\partial w}{\partial x} - \theta_x \right)^2 \mathrm{d}x\mathrm{d}y + \iint_\Omega \alpha_2 \left(\frac{\partial w}{\partial y} - \theta_y \right)^2 \mathrm{d}x\mathrm{d}y \qquad （2\text{-}120）$$

式中，Π_p 为系统的总位能，对于位移和转动各自独立插值的情况，它应改写成

$$\Pi_p = \iint_\Omega \left(\frac{1}{2} \boldsymbol{\kappa}^{\mathrm{T}} \boldsymbol{D}_b \boldsymbol{\kappa} - qw \right) \mathrm{d}x\mathrm{d}y - \int_{S_3} \overline{Q}_n w \mathrm{d}S + \int_{S_2+S_3} (\overline{M}_s \theta_s + \overline{M}_n \theta_n) \, \mathrm{d}S \qquad （2\text{-}121）$$

式中，$\boldsymbol{D}_b$ 即弹性关系矩阵；q 为作用在板平面内的 z 方向分布载荷；$\boldsymbol{\kappa}$ 在位移和转动各自独立的情况下应表示为

$$\boldsymbol{\kappa} = \begin{pmatrix} \kappa_x \\ \kappa_y \\ \kappa_{xy} \end{pmatrix} = \begin{pmatrix} -\dfrac{\partial \theta_x}{\partial x} \\[2mm] -\dfrac{\partial \theta_y}{\partial x} \\[2mm] -\left(\dfrac{\partial \theta_x}{\partial y} + \dfrac{\partial \theta_y}{\partial x} \right) \end{pmatrix} \qquad （2\text{-}122）$$

对于各向同性材料的板单元，可在式（2-120）中令

$$\alpha_1 = \alpha_2 = \frac{\alpha}{2} = \frac{Gt}{2k} \qquad （2\text{-}123）$$

式中，G 是材料剪切模量；t 是板厚；k 是引入的校正系数，按照剪切应变能等效的原则，应取 $k = 6/5$。这样一来，式（2-120）表示的就是考虑剪切变形的 Mindlin 平板理论的泛函，根据它构造的板单元以及建立的有限元格式可用于分析较厚的平板弯曲问题[9]。而用于薄板时，式（2-120）的后两项起罚函数作用，使 Kirchhoff 理论的直法线假定通过以下约束条件得到实现：

$$\boldsymbol{C} = \begin{pmatrix} \dfrac{\partial w}{\partial x} - \theta_x \\[2mm] \dfrac{\partial w}{\partial y} - \theta_y \end{pmatrix} = 0 \qquad （2\text{-}124）$$

由于位能表达式中的 w 和转动 θ_x、θ_y 是各自独立插值的，所以它们的插值函数只要求 C_0 的连续性。利用二位插值函数将 w、θ_x、θ_y 表示为

$$\begin{pmatrix} \theta_x \\ \theta_y \\ w \end{pmatrix} = \boldsymbol{N}\boldsymbol{a}^e \qquad （2\text{-}125）$$

式中

$$\boldsymbol{N} = \begin{bmatrix} N_1\boldsymbol{I} & N_2\boldsymbol{I} & \cdots & N_n\boldsymbol{I} \end{bmatrix} \qquad （2\text{-}126）$$

$$\boldsymbol{a}^e = \begin{pmatrix} \boldsymbol{a}_1 \\ \boldsymbol{a}_2 \\ \vdots \\ \boldsymbol{a}_n \end{pmatrix}, \qquad \boldsymbol{a}_i = \begin{pmatrix} \theta_{xi} \\ \theta_{yi} \\ w_i \end{pmatrix} \quad (i = 1, 2, \cdots, n) \qquad （2\text{-}127）$$

式中，N_i（$i=1,2,\cdots,n$）是 n 节点二维单元的插值函数；I 是 3×3 的单位矩阵；n 是单元节点数。

将式（2-125）代入式（2-122）和式（2-124），可得

$$\boldsymbol{\kappa}=\boldsymbol{B}_b\boldsymbol{a}^e,\quad \boldsymbol{C}=\boldsymbol{B}_s\boldsymbol{a}^e \tag{2-128}$$

式中

$$\boldsymbol{B}_b=[\boldsymbol{B}_{b1}\ \boldsymbol{B}_{b2}\ \cdots\ \boldsymbol{B}_{bn}],\quad \boldsymbol{B}_s=[\boldsymbol{B}_{s1}\ \boldsymbol{B}_{s2}\ \cdots\ \boldsymbol{B}_{sn}] \tag{2-129}$$

$$\boldsymbol{B}_{bi}=\begin{bmatrix} -\dfrac{\partial N_i}{\partial x} & 0 & 0 \\[2mm] 0 & -\dfrac{\partial N_i}{\partial y} & 0 \\[2mm] -\dfrac{\partial N_i}{\partial y} & -\dfrac{\partial N_i}{\partial x} & 0 \end{bmatrix},\quad \boldsymbol{B}_{si}=\begin{bmatrix} -N_i & 0 & \dfrac{\partial N_i}{\partial x} \\[2mm] 0 & -N_i & \dfrac{\partial N_i}{\partial y} \end{bmatrix} \tag{2-130}$$

将式（2-130）及式（2-125）代入泛函式（2-120），则由泛函的变分为零可以得到

$$Ka=(K_b+\alpha K_s)a=P \tag{2-131}$$

式中

$$K_b=\sum_e K_b^e,\quad K_s=\sum_e K_s^e,\quad P=\sum_e P^e \tag{2-132}$$

由于 Mindlin 板理论中有 3 个各自独立的场函数，因此在板边界的每一点上应有 3 个边界条件。Mindlin 板理论中有 3 种类型的边界条件：

$$w=\overline{w},\quad \theta_n=\overline{\theta}_n,\quad \theta_s=\overline{\theta}_s \quad （在 S_1 上） \tag{2-133}$$

$$w=\overline{w},\quad M_n=\overline{M}_n,\quad M_s=\overline{M}_s \quad （在 S_2 上） \tag{2-134}$$

$$Q_n=\overline{Q}_n,\quad M_n=\overline{M}_n,\quad M_s=\overline{M}_s \quad （在 S_3 上） \tag{2-135}$$

式中，下标 n 和 s 分别表示边界的法向和切向。上述 3 个边界条件的齐次形式分别代表固定边、简支边和自由边情况。给定位移和转动 w、θ_n、θ_s 属于强制边界条件，给定横向力和力矩 Q_n、M_n、M_s 属于自然边界条件。

2.5.3　基于离散 Kirchhoff 理论(DKT)的薄板单元

对于 2.5.2 节讨论的 Mindlin 板单元，由于 w 和 θ_x、θ_y 是独立插值的，表达格式基本上和二维实体单元相同，所以是相当简单的。但是 w 和 θ_x、θ_y 之间的约束是利用罚函数方法引入的，一方面使单元可进一步用于中厚板，另一方面确实带来不少麻烦。

DKT 单元也是采用 w 和 θ_x、θ_y 的独立插值。不同的是 w 和 θ_x、θ_y 之间的约束方程不是用罚函数方法引入的，而是在若干离散点强迫其实现[14]。这样一来，泛函表达式（2-121）右端的后两项可以略去，而恢复为经典薄板理论的泛函表达式，即

$$\varPi_p=\frac{1}{2}\iint_\Omega \boldsymbol{\kappa}^{\mathrm{T}}\boldsymbol{D}\boldsymbol{\kappa}\mathrm{d}x\mathrm{d}y-\iint_\Omega qw\mathrm{d}x\mathrm{d}y \tag{2-136}$$

式中，$\boldsymbol{\kappa}$ 与 θ_x、θ_y 的关系如式（2-122）所示。

现以 3 节点三角形 DKT 单元为例，阐明其表达格式的建立。

图 2-6 为 DKT 单元，其每个角节点有参数 $w_i,\theta_{xi},\theta_{yi}$（$i=1,2,3$），边中节点有参数 θ_{xi},θ_{yi}（$i=4,5,6$）。

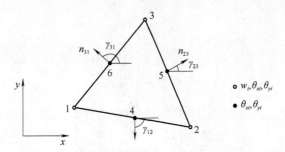

图 2-6　DKT 单元

单元内 θ_x、θ_y 是二次变化，其插值表示成

$$\theta_x = \sum_{i=1}^{6} N_t \theta_{xi}, \quad \theta_y = \sum_{i=1}^{6} N_t \theta_{yi} \tag{2-137}$$

式中，N_t 即 6 节点三角形 C_0 型单元的插值函数。

在若干离散点令约束方程式（2-124）成立，用以引入 Kirchhoff 理论的直法线假定。

（1）在角节点：

$$C = \left\{ \begin{matrix} \left(\dfrac{\partial w}{\partial x} \right)_t - \theta_{xi} \\[2mm] \left(\dfrac{\partial w}{\partial y} \right)_t - \theta_{yi} \end{matrix} \right\} = 0 \quad (i = 1, 2, 3) \tag{2-138}$$

（2）在各边中节点：

$$\left(\frac{\partial w}{\partial s} \right)_k - \theta_{sk} = 0 \quad (k = 4, 5, 6) \tag{2-139}$$

$$\theta_{nk} = \frac{1}{2}(\theta_{ni} + \theta_{nj}) \tag{2-140}$$

式中，s、n 分别表示各边界 ij 的切向和法向。θ_n、θ_s 和 θ_x、θ_y 的关系是

$$\begin{pmatrix} \theta_n \\ \theta_s \end{pmatrix} = \begin{bmatrix} \cos\gamma_{ij} & \sin\gamma_{ij} \\ -\sin\gamma_{ij} & \cos\gamma_{ij} \end{bmatrix} \begin{pmatrix} \theta_x \\ \theta_y \end{pmatrix} \tag{2-141}$$

$$\begin{pmatrix} \theta_x \\ \theta_y \end{pmatrix} = \begin{bmatrix} \cos\gamma_{ij} & -\sin\gamma_{ij} \\ \sin\gamma_{ij} & \cos\gamma_{ij} \end{bmatrix} \begin{pmatrix} \theta_n \\ \theta_s \end{pmatrix} \tag{2-142}$$

式（2-140）中，当 $k = 4, 5, 6$ 时，分别有 $i = 1, 2, 3$ 和 $j = 2, 3, 1$。

沿各边界 ij 上的 w 可由两端节点的 4 个参数 w_i、$(\partial w / \partial s)_i$、$w_j$、$(\partial w / \partial s)_j$ 定义为三次变化，从而式（2-139）中的 $(\partial w / \partial s)_k$ 可表示为

$$\left(\frac{\partial w}{\partial s} \right)_k = -\frac{3}{2l_{ij}} w_i - \frac{1}{4}\left(\frac{\partial w}{\partial s} \right)_i + \frac{3}{2l_{ij}} w_j - \frac{1}{4}\left(\frac{\partial w}{\partial s} \right)_j \tag{2-143}$$

式中，$l_{ij} = \sqrt{(x_i - x_j)^2 + (y_i - y_j)^2}$。

利用式（2-138）～式（2-143），最终可将单元内 θ_x、θ_y 表示成 3 个角节点参数的插值形式：

$$\theta_x = \boldsymbol{H}_x \boldsymbol{\alpha}^l, \quad \theta_y = \boldsymbol{H}_y \boldsymbol{\alpha}^l \tag{2-144}$$

式中

$$\boldsymbol{\alpha}^l = \begin{pmatrix} \alpha_1 \\ \alpha_2 \\ \alpha_3 \end{pmatrix}, \quad \boldsymbol{\alpha}_i = \begin{pmatrix} w_i \\ \theta_{xi} \\ \theta_{yi} \end{pmatrix} \quad (i = 1, 2, 3) \tag{2-145}$$

$$\boldsymbol{H}_x = \begin{bmatrix} H_{x1} & H_{x2} & H_{x3} \end{bmatrix} \tag{2-146}$$

$$\boldsymbol{H}_y = \begin{bmatrix} H_{y1} & H_{y2} & H_{y3} \end{bmatrix} \tag{2-147}$$

式中，H_{xi}, H_{yi}（$i = 1, 2, 3$）是 N_j（$j = 1, 2, \cdots, 6$）和三角形角点坐标 x_j, y_j（$j = 1, 2, 3$）的函数。

此种 DKT 单元由于引入了约束条件，即式（2-139）和式（2-140），消去了各边中节点的参数 θ_{xk}, θ_{yk}（$k = 4, 5, 6$），所以仍是 3 节点三角形单元。在各边界上 θ_s 是二次变化，θ_n 是线性变化，它们由角节点上的参数完全确定，所以相邻单元之间是完全协调的。

在得到 θ_x, θ_y 的插值表示式（2-144）以后，按标准步骤可以计算单元的刚度矩阵：

$$\boldsymbol{K}^e = 2A \int_n^l \int_0^{1-L_1} \boldsymbol{B}^{\mathrm{T}} \boldsymbol{D}_b \mathrm{d}L_2 \mathrm{d}L_1 \tag{2-148}$$

式中，L_1, L_2 是三角形的面积坐标；A 是三角形单元的面积。

2.6　有限元方程的求解

冲压成形过程是一个大变形的非线性力学过程，一般有三种求解格式，即静力隐式格式、静力显式格式和动力显式格式，其中动力显式格式最适合于冲压成形的有限元分析。

求解二阶动力学微分方程的最有效办法是中心差分算法，下面给出了详细的描述。

几何非线性有限元控制方程采用 U. L. 格式，利用虚功原理建立的非线性大变形有限元控制方程为

$$\boldsymbol{M}\ddot{\boldsymbol{x}} + \boldsymbol{C}\dot{\boldsymbol{x}} + \boldsymbol{K}\boldsymbol{x} = \boldsymbol{F}_{\mathrm{ext}} + \boldsymbol{f}_c \tag{2-149}$$

式中，$\boldsymbol{M}$ 为质量矩阵：

$$\boldsymbol{M} = \sum_e \boldsymbol{M}_e = \sum_e^n \int_{v_e} \rho \boldsymbol{N}^{\mathrm{T}} \boldsymbol{N} \mathrm{d}v \tag{2-150}$$

其中，n 为单元总数；$\boldsymbol{N}$ 为插值函数矩阵。

$\boldsymbol{C}$ 为阻尼矩阵：

$$\boldsymbol{C} = \sum_e \boldsymbol{C}_e = \sum_e^n \int_{v_e} c \boldsymbol{N}^{\mathrm{T}} \boldsymbol{N} \mathrm{d}v \tag{2-151}$$

$\boldsymbol{K}$ 为总体刚度矩阵：

$$\boldsymbol{K} = \sum_e \boldsymbol{K}_e = \sum_e^n \int_{v_e} \boldsymbol{B} \boldsymbol{D}^{ep} \boldsymbol{B} \mathrm{d}v \tag{2-152}$$

$\boldsymbol{F}_{\mathrm{ext}}$ 为外力矢量：

$$\boldsymbol{F}_{\mathrm{ext}} = \sum^n \left(\int_{v_e} \rho \boldsymbol{N}^{\mathrm{T}} \boldsymbol{f} \mathrm{d}v + \int_{\partial b_1} \boldsymbol{N}^{\mathrm{T}} t \mathrm{d}s \right) \tag{2-153}$$

$\boldsymbol{f}_c$ 为接触力矢量，是法向接触力和切向摩擦力的合力；$\boldsymbol{x}$ 为位移矢量；$\dot{\boldsymbol{x}}$ 为速度矢量；$\ddot{\boldsymbol{x}}$ 为加速度矢量：

$$\boldsymbol{x} = \begin{bmatrix} x_1 & x_2 & x_3 \end{bmatrix}^{\mathrm{T}} \tag{2-154}$$

$$\dot{\boldsymbol{x}} = \begin{bmatrix} \dot{x}_1 & \dot{x}_2 & \dot{x}_3 \end{bmatrix}^{\mathrm{T}} \tag{2-155}$$

$$\ddot{\boldsymbol{x}} = \begin{bmatrix} \ddot{x}_1 & \ddot{x}_2 & \ddot{x}_3 \end{bmatrix}^{\mathrm{T}} \tag{2-156}$$

为简单起见，令 $\boldsymbol{Q} = \boldsymbol{F}_{\mathrm{ext}} + \boldsymbol{f}_c$，则式（2-149）变为

$$\boldsymbol{M}\ddot{\boldsymbol{x}} + \boldsymbol{C}\dot{\boldsymbol{x}} + \boldsymbol{K}\boldsymbol{x} = \boldsymbol{Q} \tag{2-157}$$

用中心差分算法求解有限元控制方程，则有

$$\left[\frac{1}{\Delta t^2}\boldsymbol{M} + \frac{1}{2\Delta t}\boldsymbol{C} \right]\boldsymbol{x}_{t+\Delta t} = \boldsymbol{Q}_t - \left[\boldsymbol{K} - \frac{2}{\Delta t^2}\boldsymbol{M} \right]\boldsymbol{x}_t - \left[\frac{\boldsymbol{M}}{\Delta t^2} - \frac{\boldsymbol{C}}{2\Delta t} \right]\boldsymbol{x}_{t-\Delta t} \tag{2-158}$$

若 $\boldsymbol{x}_{t-\Delta t}$ 和 $\boldsymbol{x}_t$ 已经求得，则 $t + \Delta t$ 时刻的位移 $\boldsymbol{x}_{t+\Delta t}$ 可由式（2-158）解出，此即为求在各个离散时间点处解的递推公式。

因为 $\boldsymbol{K}$ 矩阵不出现在公式的左端，当 $\boldsymbol{M}$ 是对角阵，$\boldsymbol{C}$ 可以忽略或也是对角阵时，不需要进行矩阵的求逆运算，仅需要进行矩阵乘法运算，所以此解法称为显式积分算法。

用中心差分算法求解有限元控制方程时不必集成总体矩阵，求解可在单元一级上进行，只需要在各个时刻点上直接进行计算，不必在时间步长内迭代，计算效率高。

为了保持中心差分算法解的稳定性，时间步长必须服从

$$\Delta t \leqslant \Delta t_{\mathrm{er}} = \frac{T_{\min}}{\pi} \tag{2-159}$$

式中，Δt_{er} 为系统的临界时间步长；$T_{\min}$ 为有限元系统的最小固有振动周期。

虽然动力显式格式是条件稳定的，受最小时间步长的限制，但却可以利用这个最小时间步长来方便地处理接触问题，因为对于接触问题，接触状态变化越小越容易处理。

参 考 文 献

[1] 谢延敏，张飞，潘贝贝，等. 基于并行加点 kriging 模型的拉延筋优化[J]. 机械工程学报，2019，55（8）：73-79.

[2] TANG S C, GRESS J, LING P. Sheet metal forming modeling of automobile body panels[J]. SAE transactions of materials & manufacturing, 1998, 8814(3): 185-193.

[3] 乔端，钱仁根. 非线性有限元法及其在塑性加工中的应用[M]. 北京：冶金工业出版社，1990.

[4] 王新宝. 基于改进 BP 神经网络模型的拉延筋参数反求优化研究[D]. 成都：西南交通大学，2014.

[5] KUBLI W, REISSNER J. Optimization of sheet-metal forming processes using the special-purpose program AUTOFORM[J]. Journal of materials processing technology, 1995, 50(1/2/3/4): 292-305.

[6] WANG W, WAGONER R H. A realistic friction test for sheet forming operations[A]// SAE Technical Paper Series. 400 Commonwealth Drive[C]. Warrendale: SAE International, 1993.

[7] JALKH P, CAO J, HARDT D, et al. Optimal forming of aluminum 2008-T4 conical cups using force trajectory control[C]. Detroit: International Congress & Exposition, 1993.

[8] 黄仁勇，谢延敏，唐维，等. 基于混合硬化模型的 TRIP780 高强钢双 C 梁扭曲回弹仿真与试验[J]. 工程设计学报，2017，24（6）：668-674.

[9] 余同希，章亮炽. 塑性弯曲理论及其应用[M]. 北京：科学出版社，1992.

[10] 黄仁勇. 高强钢冲压成形过程中的扭曲回弹及补偿研究[D]. 成都：西南交通大学，2018.

[11] 王伟. 二维弹塑性土层的波动数值模拟[D]. 哈尔滨：中国地震局工程力学研究所，2005.

[12] 曲圣年，殷有泉. 塑性力学的 Drucker 公设和 Ильюшин 公设[J]. 力学学报，1981，13（5）：465-473.

[13] 何育民. 超高强度硼钢热冲压工艺及模具优化研究[D]. 成都：西南交通大学，2016.

[14] 王勖成. 有限单元法[M]. 北京：清华大学出版社，2003.

第3章 冲压成形分析系统

3.1 CAE系统概况

计算机辅助工程（computer aided engineering，CAE）是用计算机辅助求解复杂工程和产品结构强度、刚度、屈曲稳定性、动力响应、热传导、三维多体接触、弹塑性等力学性能的分析计算以及结构性能的优化设计等问题的一种近似数值分析方法。CAE技术的提出就是要把工程（生产）的各个环节有机地组织起来，其关键就是将有关的信息集成，使其产生并存在于工程（产品）的整个生命周期。因此，CAE系统是一个包括了相关人员、技术、管理及信息流和物流的有机集成的复杂系统。从广义上来看，计算机辅助工程包括很多，它可以包括工程和制造业信息化的所有方面，但是传统的CAE主要指用计算机对工程和产品进行性能与安全可靠性分析，对其未来的工作状态和运行行为进行模拟，及早发现设计缺陷，并证实未来工程、产品功能和性能的可用性和可靠性[1,2]。

CAE从20世纪60年代初在工程上开始应用到今天，已经历了60多年的发展历史，其理论和算法都经历了从蓬勃发展到日趋成熟的过程，ABAQUS、ANSYS、NASTRAN等大型通用有限元分析软件现已成为工程和产品结构分析中（如航空、航天、机械、土木结构等领域）必不可少的数值计算工具，同时也是分析连续力学各类问题的一种重要手段。随着计算机技术的普及和不断提高，CAE系统的功能和计算精度都有很大提高，各种基于产品数字建模的CAE系统应运而生，并已成为结构分析和结构优化的重要工具，同时也是计算机辅助4C（CAD/CAE/CAPP/CAM）系统的重要环节。CAE系统的核心思想是结构的离散化，即将实际结构离散为有限数目的规则单元组合体，可以通过对离散体进行分析，得出满足工程精度的近似结果来替代对实际结构的分析，这样可以解决很多实际工程需要解决而理论分析又无法解决的复杂问题。其基本过程是将一个形状复杂的连续体的求解区域分解为有限的形状简单的子区域，即将一个连续体简化为由有限个单元组合而成的等效组合体；通过将连续体离散化，把求解连续体的场变量（应力、位移、压力和温度等）问题简化为求解有限的单元节点上的场变量值。此时得到的基本方程是一个代数方程组，而不是原来描述真实连续体场变量的微分方程组。求解后得到近似的数值解，其近似程度取决于所采用的单元类型、数量以及对单元的插值函数。最终得到表示应力、温度、压力分布的彩色明暗图，并对其进行处理分析，我们称这一过程为CAE的后处理。

近几年，随着计算机技术和模拟分析软件的迅速发展，冲压CAE分析技术已经得到广泛应用，从产品开发、产品冲压工艺性分析、DL图设计、模具调试，一直到冲压生产性问题的解决。通过模拟分析、虚拟制造，对整个过程进行分析，提前发现问题，分析原因，提出解决方案，进一步改善产品，优化工艺方案，创新工艺方案。因此避免了大量的设计、制造缺陷，提高了产品质量，节省了大量的时间，降低了开发成本。目前常用的专用软件有AutoForm、Dynaform、PAM-STAMP。通用性软件有MSC、MARC、ABAQUS、ANSYS/LS-DYNA系列等[3]。

CAE 技术已经被广泛应用到汽车产品的设计与研发过程中，在汽车产品的整体振动、疲劳、零部件强度以及整车的操作稳定性等方面做出了极大的贡献。相比较传统的汽车设计研发方法来说，在汽车设计过程中应用 CAE 技术以后，汽车的整体设计质量与性能均可以得到有效的提升。因此在如今的汽车设计研发过程中，CAE 技术的重要性也越发凸显[4]。由于汽车自身的复杂性，在进行实际汽车设计的过程中，设计人员需要对汽车的结构特点、未来的使用环境以及批量生产可能存在的问题进行考虑，因此在实际设计过程中，整个汽车的设计制造过程都会长时间在方案设计、样车制造、样车测试、问题改进几个步骤之中进行重复循环。不过在汽车设计过程中应用了 CAE 技术以后，样车制造与样车测试过程均可以通过 CAE 技术中的仿真技术进行，从而还能够极大地缩短研发流程，减少研发时长，进一步降低研发成本[5]。相比较传统的汽车设计方法来说，CAE 技术可以在进行测试前预先对整个设计方案的结构合理性与性能效果进行评估预测，并对设计中不合理的位置进行优化，这样不仅可以有效地提升设计方案的稳定性，令整车的可操作性得到提升，还可以降低设计研发过程中可能会遇到的风险因素，因此 CAE 技术对于如今的汽车设计研究有着非常重要的作用[6]。

CAE 技术是一门涉及许多领域的多学科综合技术，其关键技术有以下几个方面。

1）计算机图形技术

CAE 系统中表达信息的主要形式是图形，特别是工程图。在 CAE 运行的过程中，用户与计算机之间的信息交流是非常重要的。交流的主要手段之一是计算机图形。所以，计算机图形技术是 CAE 系统的基础和主要组成部分。

2）三维实体造型

工程设计项目和机械产品都是三维空间的形体。在设计过程中，设计人员构思形成的也是三维形体。CAE 技术中的三维实体造型就是在计算机内建立三维形体的几何模型，记录下该形体的点、棱边、面的几何形状及尺寸，以及各点、棱边、面间的连接关系。

3）数据交换技术

CAE 系统中的各个子系统和功能模块都是系统的重要组成部分，它们都应有统一的几类数据表示格式，使不同的子系统间、不同模块间的数据交换顺利进行，是充分发挥应用软件效益的重要保障。另外，它们应具有较强的系统可扩展性和软件可再用性，以提高 CAE 系统的生产率。各种不同的 CAE 系统之间为了达到信息交换及资源共享的目的，也应建立 CAE 系统软件均应遵守的数据交换规范。国际上通用的标准有 GKS、IGES、PDES、STEP 等。

4）工程数据管理技术

CAE 系统中生成的几何与拓扑数据，工程机械，工具的性能、数量、状态，原材料的性能、数量、存放地点和价格，工艺数据和施工规范等数据必须通过计算机存储、读取、处理和传送。这些数据的有效组织和管理是建造 CAE 系统的又一关键技术，是 CAE 系统集成的核心。采用数据库管理系统（DBMS）对所产生的数据进行管理是最好的技术手段。

5）管理信息系统

工程管理的成败取决于能否做出有效的决策。一定的管理方法和管理手段是一定社会生产力发展水平的产物。市场经济环境中企业的竞争不仅是人才与技术的竞争，而且是管理水平、经营方针的竞争，是管理决策的竞争。决策的依据和出发点取决于信息的质量。所以，建立一个由人和计算机等组成的能进行信息收集、传输、加工、保存、维护和使用的管理信息系统，有效地利用信息控制企业活动是 CAE 系统具有战略意义、事关全局的一环。工程的整个过程归根结底是管理过程，工程的质量与效益在很大程度上取决于管理。

随着计算机技术、CAE 软件和网络技术的进步，计算机辅助工程将得到极大的发展。硬件方面，计算机将在高速化、小型化和大容量方面取得更大进步。可以预见，在不久的将来，PC 将在运行速度和存储容量方面得到大幅度的提高，使许多 CAE 分析软件都能在 PC 上运行。这将为 CAE 技术的普及创造更好的硬件基础，促进 CAE 技术的工业化应用。软件方面，现有的计算机仿真分析软件将得到进一步的完善。大型通用分析软件的功能将越来越强大，界面也将越来越友好，涵盖的工程领域将越来越普遍。同时，适用于某些专门用途的专用分析软件也将受到重视并被逐步开发、完善起来。各行各业都将会具有适于各自领域的计算机仿真分析软件。网络化时代的到来也将对 CAE 技术的发展带来不可估量的促进作用。现在许多大的软件公司已经采用互联网对用户在分析过程中遇到的困难提供技术支持。随着互联网技术的不断发展和普及，通过网络信息传递，某些技术难题甚至全面的 CAE 分析过程都有可能得到专家的技术支持，这必将在 CAE 技术的推广应用方面发挥极为重要的作用[7,8]。

3.2　仿真分析模型的建立

有限元模型是进行有限元分析的计算模型，它为有限元计算提供所有必需的原始数据。建立有限元模型的过程称为有限元建模，它是整个有限元分析过程的关键，模型合理与否将直接影响计算结果的精度、计算时间、存储容量以及计算过程能否完成。

3.2.1　有限元建模步骤

有限元建模一般有以下几个步骤。

1）问题定义

在进行有限元分析之前，首先应对分析对象的形状、尺寸、工况条件、材料类型、计算内容、应力和变形的大致规律等进行仔细分析。只有正确掌握了分析对象的具体特征，才能建立合理的有限元模型。一般来讲，在定义一个分析问题时应明确以下几点：结构类型、分析类型、分析内容、精度要求、模型规模、计算数据的大致规律。

2）几何模型建立

几何模型是对分析对象形状和尺寸的描述，又称几何求解域。它是根据对象的实际形状抽象出来的，但又不是完全照搬。即建立几何模型时，应根据对象的具体特征对其形状和尺寸进行必要的简化、变化和处理，以适应有限元分析的特点。所以几何模型的维数特征、形状和尺寸有可能与原结构完全相同，也可能存在一些差异。

为了实现自动分网，需要在计算机内建立几何模型。几何模型在计算机中的表示形式有实体模型、曲面模型和线框模型三种，具体采用哪种形式与结构类型有关，如板、壳结构采用曲面模型，空间结构采用实体模型，杆件系统采用线框模型等。

3）单元选择

划分网格之前首先要确定采用什么单元，包括单元的类型、形状和阶次。单元选择应根据结构类型、形状特征、应力和变形特点、精度要求和硬件条件等因素进行综合考虑。例如，如果结构是一个形状非常复杂的不规则空间结构，则应选择四面体空间实体单元，而不要选择五面体或六面体单元。如果精度要求较高、计算机容量又较大，则可以选择二次或三次单元。如果结构是比较规则的梁结构，梁的变形又以弯曲变形为主，则选择非协调单元比协调单元更合适。

　　此外，选择单元类型时必须局限在所使用分析软件提供的单元库内，也就是说只有软件支持的单元才能使用。从这个意义上讲，软件的单元库越丰富，其应用范围越广，建模的功能也就越强。

　　4）单元特性定义

　　单元除表现出一定的外部形状（网格）外，还应具备一组计算所需的内部特性数据。这些数据用于定义材料特性、物理特性、辅助几何特征、截面形状和大小等。所以在生成单元以前，首先应定义出描述单元特性的各种特性表。

　　5）网格划分

　　网格划分（简称分网）是建立有限元模型的中心工作，上面以及下面介绍的几个步骤都是围绕分网进行的，模型的合理性在很大程度上由网格形式决定。所以分网在建模过程中是非常关键的一步，它需要考虑的问题较多，如网格数量、疏密、质量、布局、位移协调性等。

　　分网也是建模过程中工作量最大、耗时最多的一个环节。为了提高建模速度，目前广泛采用自动或半自动分网方法。自动分网是指在几何模型的基础上，通过一定的人为控制，由计算机自动划分出网格。半自动分网是一种人机交互方法，它由人定义节点和形成单元，由软件自动进行节点和单元编号，并提供一些加快节点和单元生成的辅助手段。

　　6）模型检查和处理

　　一般来讲，通过自动或半自动分网方法划分出来的网格模型还不能立即用于分析。由于结构形状和网格生成过程的复杂性，网格或多或少都存在一些问题，如质量较差、存在重合节点或单元、编号顺序不合理等，这些问题将影响计算精度和时间，或产生不合理的计算结果，甚至中止计算。所以分网之后还应该对网格模型进行必要的检查，并进行相应处理。

　　7）边界条件定义

　　通过分网生成的网格组合体定义了节点和单元数据，但它并不是完整的有限元模型，因此还不能直接用于计算。

　　边界条件反映了分析对象与外界之间的相互作用，是实际工况条件在有限元模型上的表现形式。只有定义了完整的边界条件，才能计算出需要的结果。例如，只有在模型上施加了力和位移约束，才能算出结构的变形和应力分布。

　　建立边界条件一般需要两个环节：一是对实际工况条件进行量化，即将工况条件表示为模型上可以定义的数学形式，如确定表面压力的分布规律、对流换热的换热系数、接触表面的接触刚度、动态载荷的作用规律等，这部分工作有时可能很复杂，往往需要借助一些测试数据；二是将量化的工况条件定义为模型上的边界条件，如单元面力和棱边力、惯性体力、单元表面的对流换热等。

　　当划分出合理的网格形式并定义了正确的边界条件后，也就建立起了完整的有限元模型，这时便可以调用相应的分析程序对模型进行计算，然后对计算结果进行显示、处理和研究。但是，对于复杂的分析对象，由于不确定因素较多，有时通过上面介绍的建模过程并不可能一次就建模成功，而是要通过"建模—计算—分析—比较计算结果—对模型进行修正"这样一个反复过程，以使模型逐渐趋于合理。所以在建模过程中进行适当的试算，采用由简单到复杂、由粗略到精确的建模思路是必要的[9]。

3.2.2　有限元分析过程

1）前处理

前处理的任务就是建立有限元模型，故又称建模。它的任务是将实际问题或设计方案抽象为能为数值计算提供所有输入数据的有限元模型，该模型定量反映了分析对象的几何、材料、载荷、约束等各个方面的特性。建模的中心任务是离散，但围绕离散还需要完成很多与之相关的工作，如单结构形式处理、几何模型建立、单元类型和数量选择、单元特性定义、单元质量检查、编号顺序优化以及模型边界条件定义等[10]。

2）计算

计算的任务是基于有限元模型完成有关的数值计算，并输出需要的计算结果。它的主要工作包括单元和总体矩阵的形成、边界条件的处理和特性方程的求解，由于计算的运算量非常大，所以这部分工作由计算机完成。除计算前需要对计算方法、计算内容、计算参数和工况条件等进行必要的设置和选择外，一般不需要人的干预。

3）后处理

后处理的任务是对计算输出的结果进行必要的处理，并按一定方式显示或打印出来，以便对分析对象的性能或设计的合理性进行分析、评估，以做出相应的改进或优化，这是进行有限元分析的目的所在[11]。

3.2.3　冲压过程中的有限元分析

有限元数值模拟技术可以对复杂的板料成形问题进行模拟分析，以前的冲压模设计过程中的大量试冲、修模工作可以通过有限元软件虚拟进行，从而可以有效地降低模具制造成本，节约大量试冲和修模的时间，还可以获得大量试模过程中无法得到的工艺参考数据，这些数据对于制定冲压工艺有很大的帮助[12,13]。

1. 板料冲压成形有限元仿真原理及步骤

（1）建立冲压过程的力学模型。

（2）在力学模型基础上建立有限元模型。

（3）根据板料变形特性选定壳单元类型并确定有关参数。

（4）根据板料变形特性选定弹塑性本构关系及有关参数。

（5）根据板料和模具的表面特性及润滑状态选定摩擦定律及参数。

（6）对压板的刚体运动和板料的弹塑性变形进行求解，其中包括如下几点：

①　确定当前状态下的接触边界；

②　计算当前状态下接触面上的接触力；

③　计算当前状态下接触面上的摩擦力；

④　计算当前变形状态对应的内应力；

⑤　计算当前应力状态对应的单元节点力；

⑥　计算各节点的内外力矢量和；

⑦　计算节点的加速度，并以此为基础计算节点的速度和位移；

⑧　计算压板的刚体运动。

（7）将求解结果按一定的要求形成文字或图片文件供后处理系统使用。

2．板料冲压中的核心内容和关键技术

1）模型的建立

在板料冲压成形的计算机仿真过程中，模型的建立是指两个方面的工作。首先是分析板料的实际受力和变形过程，从而建立一个可以用有限元法求解的力学模型。在力学模型建立后，就要考虑如何建立有限元模型。

2）板壳理论和板壳单元

板壳理论和板壳单元的选择不仅影响板料变形的计算精度，也直接影响计算量。常用的板壳变形理论有两个重要的假设：

① 板壳厚度方向的应力为零；

② 板料变形前垂直于板壳中性面的材料纤维在板料变形过程中保持直线状态，但不一定垂直于变形后的板壳中性面。

3）本构关系

在板料冲压成形过程中，弹塑性变形是发生在板料上的一个十分重要的物理现象。建立材料的弹塑性本构关系模型主要解决两个问题：

① 在什么样的复合应力状态下材料开始屈服？

② 材料屈服后如何进行塑性流动？

4）接触摩擦理论和算法

板料的冲压成形完全依靠作用于板料上的接触力和摩擦力来完成，因此接触力和摩擦力的计算精度直接影响板料变形的计算精度，这就是对实际接触面的接触搜寻问题。罚函数是一种近似方法，允许接触的边界产生穿透，通过罚因子将接触力和穿透量联系起来，适用于显式算法，罚因子会影响结果。拉格朗日乘子法不允许接触边界的相互穿透，是一种精确的接触力算法，只能用于隐式算法。

5）模具描述

用有限元法来描述和处理模具有多个优点。

① 从通用性的角度讲，采用有限元法可以避免对特殊的模具形状采用特殊的处理方式。有限元本身可以精确地近似任何几何形状。

② 接触和摩擦算法可以采用通常的算法。

③ 便于图形显示和其他后处理操作。

当然采用非有限元方式描述模具也有其优点，如用很少的面就可以描述很高的精度，也减少了仿真计算的工作量，但也存在其他诸多问题，此处不做详细阐述。总而言之，采用有限元法是最有效方便的。

3.2.4　参数化动态有限元建模

CAD 作为现代设计制造技术的核心技术，在近十年里取得了许多突破性进展，参数化设计成为 CAD 软件的一大发展方向。例如，Pro/Engineering、SolidWorks、AutoCAD/MDT、UG、CATIA 等均是基于参数化设计技术的三维造型软件。参数化设计改变了传统 CAD 系统的设计模式，提出了特征造型和尺寸驱动的设计概念，极大地方便了模型的设计和修改，显著提高了产品设计的效率和质量[14-16]。

尺寸驱动就是通过改变模型的几何尺寸参数值，来改变模型的几何形状。这些几何尺寸将以设计参数的形式保存在造型系统中，并生存于模型设计的全过程。造型系统中的设计参数不仅为设计对象的几何特征提供了精确的数值描述，更重要的是它为设计师提供了一种模型控制的手段，在这一点上它与形状优化中的设计变量是一致的[17,18]。

参数化动态有限元建模方法就是基于 CAD 参数化技术，将有限元模型（包括有限元网格以及载荷和边界条件等有限元属性数据）建立在参数化的描述和自动更新之上，解决三维实体有限元建模中的几何模型描述、参数联动和模型自动更新等一系列问题，从而为先进的参数化有限元分析与优化设计建立关键技术基础。

在参数化的几何造型系统中，设计参数的作用范围是几何模型。但几何模型不能直接用于分析计算，需要将其转化为有限元模型，才能为分析优化程序所用。因此，如果希望以几何模型中的设计参数作为形状优化的设计变量，就必须将设计参数的作用范围延拓至有限元模型，使有限元模型能够根据设计变量的变化实现参数化。参数化动态有限元建模大体可以分为参数化几何建模、设计变量定义和基于几何造型的有限元建模三个方面。参数化几何建模可借助参数化几何造型软件系统来完成，在建模过程中应选择那些关键的设计参数作为尺寸变量，以驱动几何模型的形状。在参数化几何建模后，即可对形状优化设计变量进行定义。可直接选用几何模型的全部或部分尺寸变量作为设计变量，也可以用尺寸变量的函数作为设计变量。设计变量的初始值、上下限也需要确定[19]。

3.3　仿真分析中的关键问题

在有限元仿真过程中，存在很多影响仿真结果的因素，下面分别描述几个重要的方面。

1. 等效拉延筋

在有限元模拟中精确模拟拉延筋的影响比较困难，主要是因为拉延筋尺寸较小、形状复杂。要精确考虑板料与拉延筋的接触，则必须将拉延筋曲面划分成非常细小的单元网格，这会大大增加计算工作量，同时对模具几何形状的修改也极其不利，因此这种做法是不现实的。目前通常的做法是采用等效拉延筋模型，将拉延筋复杂的几何形状抽象为一条附着在模具表面能承受一定约束力的拉延筋线。这就需要确定拉延筋约束阻力、塑性厚向应变和最小压边力三个边界条件[20,21]。等效拉延筋边界条件的确定方法主要有两种：一种是单独对拉延筋进行数值模拟，该方法可以较直观地反映板料在拉延筋处的变形过程；另一种是解析方法，该方法根据塑性力学理论并进行必要的简化，推导出约束阻力的计算公式[22]。

确定了上述边界条件后，就可将实际的拉延筋用一条拉延筋线来代替。然后将拉延筋产生的约束作用施加于拉深过程的数值模拟之中。最小压边力可以作为附加的压边力进行施加。拉延筋约束阻力施加时，应首先对拉延筋线和板料单元进行求交，根据交线的长度确定拉延筋对该单元的约束阻力，然后将拉延筋对该单元的阻力分配到各节点。这样，将各个节点的附加约束阻力最后组装成约束阻力向量，即可将其影响施加于数值模拟之中。塑性厚向应变施加的基本思路是估计附加塑性厚向应变增量所对应的应力增量，然后求出对应的附加力，置于有限元基本方程的右端。这样将该问题又转化为了约束阻力的施加。

2. 回弹模型

回弹是板料冲压成形过程中不可避免的现象。它的存在影响了零件成形的精度，增加了试冲、修模以及成形后校形的工作量，故在生产实际中迫切需要对此采取行之有效的措施。为预测回弹后零件的形状，大部分学者建议采用静力隐式有限元算法。计算回弹的隐式算法有两种：一种是无模法，该算法在开始阶段去掉冲头、凹模、压边圈等工具，恢复所有接触节点力，然后用与拉深过程相同的增量方法将所有接触节点力按比例卸载，直到接触节点力消失；另一种是有模法，该算法是在加载结束阶段，给工具一个相反的运动，继续计算直到工具与板料之间没有接触 [23,24]。

3．压边力

在冲压成形过程中，压边圈将坯料压紧在凹模压料面上的力称为压边力。原来通常是凭经验确定压边力的大小，并在反复试验中修正以得到最佳的压边力；或用理论计算的方法来确定压边力，例如，福井、吉田、阿部的试验公式，Siebel 的半理论公式，罗曼诺夫斯基试验公式和起皱超临界应力计算方法等[25]均是根据板料拉伸、压缩失稳理论和有限元法而提出的，使用理论优化值取得了很好的效果。对于经验和理论知识不足的设计人员来说，也可以通过多次模拟成形来获取最佳的压边力。

在薄板成形过程中，通常需要压边装置产生足够的摩擦抗力，以增加板料中的拉应力、控制材料的流动。压边力的大小与工件起皱和拉裂紧密相关。压边力太小，工件就会起皱；压边力太大，工件就有被拉裂的危险。压边力的大小是板料成形中重要的工艺参数。因此，在冲压成形过程中，必须有一个合适的压边力才能保证成形质量。此外，压边力的准确确定对选择适当的成形设备也有一定的指导作用。

4．坯料形状

在冲压过程中，坯料形状不同，其摩擦接触和金属流动情况必然不同，力的变形情况也不同。合理的坯料形状有助于改善冲压件法兰的应力-应变状态和侧壁各部位的受力状态，获得厚度变化均匀的高质量冲压件，改善成形性能。合理的坯料形状和尺寸还可以提高材料的利用率。因此，研究不同的坯料形状对成形性能的影响和确定合理的坯料形状、尺寸是非常必要的。

确定合理坯料形状和尺寸的方法可以分为试验法、经验法和理论法。试验法和经验法的思想就是试错逼近，这些方法因需反复调试而周期较长，费用高。用理论法来研究坯料形状对拉伸性能的影响并确定合理的坯料外形及尺寸受到学术界和工业界的广泛关注，并已取得一些进展。现有的理论法有滑移线法、仿真法（电仿真法、流体仿真法和热传导仿真法）、有限元法、边界元法以及目前应用最为广泛的一步反求法。坯料平面各向异性和成形极限的存在使得薄板成形性能受坯料形状影响很大，尤其是像铝这样的有色金属成形。以模具结构和材料参数为基础，可以采用滑移线场理论（slip line field theory）来确定并优化合理的坯料形状[26]。

参 考 文 献

[1] 徐毅, 孔凡新. 三维设计系列讲座（3）计算机辅助工程（CAE）技术及其应用[J]. 机械制造与自动化, 2003, 32（6）：146-150.

[2] 胡静. 基于 Dual-Kriging 模型的稳健设计方法在板料成形中的应用[D]. 成都：西南交通大学, 2013.

[3] 苏传义, 邵伟彬, 任闯, 等. 冲压成形 CAE 技术的现状与发展[J]. 锻造与冲压, 2020, （22）：34-38.

[4] 张娟. CAE 技术在汽车设计中的应用[J]. 南方农机, 2019, 50（23）：96.

[5] 胡桂川, 刘敬花. 基于 CAE 分析的机械结构优化设计[J]. 机械设计与研究, 2011, 27（3）：73-76.

[6] 王杰. 基于改进响应面模型的板料成形工艺容差稳健优化研究[D]. 成都：西南交通大学, 2014.

[7] 王自勤. 计算机辅助工程（CAE）技术及其应用[J]. 贵州工业大学学报（自然科学版）, 2001, 30（4）：16-18, 38.

[8] 田银. 基于 RBF 神经网络的变压边力优化研究[D]. 成都：西南交通大学, 2015.

[9] 杜平安, 甘娥忠, 于亚婷. 有限元法——原理、建模及应用[M]. 北京：国防工业出版社, 2004.

[10] 张洪武, 关振群, 李云鹏. 有限元分析与 CAE 技术基础[M]. 北京：清华大学出版社, 2004.

[11] 张亚欧, 谷志飞, 宋勇. ANSYS 7.0 有限元分析实用教程[M]. 北京: 清华大学出版社, 2004.

[12] 白钊, 林庆文, 贺艳苓. 有限元分析在冲压模具设计中的应用[J]. 锻压技术, 2005, 30 (5): 88-90.

[13] 谢延敏, 王智, 胡静, 等. 基于数值仿真和灰色关联分析法的高强钢弯曲回弹影响因素分析[J]. 重庆理工大学学报（自然科学版）, 2012, 26 (3): 51-55, 59.

[14] 陈德人. 参数化设计模型与方法[J]. 浙江大学学报（自然科学版）, 1995, 29 (2): 179-183.

[15] 何小燕, 吴介一. 参数化 CAD 系统的研究与实现[J]. 计算机辅助设计与制造, 1999, (10): 43-46.

[16] XIE Y M. Geometric parameter inverse model for drawbeads based on grey relational analysis and GA-BP[J]. AIP conference proceedings, 2013, 1567(1): 1044-1047.

[17] HARDEE E, CHANG K H, TU J, et al. A CAD-based design parameterization for shape optimization of elastic solids[J]. Advances in engineering software, 1999, 30(3): 185-199.

[18] KODIYALAM S, KUMAR V, FINNIGAN P M. Constructive solid geometry approach of three-dimensional structural shape optimization[J]. AIAA journal, 1992, 30(5): 1408-1415.

[19] 关振群, 顾元宪, 张洪武, 等. 三维 CAD/CAE 一体化的参数化动态有限元建模[J]. 计算机集成制造系统-CIMS, 2003, 9 (12): 1112-1119.

[20] MEINDERS T, CARLEER B D, GEIJSELAERS H J M, et al. The implementation of an equivalent drawbead model in a finite-element code for sheet metal forming[J]. Journal of materials processing technology, 1998, 83(1/2/3): 234-244.

[21] 谢延敏, 王新宝, 王智, 等. 基于灰色理论和 GA-BP 的拉延筋参数反求[J]. 机械工程学报, 2013, 49 (4): 44-50.

[22] 徐丙坤, 施法中, 陈中奎. 板料冲压成形数值模拟中的几个关键问题[J]. 塑性工程学报, 2001, 8 (2): 32-35.

[23] MERCER C D, NAGTEGAAL J D, REBELO N, et al. Effective application of different solvers to forming simulations[C]. 5th International Conference on Numerical Methods in Industrial Forming Processes, Ithaca, 1995: 469-474.

[24] 谢延敏, 田银, 孙新强, 等. 基于灰色关联的铝合金板拉深成形扭曲回弹工艺参数优化[J]. 锻压技术, 2015, 40 (3): 25-31.

[25] 曾谢华, 李珊, 高利. 计算机仿真中压边力对薄板成形的影响[J]. 冶金设备, 2006, (3): 25-27, 71.

[26] 胡铁敏, 林忠钦, 徐伟力, 等. 车身覆盖件冲压成形动态仿真的研究进展[J]. 力学进展, 2000, 30 (2): 252-271.

第4章 冲压成形中的试验研究

在冲压成形中，一般需要对材料和产品的成形可行性进行分析。要选择符合零件工作要求的材料，也要考虑材料的成形能力是否能达到预期。在传统的冲压生产过程中，人们一直采用试验法和经验法来进行预判。这样的方法是费时费力的，往往效果也并不理想。为了减少多次试验过程中的设备损耗、资源浪费和资金消耗等问题，有限元的发展日益加快。利用有限元软件能够模拟实际冲压过程，并且现有的一些商业有限元软件能够根据冲压工艺估算整个生产过程的成本代价，这是非常实用的。但在有限元仿真模拟中，需要提前输入材料的性能参数，某些常见的材料参数可以从文献或资料库中查找，而大多数都是未被开发的，这些材料参数一般来说只能通过试验获取[1]。板料冲压性能及其试验方法的研究在生产中的实际意义在于：

（1）用简便的方法迅速而准确地确定板料对某种冲压工艺的适应情况，其结果可以作为板料生产部门和使用部门之间的付货与验收标准，以利于生产的正常进行；

（2）分析和判断生产中出现的与板材性能有关的质量问题，找出原因和解决的办法；

（3）根据冲压件的形状特点及其成形工艺对板材冲压性能的要求，合理地选取原材料的种类与牌号；

（4）根据板材冲压性能及产品使用要求进行产品结构设计，使产品结构具有更好的工艺性；

（5）为研究和生产具有较高冲压性能的新材料提供方向和鉴定方法。

随着工业技术的发展，对板材冲压性能的研究已由过去单纯的试验方法研究阶段发展为金属学、变形力学等方面的系统理论研究的全新阶段。主要研究内容为金属组织结构与冲压性能的关系以及板材生产方法对冲压性能的影响等。本章主要介绍材料的性能指标，以及一些获取指标的试验方法。通过量化指标来反映材料性能与成形能力之间的关系，从而指导实际冲压过程。

4.1 冲压成形性能试验研究

板料冲压零件在航空、汽车、飞机、仪表、轻工、民用产品中占很大比重，采用冷冲压工艺生产零件的优点是生产效率高、生产费用低，适用于大批量生产，操作简单，不需要技术水平很高的工人。但在工艺分析和模具设计制造方面则难度较大，尤其对于有些形状复杂的零件，对板材的成形性能不了解，或工艺分析不当，往往会造成大量废品，或使产品质量达不到规定的要求。因此，充分了解每一种板料的成形性能是非常必要的[2]。

一般来说，影响材料成形性能的因素主要为材料参数和冲压工艺参数。材料参数指的是材料本身由于不同的元素组合以及生产加工工艺所导致的内部属性。这是材料一个本质上的性能，在冲压过程中需要预先了解，选择合适的材料。冲压工艺参数是指在冲压过程中，设备以及外部工作环境的因素，如冲压速度、模具的几何尺寸、润滑程度、保压时间等。这些因素大部分是可控的，在实际生产过程中可根据情况进行调整[3]。本节主要介绍材料本身固有属性的试验研究。

为了获取板料的成形性能，要通过不同的试验进行测定。下面介绍几种常用的板料性能试验测定方法。

4.1.1　单向拉伸试验

单向拉伸试验是工业和材料科学研究中应用最广泛的材料力学性能试验方法。通过单向拉伸试验可以揭示材料在静载作用下的应力-应变关系及常见的三种失效形式（过量弹性变形、塑性变形和断裂）的特点和基本规律，还可以评定出材料的基本力学性能指标，如屈服强度、抗拉强度、伸长率和断面收缩率等。这些性能指标既是材料在工程上的应用、构件设计和科学研究等方面的计算依据，也是材料评定和选用以及加工工艺选择的主要依据。

单向拉伸试验的本质是对试样施加轴向拉力，测量试样在变形过程中直至断裂的各项力学性能。试验材料的全面性能反映在拉伸曲线上，下面以低碳钢的拉伸曲线为例（图 4-1），描述整个拉伸过程。

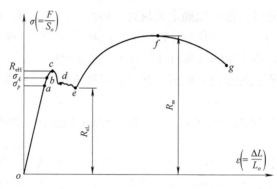

图 4-1　低碳钢拉伸曲线

1. 弹性阶段（oa）

从宏观上看，力与伸长量呈直线关系，弹性伸长与力的大小和试样标距长短成正比，与材料弹性模量及试样横截面积成反比。在此过程中，变形是完全可逆的，加力时产生变形，卸力后变形完全恢复。从微观上看，变形的可逆性与材料原子间的作用力有直接关系，施加拉力时，在力的作用下，原子间的平衡力受到破坏，为达到新的平衡，原子的位置必须做新的调整即产生位移，使外力、斥力和引力三者平衡，外力去除后，原子依靠彼此间的作用力又回到平衡位置，使变形恢复，表现出弹性变形的可逆性，即在弹性范围保持力一段时间，卸力后仍沿原轨迹回复。oa 段的变形机理与高温条件下的变形机理不同，在高温下保持力会产生蠕变，卸力后表现出不可逆性。

由于在单向拉伸试验中无论在加力还是卸力期间应力和应变都保持单值线性关系，因此试验材料的弹性模量是 oa 段的斜率，用式（4-1）求得

$$E = \sigma / \varepsilon \qquad (4-1)$$

oa 线段的 a 点是应力-应变呈直线关系的最高点，这点的应力 σ_p 叫理论比例极限，超过 a 点，应力-应变则不再呈直线关系，即不再符合胡克定律。理论比例极限的定义在理论上很有意义，它是材料从弹性变形向塑性变形转变的转折点，但很难准确地测定出来，因为从直

线向曲线转变的分界点与变形测量仪器的分辨力直接相关，仪器的分辨力越高，对微小变形显示的能力越强，测出的分界点越低，这也是在最近两版国家标准中取消了这项性能的测定，而用规定塑性（非比例）延伸性能代替的原因。

2. 滞弹性阶段（*ab*）

在此阶段，应力-应变出现了非直线关系，其特点是：当力加到 *b* 点时卸除力，应变仍可回到原点，但不是沿原曲线轨迹回到原点，在不同程度上滞后于应力回到原点，形成一个闭合环，加力和卸力所表现的特性仍为弹性行为，只不过有不同程度的滞后，因此称为滞弹性阶段，这个阶段的过程很短。这个阶段也称为理论弹性阶段，当超过 *b* 点时，就会产生微塑性应变，可以用加力和卸力形成的闭合环确定此点，当加卸力环第 1 次形成开环时所对应的点为 *b* 点。

3. 微塑性应变阶段（*bc*）

微塑性应变阶段是材料在加力过程中屈服前的微塑性变形部分，从微观结构角度上讲，就是多晶体材料中处于应力集中的晶粒内部低能量易动位错的运动。塑性变形量很小，是不可回复的。塑性变形量的大小与仪器分辨力有关。

4. 屈服阶段（*cde*）

屈服阶段是金属材料不连续屈服的阶段，也称为间断屈服阶段，其现象是当力加至 *c* 点时，突然产生塑性变形。试样的变形速度非常快，以致试验机夹头的拉伸速度跟不上试样的变形速度，试验力不能完全有效地施加于试样上，曲线在这个阶段上表现出力不同程度的下降，而试样塑性变形急剧增加，直至达到 *e* 点结束。当达到 *c* 点时，在试样的外表面能观察到与试样轴线呈 45° 的明显的滑移带，这些带称为吕德斯带，开始是在局部位置产生，逐渐扩展至试样整个标距内。宏观上，一条吕德斯带包含大量滑移面，当作用在滑移面上的切应力达到临界值时，位错沿滑移方向运动。在此期间，应力相对稳定，试样不产生应变硬化。

c 点是单向拉伸试验的一个重要的性能判据点，*de* 范围内的最低点也是重要的性能判据点，分别称上屈服点和下屈服点。*e* 点是屈服的结束点，所对应的应变是判定板材成形性能的重要指标。

5. 塑性应变硬化阶段（*ef*）

屈服阶段结束后，试样在塑性变形下产生应变硬化，在 *e* 点应力不断上升，在这个阶段内试样的变形是均匀和连续的，应变硬化效应是由于位错密度增加而引起的。在此过程中，不同方向的滑移系产生交叉滑移，位错大量增殖，位错密度迅速增加，此时必须不断继续施加力，才能使位错继续滑移运动，直至 *f* 点。*f* 点通常是应力-应变曲线的最高点（特殊材料除外），此点所对应的应力是重要的性能判据。

6. 缩颈变形阶段（*fg*）

力施加至 *f* 点时，试验材料的应变硬化与几何形状导致的软化达到平衡，此时力不再增加，试样最薄弱的截面中心部分开始出现微小空洞，然后扩展连接成小裂纹，试样的受力状态由两向变为三向。裂纹扩展的同时，在试样表面可看到产生缩颈变形，在拉伸曲线上，从 *f* 点到 *g* 点力是下降的，但是在试样缩颈处，由于截面积已变小，其真应力要大大高于工程应力。试验达到 *g* 点时试样完全断裂。

4.1.2　拉深试验

拉深试验是采用具有一定尺寸级差的试件在规定尺寸的平底拉深模具上成形，得到使试件未拉裂情况下的临界极限拉深深度，进而求出极限拉深系数和极限拉深比的值，本试验采用逐级法。

4.1.3　弯曲试验

弯曲试验是测定材料承受弯曲载荷时的力学特性的试验，是测定材料力学性能的基本方法之一。做弯曲试验时，试样一侧为单向拉伸，另一侧为单向压缩，最大正应力出现在试样表面，对表面缺陷敏感，因此弯曲试验常用于检验材料表面缺陷，如渗碳或表面淬火层质量等。另外，对于脆性材料，因其对偏心敏感，利用单向拉伸试验不容易准确测定其力学性能指标，因此常用弯曲试验测定其抗弯强度，并比较材料的变形能力。

弯曲试验主要用于测定脆性和低塑性材料（如铸铁、高碳钢、工具钢等）的抗弯强度，并能反映塑性指标的挠度。弯曲试验还可用来检查材料的表面质量。弯曲试验在万能材料机上进行，有三点弯曲和四点弯曲两种加载方式。试样的截面有圆形和矩形，试验时的跨距一般为直径的 10 倍。对于脆性材料，一般只产生少量的塑性变形即可破坏，而对于塑性材料，则不能测出弯曲断裂强度，但可检验其延展性和均匀性。塑性材料的弯曲试验称为冷弯试验。试验时对试样加载，使其弯曲到一定程度，观察试样表面有无裂缝。

4.1.4　硬度试验

测量固体材料表面硬度的力学性能试验称为硬度试验。硬度试验有划痕法、压入法和动力法。硬度试验可在零件上直接进行，留在表面上的痕迹很小，零件不会被破坏，方法简单、迅速，在机械工业中广泛用于检验原材料和零件热处理后的质量。

划痕法测得的硬度值表示材料抵抗表面局部断裂的能力。试验时用一套硬度等级不同的参比材料与被测材料相互进行划痕比较，从而判定被测材料的硬度等级。这一方法是 1812 年德国人 F. 莫斯首先提出的。他将参比材料按硬度递增分为 10 个等级，依次为滑石、石膏、方解石、萤石、磷灰石、正长石、石英、黄玉、刚玉、金刚石。用这种方法测出的硬度称为莫氏硬度，主要用于矿物的硬度评定。用于金属的硬度测试试验有莫氏试验、麻田划痕试验以及锉磨试验等。

压入法测得的硬度值表示材料抵抗表面塑性变形的能力。试验时用一定形状的压头在静载荷作用下压入材料表面，通过测量压痕的面积或深度来计算硬度。机械工程常用的压入法硬度试验可测量布氏硬度、洛氏硬度和维氏硬度三种。

动力法采用动态加载，测得的硬度值表示材料抵抗弹性变形的能力。磨损法采用磨损抵抗试验，如磨耗试验等，其测得的硬度值称为磨损硬度。切削法采用切削或钻削试验，如切削硬度试验等，其测得的硬度值称为切削硬度或钻削硬度。

1900 年，瑞典人 J. A. 布里涅耳首先提出布氏硬度试验。试验时用一定大小的载荷 P（N）把直径为 D（mm）的钢球压入被测材料表面，保持一定时间后卸除载荷，表面留下直径为 d（mm）的压痕，计算出压痕的表面积 F，根据式（4-2）得出布氏硬度值，用 HB 表示：

$$\text{HB} = \frac{P}{F} = \frac{P}{\pi Dh} = \frac{2P}{\pi D(D - \sqrt{D^2 - d^2})} \tag{4-2}$$

式中，布氏硬度的单位是 kgf/mm^2（1kgf=9.80665N）；d 为压痕直径，mm；h 为压痕深度，mm。

试验在布氏硬度计上进行，适用于各种退火状态下的钢材、铸铁和有色金属，一般用于硬度小于 HB450 的场合。布氏硬度压痕较大,一般以 10mm 及 2.5mm 的钢球应用最为广泛,因此布氏硬度检测的硬度值最具代表性,较易得出材料的平均硬度,但所测工件表面压痕明显,不适用于检测成品。

由美国冶金学家 S. P. 洛克韦尔提出的洛氏硬度试验是应用最广的试验方法。试验时以锥角为 120° 的金刚石圆锥或直径为 1.588mm 的钢球为压头,先以初载荷 P_0 压入被测件表面,压入深度为 h_0,再加主载荷 P_1,总载荷 $P = P_0 + P_1$,此时压入总深度为 h_1。卸除主载荷 P_1,由于试样的弹性变形恢复了 h_2,因此 $h = h_1 - h_2 - h_0$。由 h 值可算出硬度值。实际上,在洛氏硬度计上可以不经计算直接在表盘上读出 HR 值。为了用一种硬度计测定从软到硬材料的硬度,须采用不同的压头和总载荷,组成不同的标尺,常用的有 HRA、HRB、HRC 三种方法。洛氏硬度试验适用于各种钢材、有色金属、淬火后的高硬工件和硬质合金等,因其压痕较小,常用于检测成品及半成品的硬度,但对于组织不均匀的材质会出现检测硬度差别较大的可能性。

维氏硬度试验是英国维克斯公司提出的一种试验方法,用两相对夹角为 136° 的正棱形角锥以一定载荷 P 压入被测件表面,由压痕平均对角线长度 d 计算压痕表面积 F,则维氏硬度值 HV 可由式(4-3)计算得出:

$$HV = \frac{kP}{F} \tag{4-3}$$

式中,k 为常数。

维氏硬度值也可根据压痕平均对角线长度和载荷查表得出。维氏硬度试验适于测定金属镀层或化学热处理后的表面层硬度。当维氏硬度试验的作用载荷在 1kgf 以下时,称其为显微硬度试验。它可测定材料微小区域内(如金属中的非金属夹杂物或单个晶粒)的硬度,可用来鉴别金相组织中的不同组成相,或测定极薄层内的硬度。

肖氏硬度试验由美国人 A. F. 肖尔提出,又称回跳硬度试验。将一个具有一定重量的带有金刚石圆头或钢球的重锤,从一定高度落到被测件表面,以重锤回跳的高度作为硬度的度量依据。硬度与回跳高度成正比,即回跳的高度越高,材料硬度值越高。肖氏硬度以 HS 表示。肖氏硬度试验只适合对弹性模量相同的材料进行测定比较,否则就会得到橡皮的 HS 值高于钢的错误结果。肖氏硬度试验用于测定各种原材料和材料热处理后的硬度。由于肖氏硬度计体积小,携带方便,便于现场应用。

动态布氏硬度试验指将钢球在冲击力作用下压入试样表面,测出被测件上的压痕直径,据此求出硬度值。有两种测法:一种是将钢球在已知弹簧力的作用下,压入被测件表面,根据压痕大小,得出硬度值;另一种是将钢球置于已知硬度的标准杆和被测件之间,用锤敲击,测出标准杆和被测件的压痕大小,进行比较后,求出被测件的硬度。

4.2　板料成形的性能指标

板料成形的性能指标可以用来判断板料是否符合工艺需求,可以作为挑选材料的依据。一般的板料性能指标有屈服强度、抗拉强度、伸长率、硬化指数、厚向异性系数以及应力-应变曲线等[4],各指标的作用及详细描述如下。

1. 屈服强度 σ_s

屈服强度是金属材料发生屈服现象时的屈服极限,也就是抵抗微塑性变形的应力。对于无明显屈服现象出现的金属材料,规定以产生 0.2%残余变形的应力值作为其屈服极限,称为条件屈服极限或条件屈服强度。大于屈服强度的外力作用,将会使零件永久失效,无法恢复。如低碳钢的屈服极限为 207MPa,在大于此极限的外力作用之下,零件将会产生永久变形,小于此极限,零件还会恢复原来的样子。屈服强度在工程上也是材料的某些力学行为和工艺性能的大致度量。例如,材料屈服强度增高,对应力腐蚀和氢脆就敏感;材料屈服强度低,冷加工成形性能和焊接性能就好等。因此,屈服强度是材料性能中不可缺少的重要指标。

2. 抗拉强度 σ_b

抗拉强度是金属由均匀塑性变形向局部集中塑性变形过渡的临界值,也是金属在静拉伸条件下的最大承载能力。抗拉强度即表征材料产生最大均匀塑性变形的抗力,拉伸试样在承受最大拉应力之前,变形是均匀一致的,但超出之后,金属开始出现缩颈现象,即产生集中变形。对于没有(或很小)均匀塑性变形的脆性材料,它反映了材料的断裂抗力。

抗拉强度指材料在拉断前承受的最大应力值。当钢材屈服到一定程度后,由于内部晶粒重新排列,其抵抗变形的能力又重新提高,此时变形虽然发展很快,但却只能随着应力的提高而提高,直至应力达到最大值。此后,钢材抵抗变形的能力明显降低,并在最薄弱处发生较大的塑性变形,此处试件截面迅速缩小,出现缩颈现象,直至断裂破坏。钢材受拉断裂前的最大应力值称为强度极限或抗拉强度。

对于脆性材料和不形成缩颈的塑性材料,其拉伸最高载荷就是断裂载荷,因此,其抗拉强度也代表断裂抗力。对于形成缩颈的塑性材料,其抗拉强度代表产生最大均匀塑性变形的抗力,也表示材料在静拉伸条件下的极限承载能力。对于钢丝绳等零件来说,抗拉强度是一个比较有意义的性能指标。抗拉强度很容易测定,而且重现性好,与其他力学性能指标,如疲劳极限和硬度等存在一定关系,因此,抗拉强度也作为材料的常规力学性能指标之一用于评价产品质量和工艺规范等。

3. 伸长率 δ

伸长率是指试样在拉伸断裂后,原始标距的伸长与原始标距之比的百分率。伸长率是表示材料均匀变形或稳定变形的重要参数。伸长率是金属导体制品的重要力学性能指标,是关系产品优劣和能承受外力大小的重要标志,抗拉强度及伸长率的大小与材料性质、加工方法和热处理条件有关。

4. 硬化指数 n

硬化指数是表明材料冷变形硬化的重要参数,对板料的冲压性能以及冲压件的质量都有较大的影响。硬化指数 n 大时,表示冷变形时硬化显著,对后续变形工序不利,有时还必须增加中间退火工序以消除硬化,使后续变形工序得以进行。但是 n 值大时也有有利的一面,能使工件有很好的刚性。n 值定义为板材在塑性变形过程中的变形强化能力的一种量度,在双对数坐标平面上,n 是材料真实应力-应变关系曲线的斜率。

n 值较大,则加工成的机件在服役时承受偶然过载的能力也比较强,可以阻止机件某些薄弱部位继续塑性变形,从而保证机件安全服役。而且材料应变硬化效应强,变形均匀,可以减少变薄和增大极限变形程度,不易产生裂纹,拥有优秀的冲压性能。n 值大者,应变硬化效应突出。不能热处理强化的金属材料都可以用应变硬化方法强化。在工件表面进行局部应变硬化,如喷丸、表面滚压等,处理后可有效提高材料强度和疲劳强度。

硬化指数的高低表示依靠硬化使材料发生缩颈前的均匀变形能力的大小。对于深冲压的零件,就要求 n 值很大。对于一个工程构件来说,假若应变硬化指数低,那么其很可能会在均匀变形量还很小的时候过早发生局部变形而出现缩颈。因此为了避免高强度的材料发生软化或者过早形成疲劳裂纹，一般要求静拉伸时 n 值不低于 0.1。

5. 厚向异性系数 r

厚向异性系数 r（也叫塑性应变比 r，简称 r 值）是评定板料压缩类成形性能的一个重要参数，r 值是板料试件单向拉伸试验中宽度应变 ε_b 与厚度应变 ε_t 之比。

板料 r 值的大小反映板平面方向与厚度方向应变能力的差异。$r=1$ 时，为各向同性；$r\neq1$ 时，为各向异性。当 $r>1$ 时，说明板平面方向较厚度方向更容易变形，或者说板料不易变薄。r 值与板料中晶粒的择优取向有关，本质上属于板料各向异性的一个量度。r 值与冲压成形性能有密切的关系，尤其是与拉伸成形性能直接相关。板料的 r 值大，拉伸成形时，有利于凸缘的切向收缩变形和提高拉伸件底部的承载能力。

6. 应力-应变曲线

应力-应变曲线的横坐标是应变，纵坐标是应力。曲线的形状反映材料在外力作用下发生的脆性、塑性、屈服、断裂等各种形变过程。这种应力-应变曲线通常称为工程应力-应变曲线，它与载荷-变形曲线外形相似，但是坐标不同。

原理上，聚合物材料具有黏弹性，当应力被移除后，一部分功被用于摩擦效应而转化成热能，这一过程可用应力-应变曲线表示。金属材料具有弹性变形性，若在超过其屈服强度之后继续加载，材料会发生塑性变形直至破坏。这一过程也可用应力-应变曲线表示。该过程一般分为弹性阶段、屈服阶段、强化阶段、局部变形阶段四个阶段。

4.3　冲压质量试验分析方法

试验分析是为了在某些不能依赖现有技术手段的情况下，对冲压质量问题进行分析解决。下面简单介绍几种常见的试验分析方法。

1. 外形观察法

目前，冲压件表面质量的检查方法有很多，对于肉眼可以观察到的明显的缺陷，可以通过目视观察法进行检测。如果冲压件存在轻微缺陷，则需要通过戴手套触摸、油石打磨和光线反射的方法来进行检查。例如，汽车制造冲压件的大多数表面检查都是通过光线反射进行的。使用光线检测冲压件表面质量的具体方式为：将高速机油和乙醇以 1∶8 的体积比例进行搅拌，然后用刷子均匀地擦拭需要测试的冲压件表面，并将冲压件放置在光线下，根据光线反射原理来判断表面的平整度是否合格。如果某区域的光线反射不规则，则表示该区域存在表面缺陷。

冲压件表面缺陷的检查方法只能直观地反映出缺陷的存在，而不能反映出缺陷本身的严重性。目前，在冲压件的表面缺陷检查中引入了通用汽车公司的 GSQE（全球表面质量评估）系统，将整车各部位的表面按缺陷被发现的程度，以及缺陷对整车外观质量的影响程度划分为 A、B、C、D 四个区域。A 是完全可见的区域，B 是一般可见的区域，C 是一般不可见的区域，D 是完全不可见的区域。另外，根据表面缺陷对整车的影响程度和被发现的难易程度，可以将其由低到高分为一级、二级、三级。第一级是非常明显的缺陷，无须涂油，不用借助任何光线反射就可以被发现；第二级是需要通过光线反射原理来识别的缺陷，观察方法如下，站在距观察点 2～3m 的地方，从垂直于观察点 30°～45° 的两个或多个不同方向进行识别；第三级是相对细微的缺陷等级，使用强光照射时可能看不到，必须认真细致地观察，并且可以从一个方向或一个角度进行近距离检查。根据缺陷的位置和难易程度来看，冲压件表面缺陷具有不同的扣分值，检查人员可以根据扣分值来判断缺陷的严重程度，并制定相应的预防措施，以有效地控制冲压件的表面质量。

2. 分段冲压法

分段冲压法是在一般的外形观察法的基础上进一步发展而成的。为了深入地和更细致地了解冲压过程中毛坯各部分的变形特点，根据冲压工序的先后顺序、相互影响、各种问题和现象产生的原因等，可以把全部冲压过程划分成若干阶段。进行分段冲压后，对各阶段的冲压成形结果做出分析。这种方法主要适用于复杂形状零件的冲压变形分析。这类零件的冲压变形也是复杂的，而且在整个冲压过程中不断地变化，甚至在不同的阶段里变形区的位置和变形性质都在不断地变化。因此，仅仅观察冲压加工过程全部完成之后的变形结果，常常不能确切地了解毛坯的变形过程和各种问题发生的原因，也不易找到有效解决问题的措施。例如，在双动压力机上冲压加工形状复杂的零件时，在压边过程中就可能产生相当复杂的变形，以后在凸模表面与毛坯接触的过程中，板料毛坯又会陆续地产生各种变形行为而最终与凸模表面贴靠，完成全部冲压加工过程。采用分段冲压法可以观察各个阶段变形和生成的结果，找出问题的原因和正确的解决办法。另外，分段冲压法结合网格分析法可以获得变形毛坯危险部位的应变路径及应变状态图（SCV）。再与成形极限图（FLD）共同分析，从而找出解决问题的措施。

3. 切口分离法

为判断冲压过程中毛坯各部分之间的受力与变形的关系，可以采用切口分离法。切断某些部分之间的联系，经过冲压加工之后，和未做切口分离处理毛坯的冲压结果相比较，即可清楚地得到毛坯各部分之间在变形方面的关系及它们之间的相互影响等。实践表明，应用切口分离法也能判断诱发应力的存在和性质等。在冲压过程中切口张开，表示这个部位作用有拉应力。在应用切口分离法研究冲压变形时，切口的位置、方向、大小等是决定是否成功的关键，应予以足够的重视。

4. 网格分析法

钣金冲压工艺大多包括拉深、胀形、冲孔和剪边等。由于现场环境复杂，冲压失效的原因也复杂多样，如何准确有效地找出冲压失效的原因，便成为解决失效问题的关键。奇瑞汽车股份有限公司某配套厂一直使用本钢集团有限公司生产的某镀锌产品来冲压生产轿车车身侧围零部件。2016 年 12 月使用本钢集团有限公司供应的板料进行冲压生产时，产品的开裂率很高（10%～20%）。本钢集团有限公司质量部门对所供原料进行查询，发现原料基本力学性能没有太大的变化，原料的各项指标都在正常范围内，但后续生产冲压件的开裂率仍在 20% 左右。零件冲压开裂时，掌握材料在冲压过程中的变形行为和材料状况，对开裂的原因分析至关重要[5]。鉴于此，本钢集团有限公司对现场材料进行了网格分析试验，分析了零件成形后的应变状态，并找出了破裂的原因，寻求到了解决办法。

网格分析法的原理是采用光学测量技术，通过数码相机采集零件表面的圆点坐标信息，再由软件计算得出零件的图像形貌。通过计算还可以获取试验区域的主应变、次应变、厚度减薄率等变形信息[6]。试验的一般步骤如下：

（1）获取冲压零件和材料的信息，在实验室进行该材料的成形极限试验，获得材料的 FLC；

（2）到用户现场，选用表面干净平整的板料，对关注的位置利用电化学腐蚀方法，在板料表面印制圆点网格；

（3）零件冲压，对冲压成形的零件进行图像采集，并传送到计算机工作站；

（4）软件系统对采集的图像进行分析处理，得到零件的变形分布、厚度变化等信息，配合材料的 FLC 进行分析；

（5）生成分析报告，与汽车厂共同分析零件失效的原因，对冲压工艺或者材料进行调整。

4.4　板料成形缺陷及成形性能试验方法

4.4.1　板料成形缺陷分析

板料冲压成形过程中涉及了金属在各类复杂的应力状态下的塑性流动，具有大变形、大挠度的特点。在成形过程中，往往会产生很多不同类型的缺陷，这些缺陷对成形件的质量有一定的影响，如果缺陷比较严重则成形件不能应用。一般来讲，板料主要的成形缺陷包括拉裂、起皱和回弹三个方面[7,8]。

1. 拉裂

拉裂的产生主要是变形超出了所用材料的成形极限而出现拉伸失稳造成的。在实际生产过程中，成形件的拉裂主要是由厚度的减薄率太大造成的，因此可以利用材料的减薄率来预测成形件在成形过程中是否有拉裂发生。在板料成形的数值模拟过程中，拉裂主要可以通过观测成形极限图（FLD），利用成形极限图的应力、应变分布来进行预测。目前应用比较广泛的是 Keeler 等[9,10]提出的成形极限图，如图 4-2 所示。

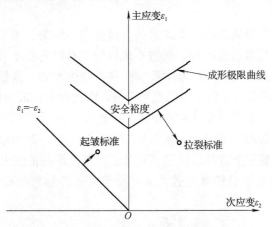

图 4-2　成形极限图的拉裂和起皱指标

为了控制拉裂，必须要提前知道拉伸失稳的发生，因此要考虑成形的安全裕度，这样才能在拉裂发生前进行控制[4]，于是有

$$\phi(\varepsilon_1) = \varphi(\varepsilon_1) - \Delta\varepsilon \tag{4-4}$$

式中，$\Delta\varepsilon$ 为安全裕度，一般取 8%～13%[11]；ϕ 为考虑安全裕度的应变变化关系；φ 为初始应变变化关系。

在拉裂的优化过程中，需要对成形极限图中的应力-应变进行计算，若采用 Keeler's 公式进行计算，如下：

$$\begin{cases} \text{FLD}_0 = n \times (23.3 + 14.134t) / 21 & (0 < t < 2.54\text{mm}) \\ \text{FLD}_0 = n \times [20 + (20.669 - 1.938t) \times t] / 21 & (2.54\text{mm} \leqslant t \leqslant 5.33\text{mm}) \\ \text{FLD}_0 = 75.125n / 21 & (t > 5.33\text{mm}) \end{cases} \tag{4-5}$$

$$\begin{cases} \varepsilon_{\text{maj}} = \text{FLD}_0 + \varepsilon_{\text{min}} \times (0.027254\varepsilon_{\text{min}} - 1.1965) & (\varepsilon_{\text{min}} < 0) \\ \varepsilon_{\text{maj}} = \text{FLD}_0 + \varepsilon_{\text{min}} \times (-0.008565\varepsilon_{\text{min}} + 0.784854) & (\varepsilon_{\text{min}} > 0) \end{cases}$$

式中，FLD_0 为成形极限曲线的最小值；n 为材料硬化指数；t 为材料厚度，mm；ε_{maj} 为主应变（即 ε_1）；ε_{min} 为次应变（即 ε_2）。

在成形极限图 4-2 中，如果板料变形单元在成形极限曲线上方，则表示该单元会被拉裂，必须避免；如果板料变形单元在成形极限曲线和安全裕度曲线之间，则说明单元处于拉裂的边缘，需要对其进行控制，甚至避免；如果板料变形单元处于安全裕度曲线下方，则说明单元不会被拉裂。因此，首先需要对处于拉裂的单元进行控制，调整参数，使其处于成形极限曲线下方才能进行优化，因为产品一旦拉裂则无法使用。

假设板料成形过程中划分的单元数为 n，判定成形件拉裂的标准为各个单元的叠加之和，即

$$y = -\left(\frac{1}{n} \sum_{i=1}^{n} (\varphi(\varepsilon_2)_i - \varphi(\varepsilon_1)_i) \right) \tag{4-6}$$

在式（4-6）中，y 值越小，说明各单元的距离和距离成形极限曲线越远，则表明成形质量越好。

2. 起皱

起皱主要是由压缩失稳造成的，除此之外，拉伸力不均匀、半平面的内弯曲力以及剪切力等也会对板料成形的起皱造成影响。起皱不像拉裂，有时它是不可避免的，因此我们需要做的是尽量控制起皱。起皱的判定标准主要有三种：静力准则、能量准则以及动力准则。由于近些年车身覆盖件向高强度、低厚度的趋势发展，因此起皱也成为成形过程中的主要缺陷。

如图 4-2 所示，起皱主要以直线函数 $\psi(\varepsilon_2) = -\varepsilon_2 (\varepsilon_2 < 0)$ 作为近似曲线来进行判断。当板料变形单元处于直线函数右上方时，说明单元有起皱的趋势，距离越远则起皱越明显；当板料变形单元处于直线函数左上方时，说明单元处于正常变形的范围内。

假设板料成形过程中划分的单元数为 m，判定成形件起皱的标准为各个单元的叠加之和，即

$$y = \frac{1}{m} \sum_{i=1}^{m} (\psi(\varepsilon_2)_i - \psi(\varepsilon_1)_i) \tag{4-7}$$

在式（4-7）中，y 值越小，说明各单元的距离和距离直线函数越近，起皱趋势越小，成形件的质量越好。

3. 回弹

回弹是板料成形过程中的主要缺陷之一，产生的主要阶段是板料冲压成形的结束阶段，当冲压力逐渐减少直至卸载时，成形过程中的弹性变形能量会使得内应力重新组织，从而会使得零件不会回到原来的形状，改变了零件的外形尺寸。回弹缺陷是冲压成形过程中不能避免的缺陷，因此需要通过回弹补偿去弥补该缺陷；但是由于回弹的目标一般不容易确定，因此板料冲压成形的回弹问题，尤其是回弹补偿问题，不能得到很好的解决。方井柱[12]以汽车翼子板和侧壁上的内板作为研究对象，对其多步冲压后进行了回弹研究，达到了一定的精度。

吴善冬[13]对汽车前纵梁内板零件进行了回弹研究，并通过迭代算法对回弹误差进行了补偿。

4.4.2　板料成形性能试验方法

为了准确反映金属薄板的某项成形性能，许多国家都制定了相应的标准试验。我国在《金属薄板成形性能与试验方法》（GB/T 15825—2008）中也规定了相应的试验，包括 Erichsen 试验、Swift 试验、KWI 扩孔试验、福井锥杯试验、液压胀形试验、Yoshida 起皱试验、成形极限试验等[14]。此外，在国外汽车领域出现了一些应用较广的非标准模拟试验，如 LDH 试验、S-Rail Benchmark 试验等[15]。有关模拟试验所能评价的板料成形性能如表 4-1 所示。

表 4-1　各试验反映的金属薄板成形性能

模拟试验	试验特征值	成形性能	与成形性能的关系
Erichsen 试验	杯突值或 IE 值	胀形性能	IE 越大，板的胀形性能越好
Swift 试验	极限拉深比 LDR	拉深性能	LDR 越大，板的拉深性能越好
KWI 扩孔试验	极限扩孔系数 λ	翻边性能	λ 越大，板的翻边性能越好
福井锥杯试验	锥杯值 CCV、锥杯比 η	胀形性能、拉深性能、复合成形性能	CCV 或 η 值越小，板的成形性能越好
液压胀形试验	双向等拉伸状态下的真应力-应变曲线和其他固有特性	胀形性能	对覆盖件冲压成形而言，利用液压胀形试验测得的材料性能数据更能发挥材料的变形潜力
Yoshida 起皱试验	在不均匀拉应力作用下产生的褶皱高度 h_b	抗失稳起皱性能	h_b 越小，板的抗失稳起皱性能越好
成形极限试验	成形极限曲线 FLC 及其最低点 FLC_0	综合成形性能	FLC_0 越大，板的成形性能越好
LDH 试验	极限拱顶高 LDH 值	平面应变条件下的胀形性能	LDH 越大，板的胀形性能越好
S-Rail Benchmark 试验	各部位回弹前后的拉深量、轮廓形状、应变、位置、高度等	抗回弹能力	回弹前后的差值越小，板料的抗回弹能力越强

下面对几种常见的试验进行简要描述。

1. Erichsen 试验

Erichsen 试验又称为杯突试验，是一种冲压工艺性能试验，用来衡量材料的胀形性能。按照国家标准，试验采用端部为球形的冲头，将夹紧的试样压入压模内，直至出现穿透裂缝，将所测量的杯突深度称为杯突值或 IE 值。该试验通常在杯突试验机上进行。试样在做过杯突试验后就像只冲压成的杯子（不过是只破裂的杯子）。如果钢板深冲性能不好，冲压件在制作过程中就很容易开裂。

Erichsen 试验的原理如图 4-3 所示，具体的测定方法如下。

（1）将试样牢固地固定在杯突试验机的固定环与冲模之间，涂层面向冲模。当冲头处于零位时，顶端与试样接触。调整试样，使冲头的中心轴线与试样的交点距板的各边不小于 35mm。

（2）将冲头的半球形顶端以每秒（0.2+0.1）mm 恒速推向试样，直至达到规定深度。冲压深度即为冲头从零位开始已移动的距离。在试验中，应防止冲头弯曲，且球面顶端中心与冲模的轴心偏离应不大于 0.1mm。

（3）以校正过的正常视力或经同意采用 10 倍放大镜检查试样的涂层在达到规定深度时是

否开裂或从底材上分离。

（4）如果测定引起涂膜破坏的最小深度，则当涂层表面第一次出现开裂或涂层从底材上分离时，使冲头停止移动，测量冲头此时的移动深度，即冲头从零位开始所移动的距离（精确到 0.1mm）。

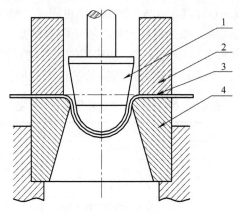

1-凸模；2-压边圈；3-试样；4-凹模

图 4-3　Erichsen 试验

2. Swift 试验

Swift 试验是以极限拉深比 LDR 评定板材拉深性能的试验方法。试验所用模具如图 4-4 所示。试验时将不同直径的平板毛坯（以拉深比为 0.025 的级差改变毛坯直径）置于图 4-4 所示的模具中，按规定的条件进行拉深试验。确定出不发生破裂所能拉深成杯形件的最大毛坯直径 D_{max} 与凸模直径 d_p 之比，此比值称为极限拉深比，通常用 LDR 表示，即

$$LDR = \frac{D_{max}}{d_p} \tag{4-8}$$

LDR 值越大，板材的拉深性能就越好，这种方法简单易行。缺点是不能准确地给定压边力，影响试验值的准确性，而且做起来太麻烦。

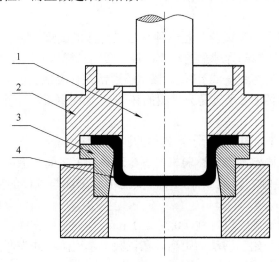

1-凸模；2-压边圈；3-凹模；4-试样

图 4-4　Swift 试验

3．KWI 扩孔试验

KWI 扩孔试验为评价材料的翻边性能的模拟试验方法，是采用内孔直径为 d_0 的圆形毛坯在图 4-5 所示的模具中进行扩孔，直至内孔边缘出现裂纹。测定此时的内孔直径 d_f，并用式（4-9）计算极限扩孔系数 λ 为

$$\lambda = \frac{d_f - d_0}{d_0} \times 100\% \tag{4-9}$$

式中

$$d_f = \frac{d_{f\max} - d_{f\min}}{2}$$

试验结果可用于评价金属薄板的翻边性能。被剪切或冲裁以后的金属薄板在受冲剪的边缘部位会有损伤和加工硬化产生，在后续的冲压成形加工特别是拉伸时，这些部位会过早地产生裂纹而导致破坏。在一些高强度钢和硬铝合金的加工中常有这种情况发生。

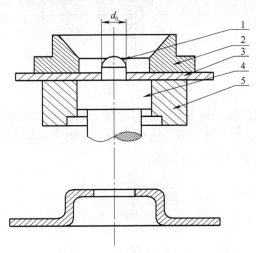

1-定位销；2-凹模；3-金属薄板压边圈；4-凸模；5-压边圈

图 4-5　KWI 扩孔试验

4．福井锥杯试验

福井锥杯试验也称为福井试验或锥杯试验，主要目的是测试板料拉深和胀形复合成形的能力。它是通过一个钢球把试样冲成锥形杯，当发现材料破裂时停止试验，测量杯口的最大直径 $D_{\max}$ 和最小直径 $D_{\min}$，并按照式（4-10）计算锥杯值 CCV：

$$CCV = \frac{D_{\max} + D_{\min}}{2} \tag{4-10}$$

福井锥杯试验模拟的变形方式是拉深和胀形的综合。因为材料在凸模上拉胀，所以材料的应力状态与硬化指数 n 值有关，其余部分受环向压缩，所以与塑性应变比 r 值有关。通过这种试验，可以判断板料对于球面零件及一些大型覆盖件的加工成形的适应能力。试验结果 CCV 值越小，即试件破裂时口部直径越小，反映板材可能产生的变形越大，也就表明板材的复合成形冲压性能越好。

5．液压胀形试验

Erichsen 试验结果受材料流入和润滑效果的影响，故经常产生波动。液压胀形试验利用液体压力代替刚性凸模，可不受摩擦条件的影响。另外，用拉伸肋将材料四周完全压住，避

免了变形区外材料的流入。所以用液压胀形试验评定材料的纯胀形性是比较好的。试验装置简图如图 4-6 所示。

试验参数用极限胀形系数表示，即

$$K = \left(\frac{h_{\max}}{a}\right)^2 \qquad (4\text{-}11)$$

式中，$h_{\max}$ 为开始产生裂纹时的胀形深度；a 为模口半径。

极限胀形系数 K 值越大，材料的胀形性能就越好。

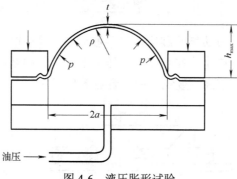

图 4-6　液压胀形试验

另外，利用液压胀形试验还可得到双向等拉伸状态下的应力-应变曲线。在毛坯胀形过程中不断测出顶部的板厚 t、曲率半径 ρ 及液体压力 p，由式（4-12）和式（4-13）进行计算，即可得到双向等拉伸状态下的应力-应变关系。

$$\sigma_i = \sigma_1 = \sigma_2 = p \cdot \frac{\rho}{2t} \qquad (4\text{-}12)$$

$$\varepsilon_i = \ln(t_0 / t) \qquad (4\text{-}13)$$

式中，t_0 为初始毛坯厚度。

6. Yoshida 起皱试验

Yoshida 起皱试验是对板料进行对角拉伸，以评估板料在不均匀拉伸下抵抗压缩失稳的起皱能力的试验方法。试验用 100mm×100mm 的方板试件，试验时在方板上进行对角拉伸，由于拉伸应力流线的挠曲，试件的中部会因受压失稳而产生皱曲。拉伸过程中，记录载荷、拉伸量与褶皱的高度，其中褶皱的高度用 h_b 表示，并将其作为起皱评价指标。h_b 越小，板的抗失稳起皱性能越好。

7. 成形极限试验

成形极限曲线用于确定指定的薄板在受到拉延、胀形或拉延胀形相结合时能够达到的变形程度。从安全点到破裂点的界线定义为成形极限曲线。成形极限测定就是获取这个曲线的过程。此处介绍在室温和线性应变路径下测定成形极限曲线的试验条件和方法。成形极限试验模具和试样分别如图 4-7 和图 4-8 所示。

（1）试样准备。将板料毛坯切割成符合标准尺寸和几何形状要求的试样，并在所需要测量的试样表面区域喷涂散斑图案。

（2）相机标定。从不同方位拍摄标靶获取标靶图像，利用图像进行相机标定计算，通过标定得到两相机准确的位置关系，包括相机的外部参数、内部参数以及镜头畸变参数。

（3）获取图像。对于准备的所有尺寸和几何形状的试样，启动材料试验机对试样进行变形加载，并利用计算机控制两相机同步拍摄以获取被测板料试样在变形状态下的图像序列。

（4）散斑应变计算。对获取的全部试样图像进行散斑三维应变计算，得到不同变形状态试样表面的主应变场和次应变场，并找出每个试样破裂前最近的一个变形状态以确定材料不发生失效所能承受的最大应变。

（5）创建平行截线。在步骤（4）找到的试样破裂前的应变场中，创建 3~5 条间距为 2mm 左右的平行截线，并输出所有截线上的节点数据，包括主应变、次应变和节点位置。

（6）拟合截线节点数据。在试样后来会产生裂纹的位置两边各选择至少 3 个截线节点，利用步骤（5）获取的截线的节点数据，拟合得到一条以节点位置、主应变为坐标点的抛物线和一条以节点位置、次应变为坐标点的抛物线。

（7）求解极限应变。计算步骤（6）拟合获得的抛物线的极值，将两条抛物线取得极值时对应的主应变和次应变作为试样表面的极限应变点。

（8）建立板料 FLC。将步骤（7）求得的极限应变点拟合成适当的曲线或构成条带形区域，以建立板料的 FLC。

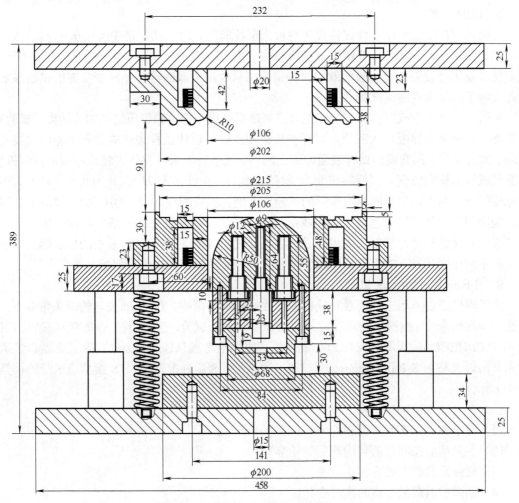

图 4-7　成形极限试验模具（单位：mm）

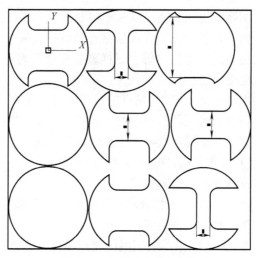

图 4-8　成形极限试验试样

8．LDH 试验

极限拱顶高度试验是一种评估金属薄板成形性能的试验方法，是 Erichsen 试验的改进，用以确定金属薄板在各种应变状态下的极限应变值，简称 LDH 试验。由于成形极限图的精度、重复性和稳定性较差，而一般的双向拉伸试验也只能提供双向等拉伸应变状态的试验参数，因此发展了极限拱顶高度试验[16]。

试验方法类似于双向拉伸试验，工具有半球形凸模、凹模和带压边筋的压边圈。试验时，用半球形凸模将金属板压入凹模。试样被压边圈压紧，以使试样边缘的金属不能向凹模孔内流动。试验前在不同宽度的试样表面印制上网格。试验时在板料发生失稳或断裂的瞬间停机，并测量试样的横向应变 ε_2（短轴应变）、拱顶高度 H。在以 ε_2 和 H/R（R 为凸模半径）为横纵坐标轴的坐标系中标出不同宽度试样的试验点，把试验点相连即得 LDH 曲线。LDH 曲线与成形极限曲线形状相似，但要比制作成形极限曲线简便，并且在润滑条件相同的情况下，试验结果的重复性和稳定性都大大优于成形极限曲线。LDH 曲线在坐标系中的位置越高，说明薄板在不同应变状态下的极限拉伸应变量越大，因此薄板的成形性能越好。

9．S-Rail Benchmark 试验

为了研究压边力等工艺因素对板料成形性能质量的影响，在 Ford 公司的牵头带领下，北美的一些汽车企业、钢铁企业和高校共同设计了 S-Rail 试验，该试验被 1996 年在底特律召开的 NUMISHEET'96 国际会议作为有限元仿真的标准考题（Benchmark）向工业界和学术界发布，所以又称为 S-Rail Benchmark 试验，可译为"S 梁标准试验"。S 梁标准试验的模具如图 4-9 所示。

在 S-Rail Benchmark 试验中，测量的参数如下：

（1）每个关键点在回弹前和回弹后的拉深量；

（2）主要截面在回弹前和回弹后的轮廓形状；

（3）回弹后截面上的真实主应变；

（4）回弹前后截面上点的高度变化。

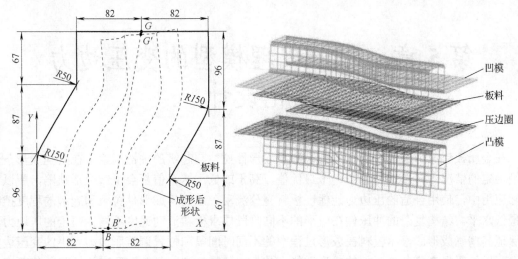

图 4-9　S 梁标准试验模具图（单位：mm）

目前，在北美 S-Rail Benchmark 试验被用来研究各种铝板、钢板的成形性能，通过上述测量值，研究压边力对应变分布、起皱、回弹的影响；试验的结果还用来与仿真的结果进行比较，从而评价有限元的可靠性。在 Ford 公司，S-Rail Benchmark 试验已成为一个研究工艺条件对各种汽车板成形性能影响的标准试验[17,18]。

参 考 文 献

[1] 熊文诚. 基于 RBF 神经网络的板料成形工艺优化研究[D]. 成都：西南交通大学，2017.

[2] 李秀华，张凌云，祁桂根，等. 金属板成形性能的试验研究[J]. 沈阳航空工业学院学报，2002，19（1）：19-20.

[3] 孙新强，谢延敏，田银，等. 基于小波神经网络和粒子群算法的铝合金板冲压回弹工艺参数优化[J]. 锻压技术，2015，40（1）：137-142.

[4] 田银. 基于 RBF 神经网络的变压边力优化研究[D]. 成都：西南交通大学，2015.

[5] 李立军，祝洪川. 润滑条件对汽车零件冲压成形的影响[J]. 钢铁研究，2000，28（1）：36-39.

[6] 杨天一，赵广东. 网格实验在冲压失效分析中的应用[J]. 金属世界，2018，（5）：43-45.

[7] 黄仁勇. 高强钢冲压成形过程中的扭曲回弹及补偿研究[D]. 成都：西南交通大学，2018.

[8] XIE Y M, GUO Y H, ZHANG F, et al. An efficient parallel infilling strategy and its application in sheet metal forming[J]. International journal of precision engineering and manufacturing, 2020, 21(8): 1479-1490.

[9] KEELER S P. Circular grid system-a valuable aid for evaluating sheet metal formability[J]. SAE technical papers, 1968, (680092): 371-397.

[10] GOODWIN G M. Application of strain analysis to sheet metal forming problems in the press shop[J]. SAE technical papers, 1968, (680093): 380-387.

[11] 汪承璞，冯苏宁，陆匠心. 轿车零件应变分析与 FLD 选材预测[J]. 钢铁，1999，34（2）：43-46.

[12] 方井柱. 基于数值模拟多步冲压的回弹研究[D]. 镇江：江苏大学，2004.

[13] 吴善冬. 汽车前纵梁内板冲压成形仿真及回弹补偿研究[D]. 重庆：重庆大学，2013.

[14] 林忠钦. 车身覆盖件冲压成形仿真[M]. 北京：机械工业出版社，2005.

[15] 杨玉英. 大型薄板成形技术[M]. 北京：国防工业出版社，1996.

[16] 何燕玲. 镁合金 AZ31B 板料胀形实验及成形性能研究[D]. 济南：山东大学，2012.

[17] SARAN M J, DEMERI M Y. Formability improvement via variable binder pressure[J]. Automotive engineering international, 1998, 2: 101-103.

[18] DUARTE J F, ROCHA A B da. A brief description of an S-Rail Benchmark[C]. Proc. of NUMISHEET'96, Detroit, 1996: 336-343.

第5章 基于代理模型的变压边力优化设计

在金属板料成形过程中,压边力是决定成形件拉裂与起皱的关键因素。在其他成形条件已经给定的情况下,压边力存在一个最优值,高于或低于这个值都会引起成形缺陷,所以在实际应用中,使用合适的压边力能保证板料充分流动,从而将成形件拉裂和起皱的程度控制在最低水平。结构复杂的冲压件在成形的不同阶段要求板料流动速度不同,恒定的压边力不能保证其精确成形。根据板料在成形过程中的不同时间段和位置调整压边力大小的变压边力技术可以显著提高复杂冲压件的成形性能,减少和消除拉裂、起皱和回弹等缺陷。随着汽车轻量化的兴起,新材料(高强度钢、铝合金)在车身上的使用逐年增加,然而这些材料的成形性能差、成形件的回弹大,使用恒定的压边力不能保证冲压件的质量。变压边力技术可以改善材料的成形性能,有利于轻量化金属材料在工程实际中的推广与应用,国内外学者对此做了大量的研究。

数值模拟技术是板料成形分析的一种主流方法,但影响板料成形质量的工艺参数有很多,很难通过这种试错法获得准确的最优组合值[1]。由于板料成形质量与工艺参数之间呈现高度的非线性关系,且没有确定的等式,设计目标与设计变量之间很难用显式的函数关系式来表达。随着近似代理模型的提出,以及以遗传算法为代表的人工智能算法的大量应用,有关板料成形优化的研究得到了广泛关注。

5.1 代理模型的概述

基于试验设计和统计分析并采用近似法来构建近似模型用以替代复杂模型,能够充分利用样本信息构造设计变量与性能指标之间的真实映射关系,从而达到简化计算过程的目的[2],其中代理模型的数学表达式为

$$f(x) = \hat{f}(x) + \varepsilon(x) \tag{5-1}$$

式中,$f(x)$ 为真实函数关系;$\hat{f}(x)$ 为代理模型所构建的映射关系;$\varepsilon(x)$ 为近似误差。通过代理模型去逼近板料冲压成形参数与成形质量间的非线性关系时,不同类型近似模型的逼近方法各异,导致构建的近似模型的预测精度不同,而近似模型的预测精度直接影响优化结果。在板料冲压成形中常用的代理模型有多项式响应面法、径向基神经网络、BP 神经网络、Kriging模型等[3]。每一种代理模型都有各自的优缺点,在优化板料冲压成形工艺参数时,应根据实际情况与工艺优化需求选择合适的代理模型。

5.1.1 多项式响应面法

多项式响应面法(polynomial response surface method,PRSM)是一种采用多元线性回归函数拟合样本数据、构建代理模型的方法,冲压成形中常用的二次响应面可表示为

$$\hat{f}_{PRSM}(x) = \beta_0 + \sum_{i=1}^{n_v} \beta_i x_i + \sum_{i=1}^{n_v} \beta_{ii} x_i^2 + \sum_{i=1}^{n_v}\sum_{j>i}^{n_v} \beta_{ij} x_i x_j \tag{5-2}$$

式中，n_v 为设计空间维数；β_0、β_i、β_{ii}、β_{ij} 为待定系数，可利用最小二乘法基于样本信息求得。

5.1.2 径向基神经网络

径向基（RBF）神经网络是一种具有单隐含层的三层神经网络，其隐含层节点由该网络的中心数据点构成，输入层到隐含层的传递函数为径向基函数，隐含层到输出层则通过不同的权值连接。相比其他近似模型，RBF 神经网络具有逼近速度快、训练迅速、泛化性能更佳的优点[2]。RBF 函数可以表示为径向对称基函数线性加权和的形式，即

$$\hat{f}_{RBF}(x) = \sum_{i=1}^{n_v} w_i \phi(\| x - x_i \|) = \boldsymbol{w}^T \boldsymbol{\phi} \tag{5-3}$$

式中，n_v 为设计空间维数；w 为权重系数矢量，可以通过式（5-4）求得

$$\boldsymbol{w} = \boldsymbol{A}^{-1} \boldsymbol{y} \tag{5-4}$$

$$\boldsymbol{A} = \begin{bmatrix} \phi(\| x_1 - x_1 \|) & \cdots & \phi(\| x_1 - x_{n_v} \|) \\ \vdots & & \vdots \\ \phi(\| x_{n_v} - x_1 \|) & \cdots & \phi(\| x_{n_v} - x_{n_v} \|) \end{bmatrix}_{n_v \times n_v} \tag{5-5}$$

式中，$\phi(r)$ 为径向基函数，r 为样本之间的欧氏距离。常用的径向基函数为

$$\phi(r,c) = \begin{cases} (r+c)^3 & \text{（三次函数）} \\ \exp(-cr^2) & \text{（高斯函数）} \\ (r^2+c^2)^{0.5} & \text{（多二次函数）} \\ (r^2+c^2)^{-0.5} & \text{（逆多二次函数）} \end{cases} \tag{5-6}$$

式中，c（$c>0$）为近似精度系数。RBF 神经网络是一种插值代理模型，模型的精度受 c 值的影响较大。c 值的经验公式为[4]

$$c = ((\max(x) - \min(x))/n_v)^{\frac{1}{n_v}} \tag{5-7}$$

5.1.3 BP 神经网络

BP 神经网络（back propagation neural network，BPNN）是一种基于误差反向传播算法的多层前向网络，在神经网络层数足够多的情况下，理论上具有逼近任意非线性函数的能力。

BP 神经网络通过对权值和阈值的不断修正可以对高度复杂的非线性函数进行拟合，其数值转换函数为 S 函数，S 函数可以输出 0～1 的数值。神经网络的基本架构为输入层、隐含层和输出层，其中相邻两层之间依靠权值和阈值运算进行信息传递。其中输入层是自变量 x 的数值，而输出层则是因变量 y 的数值，隐含层为数据传递函数，可以有一层也可以有很多层，因此 BP 神经网络的泛化能力很突出[5]。

5.1.4 Kriging 模型

Kriging 模型是一种针对空间分布数据的无偏最优估计插值模型[6]，其基本形式如下[7]：

$$y = f^{T}(x) \times \beta + z(x) \tag{5-8}$$

式中，$f^{T}(x)$ 为回归模型，通常为 0 阶、1 阶和 2 阶三种模型，提供全局近似模拟；β 为待定回归系数；$z(x)$ 为一个随机统计过程，提供局部近似模拟偏差，其均值为 0，方差为 σ_z^2，协方差为

$$\text{cov}(z(x), z(w)) = \sigma_z^2 R(x, w) \tag{5-9}$$

式中，$R(x, w)$ 为两个数据点 x、w 之间的变异函数，通常选择高斯函数。利用广义最小二乘法，可得 β 估计值为

$$\hat{\beta} = (X^{T} R^{-1} X)^{-1} X^{T} R^{-1} Y \tag{5-10}$$

式中，X 为试验数据点组成的系数矩阵；R 为变异函数；Y 为试验点对应的响应值。σ_z^2 的估计值为

$$\sigma_z^2 = \frac{1}{N}(Y - X\beta)^{T} R^{-1}(Y - X\beta) \tag{5-11}$$

式中，N 为试验点数。

利用得到的模型系数和变异函数参数，可知 Kriging 模型在未知点 x_0 处的预测值为

$$y(x_0) = f^{T}(x_0)\beta + r^{T}(x_0) R^{-1}(Y - X\beta) \tag{5-12}$$

式中，$r(x_0)$ 为预测点与试验点之间的相关矩阵。

5.2　压边力的加载模式

在板料成形过程中，为防止起皱，经常采用压边圈装置来产生足够的摩擦力，以合理地控制材料流动。对同一成形件来说，采用不同的压边力可能得到两种截然不同的结果：压边力过小，则不能有效地对材料流动进行控制，零件极易起皱；压边力过大，虽然可避免起皱现象，但可能会导致材料拉裂，所以它是板料成形中的一个具有决定性意义的工艺参数。

在板料成形过程中，压边力的控制主要包括两个方面：一是压料面的形状和位置的设置，这主要体现在拉延筋上；二是压边力大小的选定。由于压料面的形状和位置与具体的成形形状有关，应用范围相对较小，而压边力加载模式和大小的控制相对来说应用普遍，比较容易实现，符合板料成形相关理论，是本节介绍的重点。

5.2.1　恒定压边力加载模式

在传统压力机上，压边力的加载主要通过压边装置来实现，常规的压边装置主要分为刚性压边装置和弹性压边装置两种。刚性压边装置一般利用滑块来进行压边，主要用在双动压力机上，成形过程中压边力不随压力机行程或冲压位置变化而变化，自始至终基本固定不变。弹性压边装置主要采用弹簧、橡胶和气垫等来进行压边，一般用在单动压力机上，但压边力随行程增加而有所变化，在成形中一般忽略不计，加载轨迹如图 5-1 所示。

无论是刚性压边还是弹性压边，机构上所施加初始压边力大小的确定主要依据拉深件既不能起皱又不能拉裂的原则，传统计算公式如下：

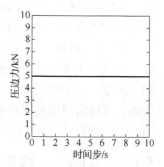

图 5-1　恒定压边力加载轨迹

$$Q=FA \tag{5-13}$$

式中，Q 为压边力；F 为单位压边力，与具体材料相关；A 为压边圈与板料的接触面积。

5.2.2　变压边力加载模式

对于一些形状和结构比较复杂的成形件来说，在板料成形过程中的不同时间段和位置，所需的压边力是不完全相同的，所以除恒定压边力加载模式以外，还有多种变压边力加载模式，其中尤以上升、下降和混合等为代表的变压边力模式最为常见[8,9]，如图 5-2 所示。

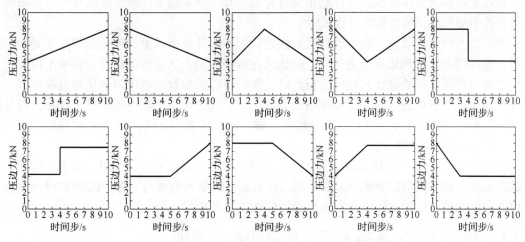

图 5-2　几种典型的变压边力加载轨迹

国内外众多学者对变压边力进行了大量研究，发现：合理地控制压边力在板料成形过程中的加载轨迹，能够较好地提高成形件的成形质量。但究竟是选择上升变化的压边力轨迹曲线，还是选择下降变化的压边力轨迹曲线或者是混合变化的压边力轨迹曲线，到目前为止尚无统一定论[10]。

5.2.3　压边力成形窗口

在板料成形中，压边力是一个具有决定性作用的影响因子，有时甚至直接决定成形件起皱或拉裂的发生。Havranek[11]通过试验研究发现，板料成形所需的压边力存在一个处于起皱与拉裂之间的"安全区"，当所施加的压边力超过这一安全区时，板料的成形就不合格。随后，Yossifon 等[12]在大量研究的基础上，总结出生产合格拉深件时，压边力的取值范围存在一个"窗口"，在板料成形过程中，若所施加的压边力超出该窗口，成形件不是起皱就是拉裂，如图 5-3 所示。变压边力优化的目的就是从成形窗口中找到一条较优的压边力加载轨迹，让零件顺利成形，并尽可能优化相关成形质量指标。

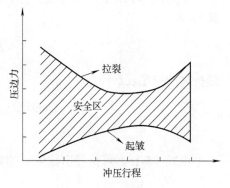

图 5-3　压边力成形窗口

5.3　基于 RBF 神经网络的板料成形变压边力优化

在科学研究和工程实践中存在着大量的优化问题，对其求解时需要建立原始问题的数学模型。然而在实际应用中，由于对问题机理的认识不够充分或者研究对象过于复杂，有时往往很难给出显式的数学表达式，导致无法直接进行优化。在这种情况下，通常采用物理试验或数值仿真的方法，通过多次试验寻找最优解。但这些方法往往存在耗时长、花费巨大、试验次数受限等缺陷。另外，有时对于一些复杂的、非线性问题的优化，由于其具有设计空间不规则以及随机误差等特点，往往会出现优化目标和约束函数不光滑连续的现象，使得优化结果收敛于局部最优解甚至难以收敛[13]。

变压边力技术可以充分利用材料成形性能，提高零件成形质量，但是成形过程复杂，工艺设计难度增加。单纯依靠经验法与试验法来完成变压边力工艺的优化设计几乎不可能。代理模型是一种基于试验设计和统计分析，通过采用近似法构建近似模型来代替复杂模型，从而实现简化计算过程的方法。代理模型法不仅减少了优化迭代中耗时长的模拟计算，而且降低了问题的非线性，便于优化，找到全局最优解[14]。本节主要介绍 RBF 神经网络近似模型在变压边力优化设计中的应用。

RBF 神经网络是一种局部逼近真实解，具有单隐含层的前向神经网络，具有结构简单、训练速度快、泛化性能好等优点。在非线性函数逼近和数据分类等方面，RBF 神经网络得到了广泛应用，现已证明它能以任意精度逼近任意连续函数[15]。

5.3.1　基于欧氏距离的人工免疫算法及其改进

人工免疫算法是受自然免疫系统启发而发展起来的一种进化算法，主要借鉴机体内一种识别自己、排除非己、维持内环境稳定的免疫反应机理，是人工免疫系统研究领域的重要内容之一。在该算法的基本原理中，通常将被求解的问题视为抗原，问题的解视为抗体。抗体与抗原的匹配程度表现为它们之间的亲和力，抗体之间的亲和力则体现为抗体间的相似程度。借鉴自然免疫系统的抗体繁殖机理，人工免疫算法中抗体的产生和浓度的调节表现为：与抗原匹配得好的抗体被作为记忆细胞，与抗原亲和力大的抗体得到增殖，而浓度大的抗体则被抑制[16]。

依据上述原理，将一个抗体表示为待求解问题的一个解 x_i，其亲和力对应于解的适应度函数 $f(x_i)$，则 N 个抗体构成了一个免疫系统集合 X[17]。若规定抗体 x_i 在集合 X 上的欧氏距离为

$$\rho(x_i) = \sum_{j=1}^{N} \left| f(x_i) - f(x_j) \right| \tag{5-14}$$

则抗体的浓度表示为

$$\text{Density}(x_i) = \frac{1}{\rho(x_i)} = \frac{1}{\sum_{j=1}^{N} \left| f(x_i) - f(x_j) \right|} \tag{5-15}$$

由式（5-15）可推导出抗体 x_i 的期望生存概率为

$$p(x_i) = \frac{\rho(x_i)}{\sum_{i=1}^{N} \rho(x_i)} = \frac{\sum_{j=1}^{N} \left| f(x_i) - f(x_j) \right|}{\sum_{i=1}^{N} \sum_{j=1}^{N} \left| f(x_i) - f(x_j) \right|} \tag{5-16}$$

由式（5-16）可知，在集合 X 中与抗体 x_i 相似的抗体越多，抗体 x_i 被选中的概率就越小，相反，则抗体 x_i 被选中的概率就越大。因此，基于欧氏距离的人工免疫算法保证了抗体进化的多样性。

人工免疫算法模拟了达尔文"自然选择，适者生存"的进化思想，使整个群体在优胜劣汰的选择机制下保证进化趋势，适应度越高的个体期望生存概率越大。因此，在保持种群多样性的同时，抗体期望生存概率可由适应度概率 p_f 和浓度抑制概率 p_d 两部分组合构成，改进后的表达式为[18]

$$p(x_i) = \alpha p_f(x_i) + (1-\alpha)p_d(x_i) = \alpha \times \frac{f(x_i)}{\sum\limits_{j=1}^{N} f(x_j)} + (1-\alpha) \times \frac{\sum\limits_{j=1}^{N}\left|f(x_i)-f(x_j)\right|}{\sum\limits_{i=1}^{N}\sum\limits_{j=1}^{N}\left|f(x_i)-f(x_j)\right|} \qquad (5\text{-}17)$$

基于欧氏距离的人工免疫算法实现流程如图 5-4 所示。

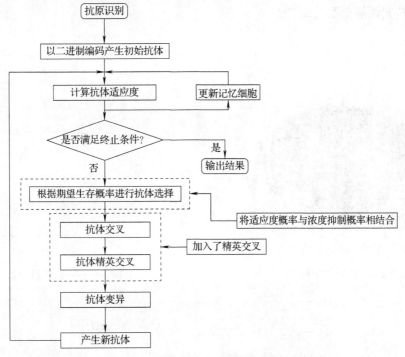

图 5-4　改进后的人工免疫算法流程

通过式（5-17）可知，当抗体 x_i 的适应度一定时，浓度越小被选择的概率越大，当 x_i 浓度一定时，适应度越大被选择的概率越大。这样在保留个体多样性的同时进一步确保了个体的高适应度，加快了收敛速度，改善了未成熟收敛现象。

由于一般的交叉、变异等进化策略对长串的二进制编码具有破坏作用，可能造成当前种群的最佳个体在下一代种群中出现丢失的现象，所以在人工免疫算法中采用了精英保留和精英交叉的策略。为了检验改进后的人工免疫算法的搜索性能，选取一个求极大值的二维非线性函数进行测试，即

$$f(x,y) = 10 - (x^2+y^2)^{0.25}[\sin^2(50(x^2+y^2)^{0.1})+1] \quad (-10 \leqslant x,y \leqslant 10) \qquad (5\text{-}18)$$

该函数经常被用来检验一个算法的搜索性能，因为在该函数的周围有很多圈脊（图 5-5），

有无穷多个局部极大值点，其中只在(0, 0)处取全局最大值 10，在搜索过程中，很容易陷入未成熟收敛。

在评价算法优化性能时，通常采用在线性能函数 $P_{\text{on\_line}}$ 和离线性能函数 $P_{\text{off\_line}}$[17]，定义如下：

$$P_{\text{on\_line}} = \frac{1}{N(T+1)} \sum_{t=0}^{T} \sum_{i=1}^{N} f(x_i, t) \qquad (5\text{-}19)$$

$$P_{\text{off\_line}} = \frac{1}{T+1} \sum_{t=0}^{T} f(x^*, t) \qquad (5\text{-}20)$$

式中，$f(x^*, t) = \max\{f(x_1, t), f(x_2, t), \cdots, f(x_N, t)\}$；$N$ 表示种群规模；T 表示最大进化代数；t 表示当前的进化代数。

本例中令群体规模 N=100，最大进化代数为 200 次，搜索结果如图 5-6 和图 5-7 所示。通过函数性能测试图比较不难发现，对基于欧氏距离的人工免疫算法所做的改进是有效的，算法改进后的搜索性能全面提高[18]。

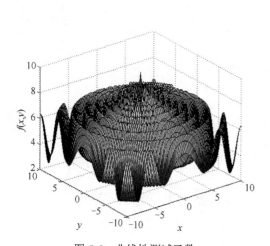

图 5-5　非线性测试函数

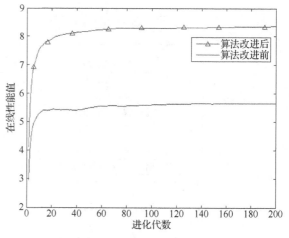

图 5-6　在线性能比较

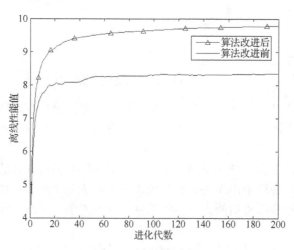

图 5-7　离线性能比较

5.3.2　基于人工免疫算法的 RBF 神经网络

由 RBF 神经网络基本原理可知,隐含层的传递函数对输入层的输入产生局部响应,即当输入靠近隐节点中心时,隐含层才产生较大输出。假定一个 n 维输入数据 $X_i=[x_1,x_2,\cdots,x_n]$ 为抗原,隐含层一个 n 维中心 $C_i=[c_1,c_2,\cdots,c_n]$ 为抗体,抗原与抗体的亲和力定义如下:

$$a_{ij}=\frac{1}{1+\|X_i-C_j\|}\quad(i=1,2,\cdots,N;\ j=1,2,\cdots,H)\qquad(5-21)$$

第 i 个数据中心 C_i 与第 j 个数据中心 C_j 之间的相似度定义如下:

$$s_{ij}=\frac{1}{1+\|C_i-C_j\|}\quad(i=1,2,\cdots,N;\ j=1,2,\cdots,H)\qquad(5-22)$$

所以,以人工免疫算法作为 RBF 神经网络训练方法,可以获得较优的数据中心和宽度参数,具体训练流程如图 5-8 所示,最后由伪逆矩阵法求得隐含层与输出层的连接权值,整个 RBF 神经网络便训练完毕[18]。

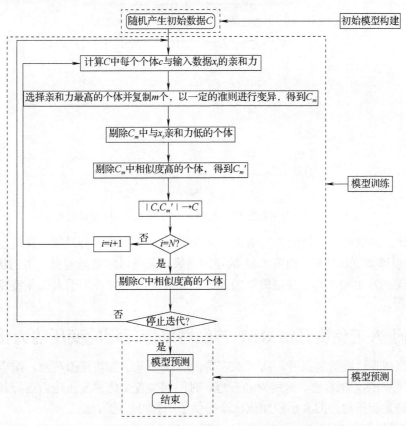

图 5-8　基于人工免疫算法的 RBF 神经网络训练流程

为了检验上述人工免疫算法优化 RBF 神经网络的效果,选取如下非线性函数进行测试:

$$f(x)=1.5x\cos^3(x)\quad(-4\leqslant x\leqslant 4)\qquad(5-23)$$

在[-4, 4]之间随机抽取 50 个样本作为训练输入,将其相对应的函数值作为训练输出,对 RBF 神经网络进行训练。再以 0.16 为步长在[-4, 4]之间均匀采样作为模型的预测输入样本,将其相对应的函数值作为预测输出样本,图 5-9~图 5-11 分别是 K-均值聚类和人工免疫算法两种不同训练方法下相关预测结果的比较。

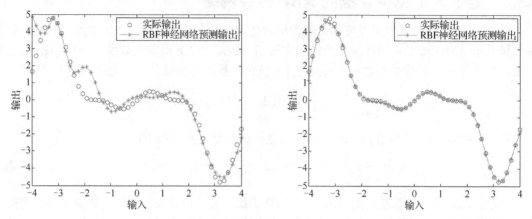

图 5-9　基于 K-均值聚类的 RBF 神经网络预测结果　　图 5-10　基于人工免疫算法的 RBF 神经网络预测结果

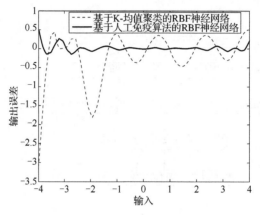

图 5-11　两种不同训练方法下 RBF 神经网络预测结果误差对比

通过对比上述非线性函数的预测结果可以看出，在训练 RBF 神经网络精度上，人工免疫算法比 K-均值聚类更加准确。由图 5-11 的预测结果误差可以定量地看出二者的优劣：K-均值聚类的最大误差为 1.82，人工免疫算法的最大误差只有 0.5516，基于人工免疫算法的训练方法优势明显[18]。

5.3.3　基于人工免疫算法 RBF 神经网络随行程的变压边力优化

源于板料成形过程的复杂性，从 5.3.3 节～5.3.5 节基于数值模拟技术，结合人工免疫算法和 RBF 神经网络近似模型，分别对随行程、时间和位置变化的变压边力进行具体的应用研究，从而为确定变压边力的大小和加载轨迹提供了一种可行的方法。

1. 方盒件模型建立

方盒是一种常见的拉深成形件，从外形上来看，基本上由直边和圆角两个变形区构成。由于成形过程中，板料圆角区与直边区存在相互作用与制约，这就导致其不同区域间存在受力分布不均匀、变形程度不均匀和变形速度不均匀，简单的恒定压边力不能较好地满足成形要求。

选取 NUMISHEET'93[19]标准考题中的方盒件作为成形研究对象，成形件尺寸如图 5-12 所示。

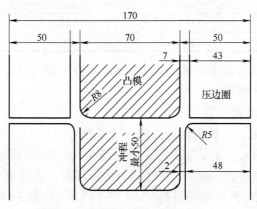

图 5-12　方盒件尺寸（单位：mm）

材料与工艺参数见表 5-1。

表 5-1　材料相关参数

参数	对应量
弹性模量 E/GPa	206
屈服强度 σ_s /MPa	167
泊松比 v	0.3
硬化指数 n	0.2589
各向异性系数 R_{00}、R_{45}、R_{90}	1.79、1.51、2.27
板料尺寸 $l \times b \times h$/(mm×mm×mm)	150×150×0.78

以 Dynaform 作为仿真软件，根据成形件的对称性，选取 1/4 模型作为研究对象，冲压行程为 50mm，冲压速度为 4000mm/s，选取四边形 BT 壳单元，应力‐应变关系为 $\sigma = 565.32(0.007117 + \varepsilon_p)^{0.2589}$（MPa），图 5-13 为 1/4 方盒件有限元模型。

成形板料流入量指标定义如图 5-14 所示[1]，仿真对比结果如表 5-2 所示。

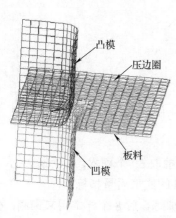

图 5-13　1/4 方盒件有限元模型

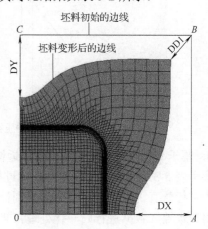

图 5-14　流入量指标

表 5-2　方盒件有限元仿真结果与试验结果对比

成形质量指标	DX/mm	DY/mm	DD1/mm
试验结果	28.64	28.45	15.94
仿真结果	27.567	27.862	16.237

由表 5-2 对比可知，仿真结果与试验结果基本一致，说明可以利用有限元仿真代替物理试验进行变压边力优化研究[1]。

2. 成形质量指标的确定

将冲压行程分成 5 段，对应的压边力输入变量为 x_1、x_2、x_3、x_4、x_5、x_6，四个不同冲压行程转变阶段变量为 x_7、x_8、x_9、x_{10}，然后依次用直线连接起来构成压边力加载轨迹。方盒件的主要成形缺陷为拉裂和起皱，为了提高成形质量，选取最大减薄值和最大增厚值作为成形质量指标，10 个成形变量的取值范围如表 5-3 所示[20]，图 5-15 为变压边力加载示意图。

表 5-3　变量取值范围

变量	范围
x_1 /kN	[4.9, 15]
x_2 /kN	[4.9, 15]
x_3 /kN	[4.9, 15]
x_4 /kN	[4.9, 15]
x_5 /kN	[4.9, 15]
x_6 /kN	[4.9, 15]
x_7 /mm	[0, 10]
x_8 /mm	[10, 20]
x_9 /mm	[20, 30]
x_{10} /mm	[30, 42]

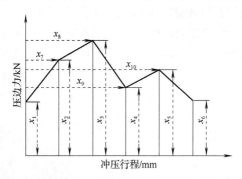

图 5-15　随冲压行程变化的变压边力加载轨迹

3. 基于 Dynaform 的数值模拟和近似模型建立

参考表 5-3 中的变量取值范围，通过拉丁超立方抽样抽取 50 个样本，依次输入 Dynaform 软件中进行仿真，根据仿真结果，分别计算出每次方盒件的成形质量指标。

将样本输入数据进行归一化处理，前 42 个样本用来训练，后 8 个样本用来预测，分别以 K-均值聚类和人工免疫算法作为训练方法，建立 RBF 神经网络近似模型。表 5-4 是基于人工免疫算法的 RBF 神经网络 8 个预测样本的预测结果，图 5-16 和图 5-17 是两种不同训练方法下模型预测结果相对误差的对比，通过对比可知，基于人工免疫算法的 RBF 神经网络模型的预测精度比较高，满足建模要求，可以对该模型进行优化[1]。

表 5-4　基于人工免疫算法的 RBF 神经网络预测结果

样本数	最大减薄值预测值	相对误差/%	最大增厚值预测值	相对误差/%
1	0.1734	3.18	0.1265	4.13
2	0.1749	3.46	0.1230	6.08
3	0.1786	7.59	0.1301	2.89
4	0.1874	1.85	0.1115	3.04
5	0.1703	0.15	0.1320	2.31
6	0.1524	2.3	0.1541	2.73
7	0.1715	2.54	0.1324	8.51
8	0.1996	3.12	0.1095	5.33

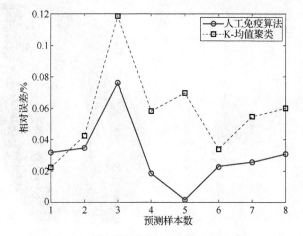

图 5-16　拉裂质量指标预测相对误差对比

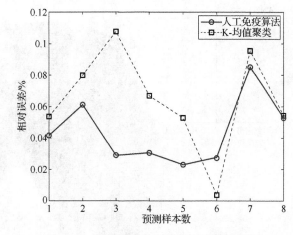

图 5-17　起皱质量指标预测相对误差对比

4．压边力的优化与比较

在方盒件拉深成形工艺参数优化中，以最大减薄值和最大增厚值作为成形质量指标，使用改进后的人工免疫算法对模型进行优化，经过反归一化处理后，得到六个阶段的压边力为 x_1=14983N，x_2=12473N，x_3=12457N，x_4=5078N，x_5=10689N，x_6=5099N，四个行程阶段为 x_7=5.61mm，x_8=10.17mm，x_9=29.85mm，x_{10}=30.05mm，与之对应的成形质量最大减薄值 y_1=0.196，最大增厚值 y_2=0.094。

为了验证上述优化结果的准确性，将优化所得的最优工艺参数值输入仿真软件，计算仿真结果：最大减薄值 y_1=0.207，最大增厚值 y_2=0.104，与优化结果基本一致。同时利用文献[19]中的试验数据进行仿真，求得最大减薄值 y_1=0.0674，最大增厚值 y_2=0.2483。在所保留的安全余量范围内，最大起皱量减少了 58.12%，图 5-18 和图 5-19 是方盒件成形优化前后的 FLD 对比。可以看出，采用优化后的最优变压边力参数，起皱得到了较好的抑制，方盒件成形质量得到了极大改善[1]。

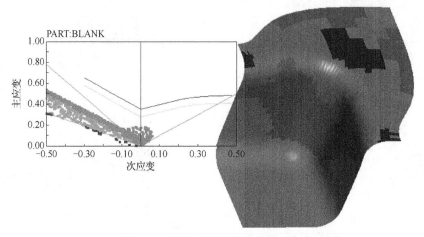

图 5-18　优化前方盒件成形的 FLD

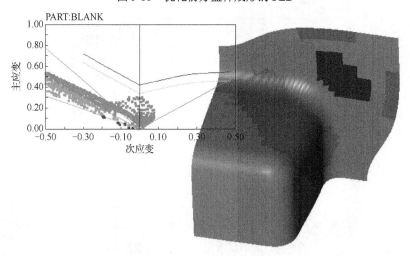

图 5-19　优化后方盒件成形的 FLD

5.3.4　基于人工免疫算法 RBF 神经网络随时间的变压边力优化

1. 成形质量指标的确定

将冲压时间分成 5 段，对应的压边力输入变量为 x_1、x_2、x_3、x_4、x_5、x_6，四个不同冲压时间转变阶段变量为 x_7、x_8、x_9、x_{10}，然后依次用直线连接起来构成压边力加载轨迹，压边力参照文献[20]进行选取，仍然以最大增厚值和最大减薄值作为成形质量指标。表 5-5 为 10 个成形变量的取值范围，图 5-20 为变压边力加载示意图。

表 5-5　变量取值范围

变量	范围
x_1 /kN	[4.9, 15]
x_2 /kN	[4.9, 15]
x_3 /kN	[4.9, 15]
x_4 /kN.	[4.9, 15]
x_5 /kN	[4.9, 15]
x_6 /kN	[4.9, 15]
x_7 /s	[0, 0.0026]
x_8 /s	[0.0026, 0.0052]
x_9 /s	[0.0052, 0.0078]
x_{10} /s	[0.0078, 0.0105]

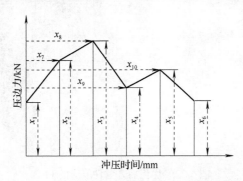

图 5-20　随冲压时间变化的变压边力加载轨迹

2. 基于 Dynaform 的数值模拟和近似模型建立

仍然以最大减薄值和最大增厚值作为成形质量指标，使用改进后的人工免疫算法对模型进行优化，经过反归一化处理后，得到六个阶段的压边力为 x_1=5796N，x_2=10738N，x_3=5151N，x_4=5043N，x_5=14801N，x_6=14843N，四个时间阶段为 x_7=0.002247s，x_8=0.003412s，x_9=0.006514s，x_{10}=0.009040s，与之对应的成形质量最大减薄值 y_1=0.159，最大增厚值 y_2=0.118。

为了验证上述优化结果的准确性，将优化所得的最优工艺参数值输入仿真软件，计算仿真结果最大减薄值 y_1=0.164，最大增厚值 y_2=0.123，与优化结果基本一致。同时利用文献[19]中的试验数据进行仿真，求得最大减薄值 y_1=0.0674，最大增厚值 y_2=0.2483。在所保留的安全余量范围内，最大起皱量减少了 50.46%，图 5-21 和图 5-22 是方盒件成形优化前后的 FLD 对比。可以看出，采用优化后的最优变压边力参数，起皱得到了较好的抑制，方盒件成形质量得到了极大改善[1]。

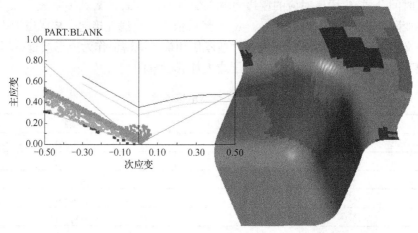

图 5-21　优化前方盒件成形的 FLD

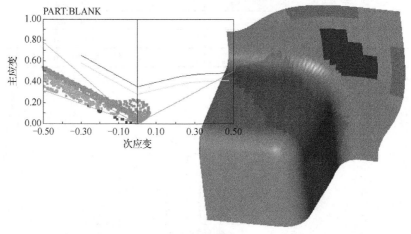

图 5-22　优化后方盒件成形的 FLD

5.3.5　基于人工免疫算法 RBF 神经网络的分块压边力优化

在拉深成形过程中，板料法兰区的厚度和面积都在不断变化，采用传统的整体压边方法，只能确保板料最厚的部分与压边圈接触[21]。这时，如果将压边圈划分为几部分，采用分块压边圈进行压边，就可增大板料与压边圈的有效接触面积，改善板料的压边情况，使成形更为合理。

1. S 梁分块压边有限元模型

以文献[22]中的 S 梁为研究对象，成形件形状较为复杂，由前述内容可知采用整体压边时，若工艺参数控制不合理，极易导致各部位变形不一致而产生严重起皱或拉裂等缺陷。针对这一问题，采用中心对称原理，将 S 梁压边圈划分为三部分，形成中心对称分块压边，有限元模型如图 5-23 所示[1]。

2.成形质量指标的确定

S 梁采用分块压边时,以每块压边圈上的恒定压边力大小 x_1、x_2 和 x_3 作为设计变量,选取最大减薄值和最大增厚值作为成形质量指标,其他工艺参数采用文献[23]中的试验标准值。

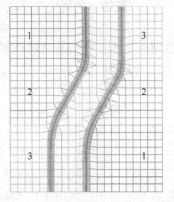

3.基于 Dynaform 的数值模拟和近似模型建立

在恒定加载条件下,依照既不起皱又不拉裂的原则,结合近似模型精度的要求,综合考虑选取压边力变量的取值范围为[100kN, 160kN],即 x_1、x_2、$x_3 \in [100\text{kN}, 160\text{kN}]$。通过拉丁超立方抽样抽取 50 个样本,依次输入 Dynaform 软件进行仿真,根据仿真结果,分别计算出每次 S 梁成形质量指标。

图 5-23　S 梁分块压边圈有限元模型

将样本输入数据进行归一化处理,前 42 个样本用来训练,后 8 个样本用来预测,分别以 K-均值聚类和人工免疫算法作为训练方法,建立 RBF 神经网络近似模型。表 5-6 是基于人工免疫算法的 RBF 神经网络 8 个预测样本的预测结果,图 5-24 和图 5-25 是两种不同训练方法下模型预测结果相对误差的对比,通过对比可知,基于人工免疫算法的 RBF 神经网络模型的预测精度比较高,满足建模要求,可以对该模型进行优化[1]。

表 5-6　基于人工免疫算法的 RBF 神经网络预测结果

样本数	最大减薄值预测值	相对误差/%	最大增厚值预测值	相对误差/%
1	0.1720	0.01	0.0176	3.44
2	0.1497	0.89	0.0196	3.41
3	0.1749	0.03	0.0161	0.83
4	0.1511	0.62	0.0182	1.04
5	0.1662	0.72	0.0185	2.39
6	0.1453	1.14	0.0208	3.80
7	0.1811	1.03	0.0134	3.98
8	0.1629	1.82	0.0091	1.26

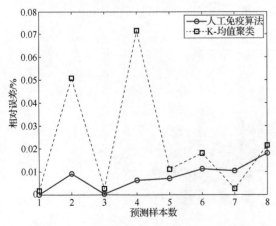

图 5-24　拉裂质量指标预测相对误差对比

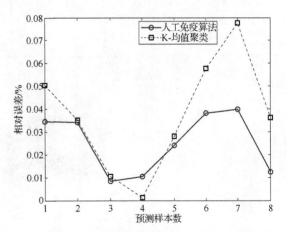

图 5-25　起皱质量指标预测相对误差对比

4．压边力的优化与比较

在 S 梁拉深成形工艺参数优化中，以最大减薄值和最大增厚值作为成形质量指标，使用改进后的人工免疫算法对模型进行优化，经过反归一化处理后，得到三个分块压边圈上的压边力分别为 x_1 =144630N，x_2 =125422N，x_3 =155631N，与之对应的成形质量最大减薄值 y_1 =0.167，最大增厚值 y_2 =0.016。

为了验证上述优化结果的准确性，将优化所得的最优工艺参数值输入仿真软件，计算仿真结果：最大减薄值 y_1 =0.165，最大增厚值 y_2 =0.016，与优化结果基本一致。同时利用文献[24]中的试验数据进行仿真，求得最大减薄值 y_1 =0.089，最大增厚值 y_2 =0.086。在所保留的安全余量范围内，最大起皱量减少了 81.40%，图 5-26 和图 5-27 是 S 梁成形优化前后的 FLD 对比。可以看出，采用优化后的最优变压边力参数，起皱得到了较好的抑制，S 梁成形质量得到了极大改善[1]。

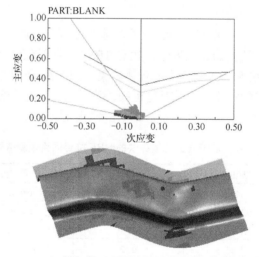

图 5-26　优化前 S 梁的 FLD

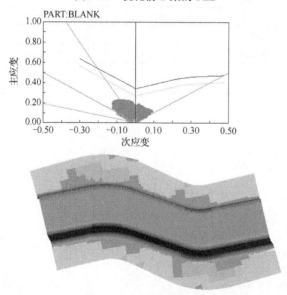

图 5-27　优化后 S 梁的 FLD

参 考 文 献

[1] 田银. 基于 RBF 神经网络的变压边力优化研究[D]. 成都：西南交通大学，2015.

[2] 熊文诚. 基于 RBF 神经网络的板料成形工艺优化研究[D]. 成都：西南交通大学，2017.

[3] XIE Y M, GUO Y H, ZHANG F, et al. An efficient parallel infilling strategy and its application in sheet metal forming[J].International journal of precision engineering and manufacturing, 2020, 21(8): 1479-1490.

[4] 龙腾，刘建，WANG G G，等. 基于计算试验设计与代理模型的飞行器近似优化策略探讨[J]. 机械工程学报，2016，52（14）：79-105.

[5] 王新宝. 基于改进 BP 神经网络模型的拉延筋参数反求优化研究[D]. 成都：西南交通大学，2014.

[6] CRESSIE N. The origins of kriging[J]. Mathematical geology, 1990, 22(3): 239-252.

[7] 谢延敏，张飞，潘贝贝，等. 基于并行加点 kriging 模型的拉延筋优化[J]. 机械工程学报，2019，55（8）：73-79.

[8] AHMETOGLU M A , ALTAN T, KINZEL G L. Improvement of part quality in stamping by controlling blank-holder force and pressure[J]. Journal of materials processing technology, 1992, 33(1/2): 195-214.

[9] 王东哲. 板料拉深成形变压边力理论和实验研究[D]. 上海：上海交通大学，2001.

[10] 罗亚军，郑静风，张永清，等. 板料拉深成形过程中的变压边力技术[J]. 锻压技术，2003，28（2）：21-24.

[11] HAVRANEK J. Wrinkling limiting of tapered pressing[J]. Australian institute of metals, 1975, 20(2): 114-119.

[12] YOSSIFON S, SWEENEY K, AHMETOGLU M, et al. On the acceptable blank-holder force range in the deep-drawing process[J]. Journal of materials processing technology, 1992, 33 (1/2): 175-194.

[13] 穆雪峰. 多学科设计优化代理模型技术的研究和应用[D]. 南京：南京航空航天大学，2004.

[14] 王永菲，王成国. 响应面法的理论与应用[J]. 中央民族大学学报（自然科学版），2005，14（3）：236-240.

[15] 朱大奇，史慧. 人工神经网络原理及应用[M]. 北京：科学出版社，2006.

[16] 焦李成，杜海峰，刘芳，等. 免疫优化计算、学习与识别[M]. 北京：科学出版社，2006.

[17] 谢延敏，田银，孙新强，等. 基于灰色关联的铝合金板拉深成形扭曲回弹工艺参数优化[J]. 锻压技术，2015，40（3）：25-31.

[18] 田银，谢延敏，孙新强，等. 基于人工免疫算法和 RBF 神经网络的板料成形变压边力优化[J]. 机床与液压，2015，43（7）：5-9, 27.

[19] 郑日荣. 基于欧氏距离和精英交叉的免疫算法研究[D]. 广州：华南理工大学，2004.

[20] DANCKERT J. Experimental investigation of a square-cup deep-drawing process[J]. Journal of materials processing technology, 1995, 50(1/2/3/4): 375-384.

[21] 谢延敏，于沪平，陈军，等. 基于灰色系统理论的方盒件拉深稳健设计[J]. 机械工程学报，2007，43（3）：54-59.

[22] 田银，谢延敏，孙新强，等. 基于鱼群 RBF 神经网络和改进蚁群算法的拉深成形工艺参数优化[J]. 锻压技术，2014，39（12）：129-136.

[23] 谢延敏，何育军，田银. 基于 RBF 神经网络模型的板料成形变压边力优化[J]. 西南交通大学学报，2016，51（1）：121-127.

[24] LEE S W, YOON J W, YANG D Y. Comparative investigation into the dynamic explicit and the static implicit method for springback of sheet metal stamping[J]. Engineering computations, 1999, 16 (3): 347-373.

第6章 基于代理模型的拉延筋优化设计

6.1 拉延筋数值模拟技术

由于板料冲压成形中冲压零件的几何尺寸越来越复杂，冲压成形缺陷更加难以控制。坯料的流动性不佳可能会造成坯料拉裂，而坯料流动过快则可能会造成压缩失稳而最终导致坯料起皱。因此，通常在凹模、压边圈上设置拉延筋，对坯料的流动速度和方向进行有效控制，这可以防止在成形过程中板料起皱以及减少压边力，并使制造零件所需的压边尺寸最小化。

传统的拉延筋设计主要依靠设计师的经验，为了获得理想的拉延筋阻力，在试模过程中需要不断地对拉延筋的几何参数进行调试，这是一个复杂的调试过程，这种方法耗时、耗力。随着试验理论和有限元法的发展，通过仿真调试的方式来设计拉延筋，不仅降低了模具的调试时间，节约了成本，并且可以为生产过程中拉延筋的布置提供指导。

You[1]描述了用于计算拉延筋约束力的数值模型，该模型使用弹塑性本构模型来描述材料的变化规律。由于在钣金穿过拉延筋时会发生弯曲、未弯曲和反向弯曲变形，因此考虑了与循环特性描述和包辛格效应相关的运动硬化本构定律。与试验相比，基于运动硬化材料模型的结果被证明比基于常规各向同性硬化材料模型的结果更好。

Vahdat 等[2]介绍了一种简单但非常有效的算法，用于无耳杯拉深的最佳拉延筋设计问题。该算法使用迭代过程来获得最佳的拉延筋轮廓。每次迭代都涉及有限元模拟，以根据拉延筋轮廓生成变形的形状。形状误差度量用于生成调整，这些调整用于下一次迭代修改拉延筋轮廓。通过圆形杯和方形杯两个测试问题证明了该算法的有效性，获得了最佳的拉延筋轮廓。

Bae 等[3]提出了一种基于模拟的预测模型，以预测钣金成形过程中拉延筋的约束力和法向力。通过改进的 DOE（试验设计）方法为等效拉延筋构建可靠的预测模型，该方法由 Box-Behnken 设计和简化的全因子设计组成。为了提高预测模型的准确性，在回归分析中根据设计变量的有效率对拉延筋力进行了归一化，然后通过二阶回归方程再次近似归一化拉延筋力。

国内高校在拉延筋有限元分析方面也进行了研究。邢忠文等[4]针对拉延筋的变形特点，开发了一种有限元软件来对圆形拉延筋中几何尺寸变化给拉延筋阻力带来的影响进行研究。

上海交通大学的叶又等[5]利用成形仿真软件 Dynaform，在保证宽度方向应变不变的条件下，研究了物体在拉伸超过弹性极限后的变形作用对圆形拉延筋的拉延筋阻力的影响，将仿真结果同单纯采用各向同性强化材料模型仿真得到的拉延筋阻力进行对比，得出前者预测精度更高的结论。

谢延敏等[6]利用水平集理论和 Kriging 模型，对镁合金差温成形中的压边圈结构进行了优化，并提出了一种伪拉延筋。该伪拉延筋可以起到与拉延筋类似的作用，从而对板料成形过程的材料流动进行控制。此外，还基于水平集理论和 Kriging 模型对该伪拉延筋进行了优化，结果表明，优化后的伪拉延筋能有效地提高成形件的减薄率均匀性。该方法为压边圈设计提供了一种有益的指导。

6.1.1 拉延筋几何模型

根据拉延筋本身的断面形状不同，可以分为半圆形筋、矩形筋、三角形筋和拉深槛[7]，其基本结构如图 6-1 所示。

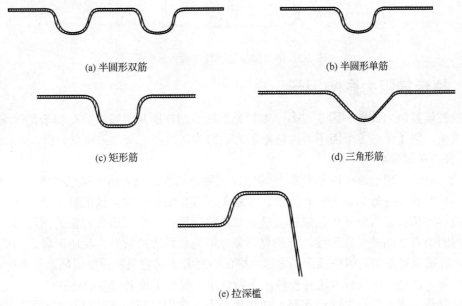

(a) 半圆形双筋　　　　　　　　　　　(b) 半圆形单筋

(c) 矩形筋　　　　　　　　　　　(d) 三角形筋

(e) 拉深槛

图 6-1 常用的拉延筋几何模型

（1）半圆形单筋适用于法兰流入量大时的拉深，修磨容易，便于调节拉延筋阻力。

（2）半圆形双筋适用于法兰流入量很大时的深拉深。为了控制筋的磨损，可加大筋槽圆角半径。但随着筋槽圆角半径的增加，拉延筋阻力减小，此时可以用增加筋的条数来弥补。

（3）矩形筋适用于法兰流入量少时的拉深或胀形，与半圆形筋相比，矩形筋能提供更强的拉延筋阻力。

（4）三角形筋一般用于胀形场合，为了抑制筋的磨损，材料完全没有流入。

（5）拉深槛适用于法兰流入量少时的拉深或胀形。在同样的圆角半径和高度下，拉深槛比矩形筋的拉延筋阻力要小，材料利用率较高。

最常用的拉延筋形式为半圆形和方形拉延筋[8]。以半圆形拉延筋为例，图 6-2 为半圆形拉延筋的截面几何图形，其中 R_g、R_b 分别是凹模和凸模的圆角半径。板料通过拉延筋时会在 1、3、5 处受力发生弯曲变形，在 2、4、6 处受力发生反弯曲变形。因此，板料会在凸筋和凹筋的共同作用下发生 6 次弯曲/反弯曲变形，不断地弯曲/反弯曲变形会导致材料发生塑性软化，即存在包辛格效应。拉延筋阻力主要包括凸筋和凹筋对板料施加的变形力与摩擦力。在对复杂形状车身覆盖件进行成形分析的过程中，合理地设置拉延筋会约束材料各个方向的流动，进而提高成形质量。

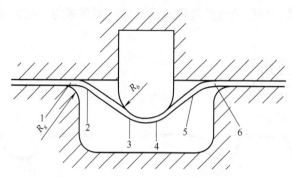

图 6-2　半圆形拉延筋几何截面示意图

6.1.2　拉延筋阻力影响因子

影响拉延筋阻力的影响因素很多，如拉延筋的凸凹模圆角半径、筋高和筋宽等均会影响拉延筋效果，为了评估各个因子对拉延筋阻力的影响，可利用灰色关联来分析。

1. 灰色关联分析

灰色关联分析理论最早由邓聚龙[9,10]提出，主要是利用已知的部分信息来预测未知的部分信息，从而对整体进行认识的一种方法。灰色关联分析由很少数据就能够建模，从而减少对试验次数等的依赖。灰色理论的宗旨就是在二维坐标系中，根据研究对象的曲线形状之间的距离来判断两者之间的关联程度，若研究对象之间的曲线距离很近，说明两者之间的关联程度很高，若研究对象之间的曲线距离很远，则说明两者之间的关联程度很低，甚至是无关联。

近些年，灰色关联分析理论与板料成形结合研究得到了越来越多的重视[11-16]。

板料参数与成形目标之间呈现高度非线性关系，它们之间的具体影响作用类似于"黑盒子"，而灰色关联分析对于求解这类问题有很大的优势。研究表明，将灰色关联分析的方法应用到冲压成形领域可以极大地降低板料产生缺陷的可能。拉延筋阻力与很多成形参数有关，但是这些参数对拉延筋阻力的影响程度目前尚不得而知，因此通过引入灰色关联分析理论的方法对影响拉延筋阻力数值大小的参数进行筛选，进而可以有助于缩短板料的设计周期。

基本计算框架为：设 $X_0 = x_0(k)$（$k = 1,2,\cdots,n$）为进行初值化处理后的矢量序列；$X_i = x_i(k)$（$k = 1,2,\cdots,n$；$i = 1,2,\cdots,m$）为成形目标的矢量序列；X_i 为输入矢量 X_0 对应的成形目标，在 k 点位置处的成形目标之间的灰色关联系数计算式为[17]

$$\psi_i = \frac{\min\limits_{i \in m} \min\limits_{k \in n} |x_0(k) - x_i(k)| + \rho \times \max\limits_{i \in m} \max\limits_{k \in n} |x_0(k) - x_i(k)|}{|x_0(k) - x_i(k)| + \rho \times \max\limits_{i \in m} \max\limits_{k \in n} |x_0(k) - x_i(k)|} \quad (6-1)$$

式中，ρ 为常数，通常取为 0.5；$\min\limits_{i \in m} \min\limits_{k \in n} |x_0(k) - x_i(k)|$ 为两极最小差；$\max\limits_{i \in m} \max\limits_{k \in n} |x_0(k) - x_i(k)|$ 为两极最大差。通过式（6-1）求解出灰色关联系数之后，目标序列与输入变量之间的关联度的计算公式为：$R_{i0} = \dfrac{1}{n} \sum\limits_{k=1}^{n} \lambda_k \psi_i(k)$，其中，$\lambda_k$ 为权重系数。

2. 拉延筋阻力影响因子的灰色关联分析

选取 Weidemann 模型求解拉延筋阻力[8]。考虑到实际生产要求，车身覆盖件板料的厚度区间通常为 0.7～1.7mm；以半圆形筋为例，影响拉延筋阻力的几何因素为凸凹模圆角半径、筋高和筋宽；摩擦因子区间为 0.1～0.2；压边力区间为 1.2～3kN；材料参数如表 6-1 所示[8]。

表 6-1　材料参数

材料	厚向系数	屈服强度/MPa	抗拉强度/MPa	真实应力/MPa	强度系数	硬化指数
低碳钢	1.55	181.75	326.8	0.41	556	0.21
高强度钢	0.92	329.75	601	0.25	950	0.16
铝合金	0.59	122.35	223	0.28	402	0.24

经过灰色关联分析计算，得到了不同影响因子与拉延筋阻力之间的关联度 R。表 6-2 为各个因子的关联度，从中可以看出，摩擦因子与拉延筋阻力的关联程度最高，其余因子的影响程度相仿，但是在实际生产中，变形时绝不允许板料在模具接触面上出现突起或磨损，并且在生产中板料的厚度和材料通常都是确定的，因此在对拉延筋进行仿真时可以不用考虑摩擦因子、板料厚度和材料的影响。综上所述，在实际生产和仿真调试过程中，应该通过调整单位长度下的拉延筋凸凹模半径、凸模压入深度（筋高）、筋长来获得理想的拉延筋阻力。这为拉延筋参数反求提供了合理的目标，鉴于此，本章中反求的拉延筋参数为单位长度下的拉延筋凸凹模半径、凸模压入深度和筋长[8]。

表 6-2　拉延筋阻力因子与拉延筋阻力的关联度[8]

水平	拉延筋阻力 F_d /kN	凸筋半径 R_b /mm	板料厚度 t /mm	摩擦因子 c	筋长 l /mm	凹筋半径 R_g /mm	筋高 h /mm	屈服强度 σ_s /MPa	筋宽 g /mm	压边力 F_b /kN
1	15.9	3	1.2	0	100	1	8	181.8	0.89	1.2
2	291.2	4	1.0	0.1	150	2	10	329.8	1	2
3	1245	5	0.8	0.2	200	3	11	122.3	1.12	3
R	1	0.71	0.66	0.81	0.72	0.742	0.701	0.71	0.69	0.73

6.2　改进的等效拉延筋阻力模型

基于试验方面的研究使得人们对拉延筋阻力有了深刻的认识，直接将实体拉延筋应用到模具仿真中，会极大地增加板料成形的仿真计算时间，因此等效拉延筋阻力模型应运而生。等效拉延筋阻力模型将拉延筋等效为一条直线，直接附着在凹模或者是压边圈上，这样会极大地减少仿真计算时间。其主要有 Weidemann 模型、Stoughton 模型和 Kluge 模型[8]。

Weidemann 模型的表达式比较简单，容易利用计算机编程实现。但是其存在一些缺点：没有考虑中性层的偏移，将材料认为是各向同性的；由于将凸凹模圆角半径直接认为是弯曲/反弯曲圆角半径，当拉延筋高度较小时，得到的拉延筋阻力可能与实际拉延筋阻力相差太多；弯曲角度不容易求得。

Stoughton 模型弥补了 Weidemann 模型中未考虑的因素，同时还考虑了压边圈上面施加的最小压边力的大小，弯曲部分的角度和半径均通过关系式求解。但是该模型的形式很复杂，不易编程实现，并且每一次的弯曲/反弯曲变形都需要重新计算弯曲角度和半径。

Kluge 模型的形式也较为简单，易于实现，但是考虑的因素较少，没有考虑压边圈的最小压边力。在计算时由于将圆角半径的数值直接认为是弯曲/反弯曲圆角半径的数值，当凸凹筋之间的闭合高度较小时，利用该模型计算得到的拉延筋阻力可能与实际拉延筋阻力相差太多。

此外，等效拉延筋阻力模型还存在很多的不足，主要表现为：要么形式简单，精度低；

要么形式复杂，难于实现。因此需要推导一种形式简单、易于编程实现并且预测精度较高的模型。

6.2.1　建模基本设定

计算拉延筋阻力时对板料参数和成形过程做以下假定[18]。

（1）单纯考虑切向和厚向上的应变变化。

（2）单纯考虑宽度方向上的应力变化。

（3）板料变形过程中中性层会发生偏移，每一个纤维层的中性层均位于其中间层处。

（4）板料经过幂次强化处理，应力-应变关系表达式为

$$\bar{\sigma} = K \left| \bar{\varepsilon} \right|^{n} \left[\frac{\overline{\varepsilon'}}{\varepsilon_0'} \right]^{m} \tag{6-2}$$

式中，$\bar{\sigma}$ 为等效应力；$\bar{\varepsilon}$ 为等效应变；$\overline{\varepsilon'}$ 为等效应变率；ε_0' 为准静态参考应变率；K 为材料强度系数；n 为硬化指数；m 为材料的应变速率敏感系数。

6.2.2　循环加载应力-应变关系

图 6-2 表明，当板料流经拉延筋时，会在模具作用下产生六次弯曲/反弯曲变形。当板料进入图 6-2 中的 1 点位置时，板料在凸凹筋的压力下会发生弯曲作用，弯曲后的板料经过一段平滑区后进入 2 点处的反弯曲变形区。1 点位置处板料中的切向应力和切向应变之间的函数关系式为[19]

$$\sigma_i = \pm f^{n+1} K \left| \overline{\varepsilon_i} \right|^{n} \left[\frac{\overline{\varepsilon_{1i}}}{\varepsilon_0} \right]^{m} \tag{6-3}$$

式中，σ_i 为切向应力；f 为与材料各向异性有关的系数；n 为硬化指数；K 为材料强度系数；$\overline{\varepsilon_i}$ 为等效切向应变；$\overline{\varepsilon_{1i}}$ 为等效应变；$\overline{\varepsilon_0}$ 为准静态参考应变；m 为材料的应变率敏感系数。当 $\overline{\varepsilon_i} > 0$ 时，公式前面的 ± 取 + ，反之取 − 。

当板料发生反弯曲变形时，进入循环加载阶段，即进入图 6-2 中的 2 点位置时，板料变形时的切向应力和切向应变之间的函数关系式为

$$\sigma_i = \sigma_{i-1} \pm f^{n+1} K \left| \overline{\varepsilon_i} - \overline{\varepsilon_{i-1}} \right|^{n} \left[\frac{\overline{\varepsilon_{1i}}}{\varepsilon_0} \right]^{m} \tag{6-4}$$

当 $\overline{\varepsilon_i} - \overline{\varepsilon_{i-1}} > 0$ 时，公式前面的 ± 取 + ，反之取 − 。

F_i 是第 i 次弯曲/反弯曲的切向力，每一次均按照韩利芬提出的循环加载应力-应变关系进行计算。假设板料流经拉延筋时的速度为 v，板料与凸凹筋弯曲接触的范围很小，R_i 为第 i 次弯曲处的工具圆角；θ 为弯曲角，长度假设为 Δl，并且 $\Delta l = R_i \theta / 10$，则等效应变率计算公式为 $\overline{\varepsilon_{1i}'} = f \left| \varepsilon_x \right| v / \Delta l$，式中，$\varepsilon_x$ 为切向应变。

6.2.3　包辛格效应的引入

板料循环加载必定会存在包辛格效应，如图 6-3 所示，板料弯曲过程中达到屈服强度极限时，即初始屈服强度极限点 σ_s，应力大小为 $f\sigma_s$。z 方向上假若有一个纤维层的切向应力达到图中 $\sigma_1(z)$，接着反弯曲变形后变成 $\sigma_2(z)$，那么 $\sigma_2(z) - \sigma_1(z) = 2f\sigma_s$。应力减弱系数为 $\eta = (2f\sigma_s - \sigma_1(z)) / \sigma_1(z)$。在这里，求解出每一个纤维层的应力减弱系数，并将所有的应力

减弱系数求平均值作为板料发生反弯曲时的应力减弱系数，其表达式为[19]

$$\eta_{av} = \frac{\int_{z_y}^{\frac{t}{2}} \eta(z)\mathrm{d}z}{\frac{t}{2} - z_y} \qquad (6\text{-}5)$$

式中，z_y 为选定纤维层发生屈服效应时在 z 方向上的坐标；t 为纤维厚度。

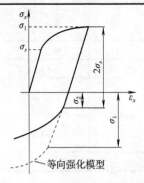

图 6-3 应力-应变等向强化模型

6.2.4 改进的等效拉延筋阻力模型验证

如图 6-2 所示，半圆形拉延筋的作用机理主要是六次弯曲/反弯曲变形过程中凸凹筋对板料进行作用，从而控制板料的流动速度，进而提高板料的成形质量。结合前面的分析，并同韩利芬提出的循环加载应力-应变关系结合而建立了拉延筋阻力总的计算关系式[8]：

$$F_d = \left[\left(\left(\frac{\mu F_e}{2} + F_1\right)\exp(\mu\theta) + \eta_2 F_2 + F_3\right)\exp(\mu\theta) + \eta_2 F_4 + F_5\right]\exp(\mu\theta) + \eta_3 F_6 + \frac{\mu F_e}{2} \qquad (6\text{-}6)$$

式中，F_i 为第 i 次弯曲/反弯曲切向力；η_i 为第 i 次反弯曲时板料总纤维层的平均应力减弱系数；μ 为摩擦系数；F_e 为表面屈服载荷。

根据前面推导出的公式，编辑计算机程序进行验证。目前通用的拉延筋阻力模型验证方法是将 Nine[20] 的经典试验中的材料参数代入等效拉延筋阻力模型中，通过计算获得拉延筋阻力，将计算得到的拉延筋阻力和 Nine 通过试验获得的拉延筋阻力数值进行对比来验证该阻力模型的可行性。

Nine 经典试验选取的材料参数如表 6-3 所示，其中板料凹凸模圆角半径为 $R_g = R_b = 5.5\mathrm{mm}$，圆形筋高度为 $h = R_g + R_b + t$，板料宽度 $w = 50\mathrm{mm}$，板料流经拉延筋的速度为 $v = 85\mathrm{mm/s}$。将材料参数代入等效拉延筋阻力模型，获得拉延筋阻力，并同 Nine 经典试验拉延筋阻力进行对比，如表 6-4 所示[8]。

表 6-3 Nine 经典试验材料参数

材料	屈服强度 σ_s /MPa	硬化指数 n	各向异性系数均值 r	弹性模量 E/GPa	材料的应变率敏感系数 m
沸腾钢	551	0.2	1.1	211	0.01
A-K 钢	516	0.23	1.6	211	0.02
2036-T4Al	643	0.25	0.68	70	0

表 6-4 拉延筋阻力模型的计算值与 Nine 经典试验数值对比

材料	板厚/mm	摩擦系数 μ	Nine 拉延筋阻力值/kN	等效拉延筋阻力值/kN	相对误差/%
沸腾钢	0.76	0	3.3	3.247	1.6
		0.07	4.1	4.328	5.7
		0.181	5.7	5.474	4
	0.86	0	3.3	3.771	14.3
		0	4.9	4.69	4.3

续表

材料	板厚/mm	摩擦系数μ	Nine 拉延筋阻力值/kN	等效拉延筋阻力值/kN	相对误差/%
沸腾钢	0.86	0.163	6.4	6.701	4.7
A-K 钢	0.76	0	3.3	3.42	3.6
	0.76	0.069	4.1	4.335	5.7
	0.86	0	3.7	3.629	1.9
	0.86	0.052	4.6	4.443	3.4
2036-T4Al	0.81	0	2.6	2.43	6.5

从表 6-4 可以看出，通过等效拉延筋阻力模型求得的作用力和 Nine 经典试验获得的拉延筋阻力之间的相对误差不大，满足工业生产的误差要求，用此等效模型求解拉延筋阻力合理。

6.3　基于改进 BP 神经网络代理模型的拉延筋参数反求

由于金属成形过程是一个存在接触非线性、材料非线性、边界非线性的高度非线性过程，采用代理模型并结合优化算法可以对拉延筋几何参数进行优化设计，但通常需要多次迭代并调整参数，导致收敛速度过慢。BP 神经网络可以对高度复杂的非线性函数进行拟合。但原始 BP 神经网络模型比较简单，对高度非线性几何问题的拟合精度较低，为此，本节将对 BP 神经网络进行改进，并将其应用于反求拉延筋几何参数，从而对实际生产提供指导。

6.3.1　改进 BP 神经网络代理模型

1. BP 神经网络

人工神经网络[21-23]是通过模拟人的神经元在人体神经网络中的传输作用而提出的一种仿生学算法。BP 神经网络是众多神经网络中的一种，它是在学习训练过程中依靠信息正向传播、误差反向修正而进行计算的一种神经网络求解方法。

BP 神经网络的输入到输出过程称为正向传递，输出反馈回输入则是学习过程。BP 神经网络结构示意图如图 6-4 所示。BP 神经网络的计算流程图如图 6-5 所示[8]。

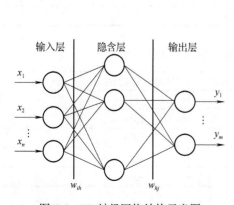

图 6-4　BP 神经网络结构示意图

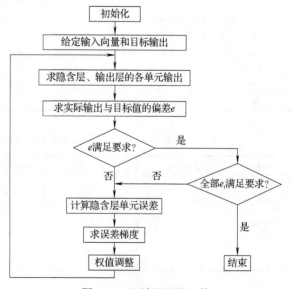

图 6-5　BP 神经网络运算

输入层到输出层的函数表达式为 $y_j = f\left(\sum\limits_{i=1}^{n} w_{ji}x_i - \theta_j\right)$，其中，$w$ 为神经元之间的权值，θ 为阈值，f 函数有如下几种。

1）阈值函数

$$f(v) = \begin{cases} 1 & (x \geq 0) \\ 0 & (x < 0) \end{cases} \tag{6-7}$$

2）线性函数

$$f(v) = \begin{cases} 1 & (x \geq 1) \\ A(1+x) & (-1 < x < 1) \\ 0 & (x \leq -1) \end{cases} \tag{6-8}$$

线性函数在这里起到了一个信号放大的作用，也就是说当数值从输入层到隐含层时或者是从隐含层到输出层时，若传递函数为线性函数，则数值放大一倍。

3）S 型函数

$$f(v) = \frac{1}{1 + \exp(-ax)} \tag{6-9}$$

S 型函数不存在凸变区，比较平滑，经常在非线性函数预测中使用。其中 a 主要用来调节 S 型函数的斜率。

4）双曲正切函数

$$f(v) = \frac{1 - \exp(-x)}{1 + \exp(-x)} \tag{6-10}$$

输入样本通过神经网络时采用的学习函数为正切 S 型函数，即 $f(x) = 1/(1 + e^{-ax})$。神经网络有很多种方法进行训练，训练过程主要通过修改不同层级之间的连接权值和阈值来进行，并将修改了的权值储存到网络中，然后通过权值和阈值更新获得新的权值和阈值，也就是说，神经网络的训练过程其实就是权值和阈值的动态修改过程。修改算法最常用的有以下几种。

（1）梯度下降法。

梯度下降法的函数表达式为

$$\begin{cases} w_{ij}(n+1) = w_{ij}(n) - \eta \dfrac{\partial E}{\partial w_{ij}(n)} \\ E = \dfrac{1}{2}\sum\limits_{j=1}^{M}(o_j - y_j)^2 \end{cases} \tag{6-11}$$

式中，o 为真实目标；y 为计算目标；E 为误差函数；η 为学习率；w 为连接权值。

（2）Hebb 学习策略。

Hebb 学习策略的主要生物学基础是：信息在神经元之间传递时，若相邻神经元的步调一致，那么两者处于兴奋状态，强度增强；若两者的步调不一致，则相邻神经元处于抑制状态，强度减弱。数学描述为

$$\Delta w_{kj}(n) = F(y_k(n), x_k(n)) \tag{6-12}$$

式中，y_k 和 x_k 为相邻的神经元。通常 $\Delta w_{kj} = \eta y_k(n) x_j(n)$，$\Delta w_{kj}$ 与 $y_k(n)$ 和 $x_j(n)$ 呈比例关系。

（3）Delta 学习规则。

假设 $y_k(n)$ 是 $x_k(n)$ 的对应输出值，$d_k(n)$ 为试验的实际输出，那么网络输出和实际输出的

差值即为误差值，$e(n) = d_k(n) - y_k(n)$。网络学习的目的就是使误差值的数值尽可能小，当网络传递函数和训练函数选定了之后，整个系统就成为一个使误差最小的优化函数，评价误差优化指标需要对误差值进行转换，神经网络采用均方差的形式进行评定：

$$J = E\left[\frac{1}{2}\sum_k e_k^2(n)\right] \tag{6-13}$$

式中，E 为期望值。对均方差进行细化，采用瞬时均方差来计算，即将 J 在时刻 t 用瞬时均方差 $\xi(t)$ 来表示，即

$$\xi(t) = \frac{1}{2}\sum_k e_k^2(t) \tag{6-14}$$

对瞬时均方差进行求导运算，以求取权值的极小值，则 $\Delta w_{kj} = \eta e_k^t x_j(t)$，其中 η 为学习步长。

2. BP 神经网络计算中的问题

如前所述，BP 神经网络存在诸多优点，国内外不少研究学者利用 BP 神经网络来解决工程实践中遇到的难题[24,25]，并在实际应用中不断地对 BP 神经网络的理论进行发展。随着 BP 神经网络的应用不断扩大，其也暴露出了越来越多的缺点和不足[8]，如下所述。

（1）BP 神经网络学习训练时，采用的是正向的信息传递算法和反向的信息更改策略进行求解，它实际上是梯度求解的方法，而不是最优化求解方法。进行求导运算会存在很多缺点，其中一个很重要的缺点就是导致目标值因为波动小而陷入局部最优，导致不能全局收敛。同时传递函数求解过程类似于爬山技术，从而使得其容易陷入局部最优位置。

（2）由于 BP 神经网络反向权值修正采用的是梯度下降法，采用这种方法对高度非线性函数进行优化时，容易在 0~1 区间出现半坦区。其主要表现形式为权值变化小，使得网络的学习训练终止；此外，对于梯度下降法每一步的求解运算，整个计算步长都需要代入网络计算中，从而使得计算的冗余度增大，降低了网络的收敛速度。

（3）BP 神经网络结构的选择具有一定的盲目性，其中隐含层节点数目以及隐含层数目的确定依靠于人的主观随意性。理论上说只要隐含层节点的数目足够多，都可以以任意精度逼近目标值，但是当隐节点数目很多时，也加大了整个神经网络的冗余度，使得网络的训练时间加长。

（4）工程问题与网络结构之间矛盾，当遇到样本特别多的工程问题时，BP 神经网络的结构与样本因子数目之间难以取舍，因子数目众多会导致神经网络结构变得复杂，训练时间变长且不易收敛；因子数目少，神经网络映射速度快，但是不能真实解决工程问题。

（5）BP 神经网络的学习训练过程直接影响网络预测的精度，当训练不足时，显然网络的预测精度也会很低，当训练超过一定次数时，预测精度就会出现"过度"问题，非但不能很好地预测网络输出，反而容易使得整个网络陷入局部困境。出现该现象的原因是样本因子的数量极大地超过了神经网络的映射能力，导致神经网络产生很大偏差。

3. 改进的 BP 神经网络模型

BP 神经网络在分类、聚类、预测等方面存在收敛速度慢、网络隐含层数目和单元数的选择不固定、易收敛到全局极小值等缺点，为了弥补这些缺点，做了以下改进[8]。

第一，引入正规化系数 λ。正规化修改策略为：当神经网络训练达到一定程度时，网络中的某些权值将会衰减到零，当其中某个隐节点修改后的权值衰减到零附近时，删除该隐节

点；当某个隐节点修改后的输入权值衰减到零附近时，将该隐节点的数值赋值给下一层隐节点。神经网络的权值 w_j 的调节公式为

$$w_j(k) = w_j(k-1) + \Delta w_j^1 + \lambda \Delta w_j^1 \tag{6-15}$$

式中，$\Delta w_j^1 = -\eta \dfrac{\partial E_{rr1}}{\partial w_j}$；$\Delta w_j^2 = -\dfrac{\dfrac{2w_j}{w_0^2}}{\left(1 + \dfrac{w_j^2}{w_0^2}\right)^2}$；$\partial E_{rr1}$ 为误差梯度；w_0 为初始权值。

正规化系数 λ 的动态修改策略为

$$\begin{cases} E(t) < E(t-1), \ \lambda(t) = \lambda(t-1) + \Delta\lambda \\ E(t) \geqslant E(t-1), \ E(t) < A(t), \ \lambda(t) = \lambda(t-1) - \Delta\lambda \\ E(t) \geqslant E(t-1), \ E(t) > A(t), \ \lambda(t) = \rho\lambda(t-1) \end{cases} \tag{6-16}$$

式中，$A(t)$ 为权值调整后的加权平均误差，其定义为：$A(t) = uA(t-1) + (1-u)E(t)$，其中 u 的数值在 1 附近波动；E 为网络的期望误差；ρ 为接近于 1 数值。

第二，考虑到对隐节点的冗余度进行修正，引入剪枝理论，在这里主要是通过计算各隐节点的灵敏度来实现的。不同隐节点位置处的 ρ_i 计算公式为

$$\begin{cases} \rho_h = \sum_k \sigma_k w_h o_h^k \\ \rho_j = \sum_k \sum_h \sigma_k w_h o_h^k (1 - o_h^k) w_{jh} x_j^k \end{cases} \tag{6-17}$$

式中，h 和 j 分为隐含层和输入层的节点；x_j^k 为第 k 个样本的第 j 个输入；o_h^k 为第 h 个隐节点对应的第 k 个样本的输出；w_{jh} 是第 j 个输入对第 h 个隐节点的连接权值；w_h 是第 h 个隐节点的输出权值；σ_k 是第 k 个样本对应的神经网络映射数值。一般在工程应用中灵敏度数值起伏较大，为了获得稳定的灵敏度的估计值，需要将节点位置处的灵敏度进行归一化处理，并求取平均值：$\overline{\rho_i} = \dfrac{1}{L}\sum_{k=1}^{L} \rho_i(t-k)$，标准差为：$V_i = \sqrt{\dfrac{1}{L-1}\sum_{k=1}^{L}\left[\rho_i(t-k) - \overline{\rho_i}\right]^2}$；当 $\overline{\rho_i}$ 和 V_i 均比较小的时候，即 $V_i + \left|\overline{\rho_i}\right| < \beta_0$ 时删除该点，其中 L 为窗口长度，β_0 为预设阈值。将修正后的 Skeletonization 方法应用在二层 BP 神经网络中，并对该神经网络进行剪枝处理。BP 神经网络的输入样本点到隐含层的传递函数采用单极性 Sigmoidal 激活函数，而隐含层到输出层则采用线性激活函数。其计算步骤如下。

（1）确定学习速率、最大训练次数、窗口长度和预设阈值 β_0。

（2）采用标准 BP 神经网络对各个层之间的连接权值和阈值进行训练。

（3）将网络参数代入式（6-17）中求解隐节点或者样本节点的灵敏度 ρ_i。

（4）求解设定的时间内隐节点或者样本节点归一化处理后的灵敏度的平均值和标准差。

（5）若计算得到的网络误差小于规定误差，且每一个节点 i 的 $\overline{\rho_i} + V_i$ 值最小，并同时满足 $\overline{\rho_i} + V_i < \beta_0$，那么删除该节点，否则转向步骤（1）。

（6）若网络训练次数超过规定的训练次数，则结束神经网络的计算，否则转向步骤（2）。

6.3.2　拉延筋阻力样本

采用 NUMISHEET'93 标准考题中的翼子板模型作为研究模型[26]。板料的厚度为 0.7mm，

板料的几何形状如图 6-6 所示，图中数字 1～5 代表着 5 条拉延筋，图 6-7 代表的是翼子板板料的几何尺寸，板料的材料参数如表 6-5 所示[23]。

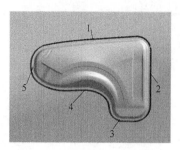

图 6-6　翼子板的几何形状

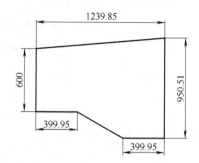

图 6-7　翼子板板料的几何尺寸（单位：mm）

表 6-5　翼子板材料参数

弹性模量/GPa	泊松比	屈服应力/MPa	硬化指数	摩擦系数	各向异性系数
207	0.28	330	650	0.125	1.023

选取图 6-6 中的 5 条拉延筋的拉延筋阻力大小作为映射模型中每一组的输入样本，为了能够使选择的样本尽可能大地代表样本在整个空间的分布，即"满空间"作用，需要一种合理的样本选择模型。试验设计的形式有多种，目前常用的有均匀设计、部分或全因子设计、Box-Behnken 设计以及中心复合因子设计等[27,28]。在这些试验设计中，每一次迭代中，因子结构需要重新设计，而之前的因子结构不会被后面的因子所继承，因此为了使取样更加合理，就不得不增加样本的数量。拉丁超立方设计（LHD）[29]可以将前一步的因子继承到下一步，这是因为拉丁超立方设计采用随机取样，即使下一轮取样空间会变小，也依然能将前一步的因子遗传到下一步从而满足取样的随机性。采用拉丁超立方设计进行样本选取可以极大地减少样本数量，从而使仿真时间缩短。

拉丁超立方设计理论为：将设计空间均匀地分成 n 等份，在每一个设计区间内随机地进行抽样，这样会有 n 个取样值。随即从某一个变量的 n 个取样值中选择一个，假若有 m 个变量，那么从每一个变量中选取一个取样值，就可以构成一个试验设计点。之后从第一次选取剩下的取样值中再取一个，按照同样的方法从其余剩余的变量中选取一个取值构成另外一个试验设计点，依次进行抽样，最终会构成 m 个试验设计点。

从数学角度来看，假设 $(F_1,\cdots,F_d)$ 为分布函数，$(x_1,\cdots,x_d)$ 为设计变量。x_{ij}（$i=1,\cdots,n$；$j=1,\cdots,d$）是第 j 个变量的第 i 个样本点。$\boldsymbol{p}=(p_{ij})$ 为 $n\times d$ 矩阵，r_{ij} 为 $n\times d$ 的矩阵中元素为 [0, 1] 的随机数值。拉丁超立方 x_{ij} 定义为

$$x_{ij}=F^{-1}\left[\frac{1}{n}(p_{ij}-r_{ij})\right] \tag{6-18}$$

p_{ij} 决定 x_{ij} 的区间范围，而 r_{ij} 决定区间范围内部的位置。假定所有的分布函数均为均匀分布，由于拉丁超立方设计在每一个设计区间内都是随机取样的，为了让选取的样本点尽可能地反映整个变量组的特征，必须使选取的样本组尽可能地分布于整个空间范围。

以图 6-6 中的五条拉延筋为代理模型的输入变量，利用拉丁超立方取样获得五条拉延筋的阻力值。取值前，首先建立好翼子板的成形仿真模型、板料的材料参数、冲压条件等，如表 6-5 所示。进行几次成形仿真以确定这五条拉延筋阻力的样本空间，经过试验可大体上将这五条拉延筋的取值空间设定为[8]：第一条拉延筋取值空间为[100N, 250N]；第二条拉延筋取

值空间为[90N, 400N]；第三条拉延筋取值空间为[90N, 400N]；第四条拉延筋取值空间为[90N, 250N]；第五条拉延筋取值空间为[100N, 350N]。在每一条拉延筋的取值空间中利用模拟退火算法优化拉丁超立方取样获得的样本，如表 6-6 所示[8]。

表 6-6　拉延筋阻力样本点　　　　　　　　（单位：N）

拉延筋组数	第 1 条	第 2 条	第 3 条	第 4 条	第 5 条
第 1 组	197.1	99.8	348.0	162.1	198.9
第 2 组	147.6	275.6	349.0	94.6	250.5
第 3 组	153.4	337.5	163.0	91.8	296.3
第 4 组	109.7	176.4	325.1	151.9	306.6
第 5 组	239.3	237.2	198.8	187.6	128.4
第 6 组	117.0	190.5	207.2	183.4	341.4
第 7 组	186.3	251.3	326.1	126.6	115.9
第 8 组	116.8	334.3	240.5	198.3	190.2
第 9 组	156.2	363.3	133.5	200.5	177.6
第 10 组	122.0	317.8	246.2	144.3	295.2
第 11 组	139.0	251.4	92.1	220.4	295.7
第 12 组	212.3	350.8	199.4	160.5	104.9
第 13 组	103.1	252.1	307.7	208.1	152.1
第 14 组	136.7	306.1	321.7	165.1	130.7
第 15 组	222.0	146.3	199.3	156.0	278.9
第 16 组	167.5	161.8	107.9	208.0	296.3
第 17 组	131.8	116.2	235.2	200.3	324.2
第 18 组	234.5	278.6	216.2	116.5	194.9
第 19 组	136.2	120.2	318.2	180.0	216.6
第 20 组	151.4	253.0	307.2	97.4	315.3

6.3.3　拉延筋参数反求优化

1. 改进的 PSO-BP 神经网络模型验证

利用模拟仿真软件 Dynaform 对通过拉丁超立方获得的拉延筋阻力样本点（表 6-6）进行成形模拟仿真，每一组进行一次，共进行 20 次仿真，仿真结束后获得成形质量指标（即成形目标）。以成形仿真后获得的板料最大厚度与最小厚度与板料原来厚度的差值作为成形目标，获得了最大增厚值和最大减薄值，其对应数值如表 6-7 所示[8]。

表 6-7　拉延筋阻力对应的成形目标值

成形目标	1	2	3	4	5	6	7	8	9	10
最大增厚值	0.162	0.165	0.175	0.145	0.157	0.149	0.162	0.171	0.179	0.169
最大减薄值	0.113	0.102	0.111	0.101	0.128	0.089	0.129	0.099	0.113	0.09
成形目标	11	12	13	14	15	16	17	18	19	20
最大增厚值	0.157	0.168	0.145	0.162	0.162	0.158	0.146	0.170	0.142	0.158
最大减薄值	0.120	0.136	0.099	0.116	0.126	0.117	0.105	0.124	0.101	0.101

通过改进的 PSO（粒子群优化）-BP 神经网络模型建立了拉延筋阻力与最大增厚值和最

大减薄值之间的映射模型[30]。以前 15 组等效拉延筋阻力及其对应的成形目标值作为训练样本，以后 5 组等效拉延筋阻力及其对应的成形目标值作为验证样本。为了验证改进模型会提高函数的预测精度，重新利用原始 PSO-BP 神经网络模型进行训练，获得后 5 组的成形预测目标值，并同仿真试验值的结果进行对比。预测值如表 6-8 所示，图 6-8 和图 6-9 显示了两预测模型之间对起皱和拉裂成形目标值预测的相对误差[8]。

表 6-8　两模型精度预测对比

仿真试验值		改进的 PSO-BP 神经网络模型		相对仿真值误差/%		PSO-BP 神经网络模型		相对仿真值误差/%	
起皱	拉裂	起皱	拉裂	起皱	拉裂	起皱	拉裂	起皱	拉裂
0.158	0.117	0.149	0.120	5.7	2.6	0.177	0.129	12.0	10.3
0.146	0.105	0.153	0.101	4.8	3.8	0.129	0.091	11.6	13.3
0.170	0.124	0.172	0.126	1.2	1.6	0.182	0.130	7.1	4.8
0.142	0.101	0.145	0.103	2.1	2.0	0.154	0.114	8.5	12.9
0.158	0.101	0.160	0.105	1.3	4.0	0.174	0.111	10.1	9.9

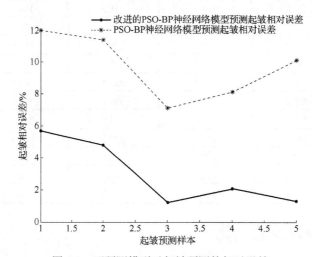

图 6-8　两预测模型对起皱预测的相对误差

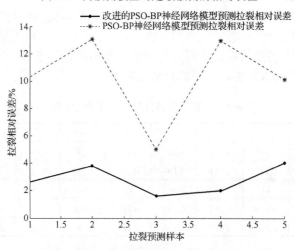

图 6-9　两预测模型对拉裂预测的相对误差

从图 6-8 和图 6-9 中可以看出，改进的 PSO-BP 神经网络模型要比 PSO-BP 神经网络模型对起皱和拉裂成形目标的预测相对误差小，可见采用该模型进行映射操作的精度会得到提高。

2．基于改进的 PSO-BP 神经网络模型拉延筋阻力反求

改进的 PSO-BP 神经网络模型建立后，五条拉延筋阻力和成形目标值之间为两个非线性方程式。两个方程式的优化目标是使得最大增厚值和最大减薄值最小，从而使得板料通过拉延筋之后厚度的变化最小。对多目标函数进行优化求解是采用基于拥挤距离的粒子群算法[31]来进行的，通过计算求取目标值的非劣解（Pareto）前沿。获得的 Pareto 前沿如图 6-10 所示[8]。

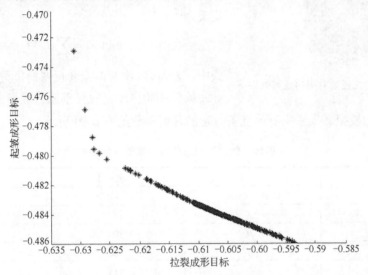

图 6-10　起皱、拉裂非劣解前沿

从一系列非劣解中选取一组最优的拉延筋阻力值作为获得理想翼子板所需要的拉延筋阻力数值。这里采用灰色关联分析方法来选取最优的一组非劣解。其实现方法是：首先利用粒子群算法对单个成形目标进行优化，这样可以分别获得起皱和拉裂对应的最大增厚值和最大减薄值最小时的等效拉延筋阻力数值，然后将获得的两列拉延筋阻力值与多目标优化后获得的 Pareto 前沿值进行灰色关联分析，关联度最大的 Pareto 前沿即为需要的最优非劣解。表 6-9 为对起皱和拉裂单独映射模型优化后的五条拉延筋归一化后的数值[8]。

表 6-9　五条拉延筋归一化后的数值

拉延筋	1	2	3	4	5
拉裂目标	−0.998	−0.986	0.986	0.995	0.994
起皱目标	0.998	0.907	−0.991	−0.968	−0.969

将表 6-9 中的结果与 Pareto 前沿关联可以得到关联程度最大的 Pareto 解，并对其进行反归一化处理，则对应的拉延筋阻力数值为：230.66、129.59、328.784、137.784、137.497、271.205，单位是 N。将得到的最优解代入成形仿真软件 Dynaform 中，其成形效果如图 6-11[8]所示。

从成形效果图 6-11 中可以看出，翼子板整体不存在起皱区域，只有周边板料会起皱，但是这部分在实际生产中要切除，因此成形效果比较理想。

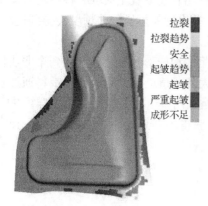

图 6-11　优化后的拉延筋对应的成形效果图

3. 拉延筋几何参数反求

利用代理模型可对拉延筋几何参数进行反求[32-34]。板料流经拉延筋时会在凸凹筋作用下产生六次弯曲/反弯曲边形,如果拉延筋的几何尺寸不合理,就有可能导致板料因为过度变形而厚度变化很大,可能会使板料在后续的成形过程中失效。因此拉延筋几何参数的设定应该使板料厚度的变化量最小,评价指标定义为[8]

$$\min J_2 = \sum_{i=1}^{6} (t_i - t_0)^2$$

式中,t_i 为第 i 次弯曲或者反弯曲位置处板料的厚度;t_0 为板料初始厚度。拉延筋阻力模型采用前面推导的等效拉延筋阻力模型。反求得到的五条拉延筋几何参数如表 6-10 所示。

表 6-10　优化后的五条拉延筋的几何参数

拉延筋	几何尺寸		
	凹筋半径/mm	凸筋半径/mm	凸筋压入深度/mm
1	2.6	11.7	7.4
2	3.9	10.1	6.8
3	3.1	8.8	7.5
4	4.0	13.8	10.61
5	2.9	13.0	9.83

利用绘图软件 UG 依据五条拉延筋的几何参数绘制实体拉延筋。板料参数和成形参数等均和等效拉延筋阻力模型的设置相同,采用成形仿真软件 Dynaform 进行仿真,图 6-12 为采用实体拉延筋时的成形效果图[8],图中翼子板的主体没有起皱和拉裂,边缘区域的起皱部分在成形之后要切除,因此其成形效果比较理想,符合工厂的生产要求。

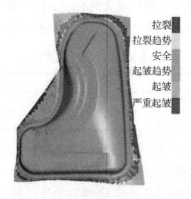

图 6-12　实体拉延筋成形效果图

参 考 文 献

[1] YOU Y. Calculation of drawbead restraining forces with the Bauschinger effect[J]. Proceedings of the institution of mechanical engineers, Part B: Journal of engineering manufacture, 1998, 212(7): 549-553.

[2] VAHDAT V, SANTHANAM S, CHUN Y W. A numerical investigation on the use of drawbeads to minimize ear formation in deep

drawing[J]. Journal of materials processing technology, 2006, 176(1/2/3): 70-76.

[3] BAE G, HUH H, PARK S. A simulation-based prediction model of the restraining and normal force of draw-beads with a normalization method[J]. Metals and materials international, 2012, 18(1): 7-22.

[4] 邢忠文, 杨玉英, 郭刚. 薄板冲压成形中的拉伸筋阻力及其影响因素研究[J]. 模具工业, 1994, 20（4）: 30-33.

[5] YE Y, PENG Y H, RUAN X Y. Calculation of drawbead restraining forces associated with kinematics hardening rule[A]//Simulation of materials processing: theory, methods and applications[C]. Leiden : A Balkema Publishers, 1998: 905-910.

[6] 谢延敏, 岳跃鹏, 冯美强, 等. 基于水平集理论和 Kriging 模型的镁合金差温成形伪拉延筋设计及优化[J]. 机械工程学报, 2020, 56（12）: 92-98.

[7] 杨玉英. 大型薄板成形技术[M]. 北京: 国防工业出版社, 1996.

[8] 王新宝. 基于改进 BP 神经网络模型的拉延筋参数反求优化研究[D]. 成都: 西南交通大学, 2014.

[9] 邓聚龙. 灰理论基础[M]. 武汉: 华中科技大学出版社, 2002.

[10] DENG J L. Introduction to grey system theory[J]. The journal of grey system, 1989, 1(3): 1-24.

[11] 谢延敏. 基于 Kriging 模型和灰色关联分析的板料成形工艺稳健优化设计研究[D]. 上海: 上海交通大学, 2007.

[12] 谢延敏, 于沪平, 陈军, 等. 基于灰色系统理论的冲压成形稳健设计[J]. 上海交通大学学报, 2007, 41（4）: 596-599.

[13] 谢延敏, 于沪平, 陈军, 等. 基于灰色系统理论的方盒件拉深稳健设计[J]. 机械工程学报, 2007, 43（3）: 54-59.

[14] 胡成亮, 刘全坤, 王强, 等. 基于灰色关联和模糊逻辑的齿轮锻模多目标优化设计[J]. 中国机械工程, 2007, 18（14）: 1739-1742.

[15] XIE Y M, YU H P, CHEN J, et al. Application of grey relational analysis in sheet metal forming for multi-response quality characteristics[J]. Journal of Zhejiang University(Science A: An international applied physics & engineering journal), 2007, 8(5): 805-811.

[16] 谢延敏, 王智, 胡静, 等. 基于数值仿真和灰色关联分析法的高强钢弯曲回弹影响因素分析[J]. 重庆理工大学学报（自然科学版）, 2012, 26（3）: 51-55, 59.

[17] 李大永, 胡平, 李运兴, 等. 拉伸筋阻力的一种简便解析模型[J]. 机械工程学报, 2000, 36（5）: 46-49.

[18] BRESSAN J D, WILLIAMS J A. The use of a shear instability criterion to predict local necking in sheet metal deformation[J]. International journal of mechanical sciences, 1983, 25(3): 155-168.

[19] 谢延敏, 王新宝, 乔良, 等. 一种等效拉延筋阻力模型及其应用[J]. 工程设计学报, 2014, 21（2）: 124-128.

[20] NINE H D. Drawbead forces in sheet metal forming//Mechanics of sheet metal forming[M]. Boston: Springer, 1978.

[21] 张青贵. 人工神经网络导论[M]. 北京: 中国水利水电出版社, 2004.

[22] 王旭, 王宏, 王文辉. 人工神经元网络原理与应用[M]. 2 版. 沈阳: 东北大学出版社, 2007.

[23] 王新宝, 谢延敏, 乔良, 等. 基于鱼群 BP 神经网络的板料成形分块压边力优化[J]. 中国机械工程, 2014, 25（18）: 2527-2531.

[24] 胡建军, 秦大同, 杨为. 神经网络的 BP 算法在发动机建模中的应用[J]. 重庆大学学报（自然科学版）, 2004, 27（7）: 18-20.

[25] 杨立宏, 钱耀义, 李国良. 人工神经网络技术用于发动机点火和喷油联合控制[J]. 车辆与动力技术, 2001,（2）: 26-30.

[26] 熊文诚. 基于 RBF 神经网络的板料成形工艺优化研究[D]. 成都: 西南交通大学, 2017.

[27] 方开泰. 均匀试验设计的理论、方法和应用: 历史回顾[J]. 数理统计与管理, 2004, 23（3）: 69-80.

[28] WANG G G, SHAN S. Review of metamodeling techniques in support of engineering design optimization[J]. Journal of mechanical design, 2007, 129(4): 370-380.

[29] MCKAY M D, BECKMAN R J, CONOVER W J. A comparison of three methods for selecting values of input variables in the analysis of output from a computer code[J]. Technometrics, 2000, 42(1): 55-61.

[30] 王新宝, 谢延敏, 王杰, 等. 基于改进 PSO-BP 的拉延筋参数反求优化[J]. 锻压技术, 2014, 39（4）: 10-15.

[31] RAQUEL C R, NAVAL P C. An effective use of crowding distance in multiobjective particle swarm optimization[C]. Genetic and Evolutionary Computation Conference, Washington, 2005: 257-264.

[32] 谢延敏, 王新宝, 王智, 等. 基于灰色理论和 GA-BP 的拉延筋参数反求[J]. 机械工程学报, 2013, 49（4）: 44-50.

[33] XIE Y M, XIONG W C, ZHUO D Z, et al. Drawbead geometric parameters using an improved equivalent model and PSO-BP neural network[J]. Proceedings of the institution of mechanical engineers, Part L: Journal of materials: Design and applications, 2016, 230(4): 899-910.

[34] 谢延敏, 唐维, 黄仁勇, 等. 基于 SA-RBF 神经网络的冲压成形拉延筋优化[J]. 西南交通大学学报, 2017, 52（5）: 970-976, 993.

第 7 章 基于代理模型的扭曲回弹分析与补偿

7.1 回 弹 概 述

薄板冲压成形是一个复杂的非线性过程，包含接触碰撞、摩擦磨损、大位移、大转动和大变形、弹塑性变形等现象。这些复杂的物理现象使得成形件的设计精度和质量控制难度大大增加，成形件冲压完成后出现难以控制的缺陷。薄板冲压成形主要的质量缺陷有起皱、拉裂和回弹，其中回弹是最难预测和控制的，这是因为冲压件的最终形状取决于成形后的回弹量，当回弹量超过工艺设计允许的误差后，会增大后续的装配等其他工艺的难度，造成整体制造装配质量的下降，而回弹量的准确预测与成形件的形状、成形工艺参数以及板料的性能等众多因素相关，这使得回弹缺陷难以控制[1, 2]。

近年来，为了满足汽车的安全性、经济性和环保性等要求，汽车车身的高强度、轻量化等在汽车工业的发展中发挥着重要作用。而提高汽车车身强度并且降低汽车车身重量的一个重要措施就是选用不同的制件材料。例如，目前的汽车前纵梁外板、发动机盖板等覆盖件都大量使用高强度钢薄板和铝合金薄板等板料来替代传统的低碳钢板料[3]。然而，高强度钢薄板和铝合金薄板等板料的性能不同于一般的碳钢，这两类板料冲压获得的成形件与一般的碳钢相比有更大的回弹量，使得回弹问题更加突出[4]，直接影响到成形件的尺寸精度和形状精度等质量问题，进而影响到后续的加工定位和装配质量等工艺问题，并且可能出现过大的残余应力，导致成形件在外力卸载后出现扭曲现象，影响零件的可靠性等问题[5]。

为了适应汽车高强度、轻量化的趋势，减少成形件的缺陷，制造出精度、质量更高的成形件，板料冲压成形计算机仿真技术得以推广应用。在冲压成形计算机仿真技术中，采用有限元软件模拟板料冲压成形的拉深、修边以及回弹等过程，能够有效地模拟实际生产，同时可以根据计算结果预测成形件存在的缺陷，并通过有限元分析，多次修改冲压条件，对成形过程不断完善，以避免实际生产设计中不断试模造成的模具精度降低甚至损坏，减少物理试模和修模的次数，为企业带来巨大的经济效益，提升其竞争实力[6, 7]。

目前控制回弹的主要方法还是依靠经验对模具进行调试，经过反复的修模，使成形后的零件满足精度要求[8]。由于制造汽车零件的时间要求比较短，依赖操作者经验的传统"试错法"增加了模具开发周期和成本。随着计算机技术的发展和有限元理论的不断完善，利用计算机进行成形过程的数值模拟，不但可以预测板料的成形缺陷，缩短新产品的开发周期，而且可以借助模拟结果解决冲压件的回弹补偿问题[9, 10]。

7.2 回 弹 机 理

7.2.1 回弹机理分析

在冲压成形过程中，板料发生塑性变形的同时伴有弹性变形，当外力卸载后，塑性变形被保留下来而弹性变形完全消失，导致零件的形状及尺寸发生变化而与模具不一致的现象叫做回弹。回弹的表现形式有开口回弹、卷曲回弹和扭曲回弹等，其中以扭曲回弹最难控制和克服，扭曲回弹机理的研究也一直是困扰学术界的难题。

材料模型对于回弹仿真精度有很大影响，从塑性力学角度出发，一个完整的材料模型应该包括三个方面：描述应力-应变关系的流动方程、判断材料是否进入塑性屈服的屈服准则以及定义后继屈服面变化轨迹的硬化模型。有研究表明，硬化模型对回弹仿真精度的影响比屈服准则和流动方程的影响要大[11-14]。因此，准确的硬化模型对提高回弹预测精度尤为重要。

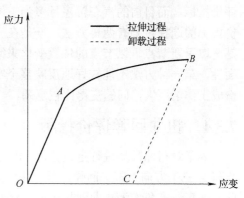

回弹是由于弹性应力释放所产生的不可避免的物理现象，材料应力-应变关系如图 7-1 所示。整个过程可分为两个部分：拉伸过程和卸载过程，从 O 点沿 OAB 到达 B 点为拉伸过程，从 B 点沿 BC 到达 C 点为卸载过程。这个过程中 OA 为弹性变形部分，AB 为塑性变形部分。卸载之后，塑性变形被保留下来而弹性变形完全消失，尽管每一点的塑性变形很小，但在弯曲部位或曲线部位会导致零件形状发生明显的变化而产生回弹现象[1]。

图 7-1　回弹机理示意图

7.2.2　扭曲回弹机理

扭曲回弹是回弹的一种表现形式，高强度材料冲压成形后的应力较大，应力释放时导致零件发生扭曲。零件扭曲是局部几何特征所引起的，但会导致整个零件的变形，并且在后续工序中难以校正。

在实际冲压零件中，由于回弹后法兰与侧壁平面内的残余应力（σ_1、σ_2 和 σ_3、σ_4）不平衡，零件上形成了一对不平衡的扭转力矩（T_1 和 T_2），这对不平的扭转力矩导致零件一端相对于另一端产生扭转，如图 7-2 所示。除回弹后残余应力不平衡会产生一对不平衡的扭转力矩之外，板料的位置放置不准确、润滑不均匀、表面处理不均衡、压边力不均衡、拉延筋磨损或破坏，都会导致零件一边的材料进入量、应变以及弹性应变同另一边有较大的差异[15]，从而产生不平衡的扭转力矩。这些力在宏观上表现为扭转力矩，导致零件发生扭曲而产生扭曲回弹现象[16-18]。

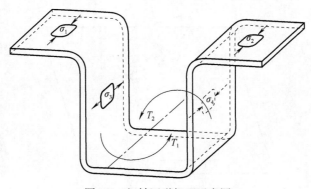

图 7-2　扭转回弹机理示意图

7.3　基于渐变圆角半径凹模的扭曲回弹补偿研究

回弹的评价指标用来衡量冲压件回弹后的形状与设计形状之间的误差的大小。而解决回弹问题的根本方法是进行模面修正，使得成形件回弹后的形状尺寸达到预期精度。而对模面进行修正就必须要选择合适的回弹评价指标。以往回弹评价指标的研究主要集中在二维截面上，相对比较简单，一般以回弹角 $\Delta\alpha$、曲率变化量 ΔK 或者弯曲半径变化量 ΔR 作为回弹的评价指标。而目前的汽车覆盖件多为三维复杂曲面冲压件，曲面形状相对比较复杂，回弹评价指标的选择主要有两种方法：一是在三维复杂件上选取截面，将问题转化为二维回弹；二是选取重要节点，以节点的位置变化来衡量回弹前后的变化。但是这两种方法均有一定的片面性，第一种方法不能较好地反映整个零件的回弹情况，第二种方法往往要选取多个节点，造成工作量巨大，问题变得比较复杂。

7.3.1　扭曲回弹评价指标

为了对扭曲回弹进行定量分析，需要确定扭曲回弹的评价指标。双 C 梁冲压成形后在 X、Y 和 Z 三个方向上都有回弹，且扭曲回弹是三维空间中的变换，基于此，提出了以三维空间两异面直线夹角作为扭曲回弹评价指标的方法[19]。

如图 7-3 所示，L_1 和 L_2 分别为不同平面 α 和 β 内的直线，A'、B' 为直线 L_1 上两点，C'、D' 为直线 L_2 上两点。L_1' 是直线 L_1 在平面 γ 内的平行线，且与直线 L_2 相交于点 O。

若已知 $A'(x_1,y_1,z_1)$，$B'(x_2,y_2,z_2)$，$C'(x_3,y_3,z_3)$，$D'(x_4,y_4,z_4)$，则有

$$\overrightarrow{A'B'}=(x_2-x_1,y_2-y_1,z_2-z_1) \tag{7-1}$$

$$\overrightarrow{C'D'}=(x_4-x_3,y_4-y_3,z_4-z_3) \tag{7-2}$$

$$\overrightarrow{A'B'}\cdot\overrightarrow{C'D'}=\left|\overrightarrow{A'B'}\right|\left|\overrightarrow{C'D'}\right|\cdot\cos\theta \tag{7-3}$$

$$\cos\theta=\frac{\overrightarrow{A'B'}\cdot\overrightarrow{C'D'}}{\left|\overrightarrow{A'B'}\right|\left|\overrightarrow{C'D'}\right|}=\frac{(x_2-x_1)(x_4-x_3)+(y_2-y_1)(y_4-y_3)+(z_2-z_1)(z_4-z_3)}{\sqrt{(x_2-x_1)^2+(y_2-y_1)^2+(z_2-z_1)^2}\sqrt{(x_4-x_3)^2+(y_4-y_3)^2+(z_4-z_3)^2}} \tag{7-4}$$

$$\theta=\arccos\left(\frac{(x_2-x_1)(x_4-x_3)+(y_2-y_1)(y_4-y_3)+(z_2-z_1)(z_4-z_3)}{\sqrt{(x_2-x_1)^2+(y_2-y_1)^2+(z_2-z_1)^2}\sqrt{(x_4-x_3)^2+(y_4-y_3)^2+(z_4-z_3)^2}}\right) \tag{7-5}$$

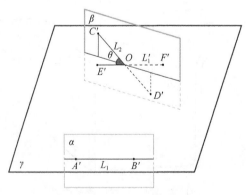

图 7-3　三维空间两异面直线夹角

7.3.2　回弹补偿方法

高强度钢双 C 梁冲压成形后的应力分布如图 7-4 所示。由图可知，在双 C 梁侧壁处，应力分布呈现出两端较大、中间较小的变化趋势。这种现象主要是由板料经过凹模顶部圆角部位时拉延程度不均匀造成的，由于零件各个部位的拉延程度不均匀，很容易出现扭曲回弹现象。有研究表明[20, 21]，增加模具圆角半径减小了该方向的流动阻力，可以提高成形性能，减小模具圆角半径，可以增加该方向的流动阻力。为了减小双 C 梁冲压成形后的扭曲回弹，根据应力分布的整体趋势，提出一种对凹模圆角半径进行渐变设计的方法以对双 C 梁扭曲回弹进行补偿研究[19]。

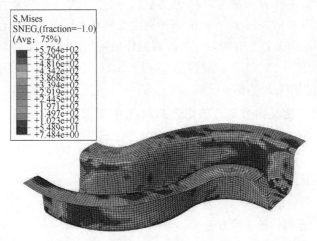

图 7-4　高强度钢双 C 梁冲压成形后的应力图（单位：MPa）

以凹模顶部圆角为研究对象（图 7-5），可将其划分为四个区域：1、2、3 和 4。区域 1 为等圆角半径区域，即区域 1 左端圆角半径与右端圆角半径相等（$R_{1左}$=$R_{1右}$）。区域 2 为渐变圆角半径区域，圆角半径由左端到右端逐渐减小（$R_{2左} \rightarrow R_{2右}$），且区域 2 左端圆角半径与区域 1 右端圆角半径相等（$R_{2左}$=$R_{1右}$）。区域 3 为渐变圆角半径区域，由左端到右端逐渐增大（$R_{3左} \leftarrow R_{3右}$），且区域 3 左端圆角半径与区域 2 右端圆角半径相等（$R_{3左}$=$R_{2右}$）。区域 4 为等圆角半径区域，左端圆角半径与右端圆角半径相等（$R_{4左}$=$R_{4右}$），且区域 4 左端圆角半径与区域 3 右端圆角半径相等（$R_{4左} = R_{3右}$）。

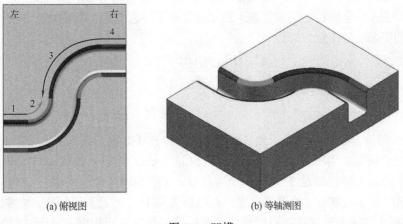

(a) 俯视图　　　　　　　　　　　(b) 等轴测图

图 7-5　凹模

为便于研究凹模顶部圆角半径的变化对于回弹的影响，根据模具设计手册[22]，将区域 2 右端圆角半径 $R_{2右}$ 与区域 3 左端圆角半径 $R_{3左}$ 确定为 6mm，即 $R_{2右} = R_{3左} = 6\,\text{mm}$。若再确定出区域 2 左端圆角半径 $R_{2左}$ 与区域 3 右端圆角半径 $R_{3右}$，即能确定出凹模顶部圆角半径的大小。

7.3.3 拉丁超立方抽样

拉丁超立方抽样是一种特殊的多维分层抽样方法，广泛应用于工程实际中。该方法中，抽样点的分布具有均匀性，能够很快速地实现收敛，其基本理论如下。

假设 K 维随机变量 $\boldsymbol{X}$ 的各个元素的概率分布函数为 F_i（$i = 1, 2, \cdots, K$）。向量 $\boldsymbol{X}$ 的各元素相互独立，对每个元素进行 N 次抽样，x_{jk} 为第 k（$k = 1, 2, \cdots, K$）个元素的第 j（$j = 1, 2, \cdots, N$）次抽样的值。定义 $N \times K$ 的矩阵 $\boldsymbol{P}$，$\boldsymbol{P}$ 的每一列由数列 $\{1, 2, \cdots, N\}$ 中各元素的随机排列组成。令随机变量 ξ_{jk} 服从区间 $[0, 1]$ 上的均匀分布，则抽样后得到的结果为[23]

$$x_{jk} = F_k^{-1}[(p_{jk} - 1 + \xi_{jk}) / N] \tag{7-6}$$

式中，p_{jk} 为 $N \times K$ 的矩阵 $\boldsymbol{P}$ 的第 j 行第 k 列元素。

设存在函数 $h(x)$，定义函数 $h(x)$ 的均值 $E(h(x))$ 的无偏估计为

$$\hat{h} = \sum_{j=1}^{N} h(x_j) / N \tag{7-7}$$

则简单随机抽样时的无偏估计 $\hat{h}$ 的方差为

$$D(\hat{h}) = D(h(x)) / N \tag{7-8}$$

拉丁超立方抽样时的无偏估计 $\hat{h}$ 的方差为

$$D(\hat{h}) = D(h(x)) / N + (N - 1)\text{cov}(h(x_{1n}), h(x_{2n})) / N \tag{7-9}$$

7.3.4 蚁群算法

蚁群算法是一种源自大自然生物世界的仿真进化算法，是由意大利学者 Dorigo、Maniezzo 和 Colorin 等通过模拟自然界中蚂蚁集体的寻径行为而提出的一种基于种群的启发式随机搜索算法[24]。随着国内外学者的研究，蚁群算法已在智能优化等领域表现出了强大的生命力。

基本蚁群算法可以描述如下[25]：在算法的初始时刻，将 M 只蚂蚁随机地放到 N 座城市，同时，将每只蚂蚁的禁忌表 tabu 的第一个元素设置为它当前所在的城市。此时各路径上的信息素量相等，设 $\tau_{ij}(0) = c$（c 为一个较小常数），接下来，每只蚂蚁根据路径上残留的信息素量和启发式信息（两座城市之间的距离）独立地选择下一座城市，在时刻 t，蚂蚁 k 从城市 i 转移到城市 j 的概率 $p_{ij}^{k}(t)$ 为

$$p_{ij}^{k}(t) = \begin{cases} \dfrac{[\tau_{ij}(t)]^{\alpha} \cdot [\eta_{ij}(t)]^{\beta}}{\displaystyle\sum_{s \in J_k(i)} [\tau_{is}(t)]^{\alpha} \cdot [\eta_{is}(t)]^{\beta}} & (j \in J_k(i)) \\ 0 & (\text{其他}) \end{cases} \tag{7-10}$$

式中，$J_k(i) = \{1, 2, \cdots, N\} - \text{tabu}_k$ 表示允许蚂蚁 k 下一步选择的城市集合。禁忌表 tabu_k 记录了蚂蚁 k 当前走过的城市。当所有 N 座城市都加入禁忌表 tabu_k 中时，蚂蚁 k 便完成了一次周游，此时蚂蚁 k 所走过的路径便是 TSP 的一个可行解。式（7-10）中的 η_{ij} 是一个启发式因子，表示蚂蚁从城市 i 转移到城市 j 的期望程度，在蚁群算法中，η_{ij} 通常取城市 i 与城市 j 之间距离的倒数；α 和 β 分别表示信息素和期望启发式因子的相对重要程度。当所有蚂蚁完成一次周

游后，各路径上的信息素根据式（7-11）更新：

$$\tau_{ij}(t+N) = (1-\rho) \cdot \tau_{ij}(t) + \Delta\tau_{ij} \qquad (7\text{-}11)$$

$$\Delta\tau_{ij} = \sum_{k=1}^{m} \Delta\tau_{ij}^{\;k} \qquad (7\text{-}12)$$

式中，$\rho(0<\rho<1)$ 表示路径上信息素的蒸发系数，$1-\rho$ 表示信息素的持久性系数；$\Delta\tau_{ij}$ 表示本次迭代中边 ij 上的信息素增量；$\Delta\tau_{ij}^{\;k}$ 表示蚂蚁 k 在本次迭代中留在边 ij 上的信息素量。如果蚂蚁 k 没有经过边 ij，则 $\Delta\tau_{ij}^{\;k}$ 的值为零，$\Delta\tau_{ij}^{\;k}$ 可表示为

$$\Delta\tau_{ij}^{\;k} = \begin{cases} \dfrac{Q}{L_k} & (\text{蚂蚁}k\text{在本次周游中经过边}ij) \\ 0 & (\text{其他}) \end{cases} \qquad (7\text{-}13)$$

式中，Q 为正常数；L_k 表示蚂蚁 k 在本次周游中所走过路径的长度。

蚁群算法实际上是正反馈原理和启发式算法相结合的一种算法。在选择路径时，蚂蚁不仅利用了路径上的信息素，而且用到了城市间距离的倒数作为启发式因子，不仅增加了算法的可靠性，也使得算法的搜索能力更强。蚁群算法的运算流程如图 7-6 所示，其中初始化参数分别设置为[1]：循环次数 $N_c=0$，最大迭代次数 $G=200$。

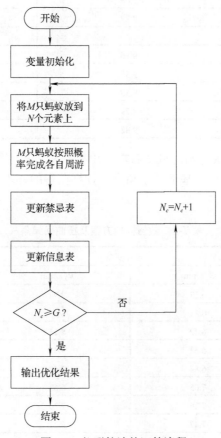

图 7-6　蚁群算法的运算流程

7.3.5　基于响应面法和蚁群算法的凹模圆角半径渐变设计

根据模具设计手册[22]，区域 2 左端圆角半径 $R_{2左}$ 与区域 3 右端圆角半径 $R_{3右}$ 的取值范围分别设定为：$R_{2左}$ =[6mm, 10mm]，$R_{3右}$ =[6mm,10mm]，采用拉丁超立方抽样方法，随机抽取 20 组样本，抽样结果如表 7-1 所示。

表 7-1　拉丁超立方抽样结果

试验序号	设计变量	
	$R_{2左}$/mm	$R_{3右}$/mm
1	6.13	9.97
2	6.21	8.95
3	6.42	8.11
4	6.63	9.37
5	6.84	7.68
6	7.05	6.63
7	7.26	7.26
8	7.47	6.21
9	7.68	8.53
10	7.89	7.05
⋮	⋮	⋮
16	9.16	7.47
17	9.37	6.42
18	9.58	8.32
19	9.79	6.15
20	9.82	7.89

以区域 2 左端圆角半径 $R_{2左}$ 与区域 3 右端圆角半径 $R_{3右}$ 作为设计变量，以扭曲回弹角 θ_3 作为响应值来表征回弹量的大小。基于拉丁超立方抽样获得的样本，数值模拟方案及扭曲回弹角如表 7-2 所示。

表 7-2　数值模拟方案及扭曲回弹角

试验序号	设计变量		扭曲回弹角 θ_3 /（°）
	$R_{2左}$/mm	$R_{3右}$/mm	
1	6.13	9.97	1.437
2	6.21	8.95	1.247
3	6.42	8.11	1.389
4	6.63	9.37	1.779
5	6.84	7.68	1.326
6	7.05	6.63	1.532
7	7.26	7.26	1.984
8	7.47	6.21	1.325
9	7.68	8.53	1.916
10	7.89	7.05	2.053
⋮	⋮	⋮	⋮

续表

试验序号	设计变量		扭曲回弹角 θ_3 / (°)
	$R_{2左}$/mm	$R_{3右}$/mm	
16	9.16	7.47	1.711
17	9.37	6.42	1.574
18	9.58	8.32	2.121
19	9.79	6.15	1.368
20	9.82	7.89	2.463

基于所得样本，建立的响应面模型为

$$\theta_3 = -319.57 + 83.38x_1 + 35.89x_2 - 3.54x_1x_2 - 8.43x_1^2 \\ - 2.63x_2^2 + 0.19x_1^2x_2 + 0.02x_1x_2^2 + 0.28x_1^3 + 0.10x_2^3 \tag{7-14}$$

式中，x_1 代表 $R_{2左}$；x_2 代表 $R_{3右}$。

为了评价响应面模型的可信度，利用决定系数 R^2 和调整系数 R_{adj}^2 对响应面模型进行评估。经过计算，决定系数 R^2 为 0.9812，调整系数 R_{adj}^2 为 0.9675，即上述响应面模型具有较高的可信度。

基于上述响应面模型，结合蚁群算法得到最优解，即当 $R_{2左}$ =6.29mm、$R_{3右}$ =8.48mm 时，扭曲回弹角 θ_3 有最小值 θ_{min} =1.220°。为便于加工，故将圆角半径圆化取整，即 $R_{2左}$ =6.3mm、$R_{3右}$ =8.5mm，补偿后的凹模如图 7-7 所示，凹模顶部圆角半径大小如图 7-7（a）所示。基于补偿后的凹模进行冲压成形和扭曲回弹的仿真，回弹结束后利用式（7-5）计算扭曲回弹角，扭曲回弹角为 1.231°，比补偿前减小了 23.8%[1]。

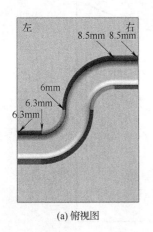 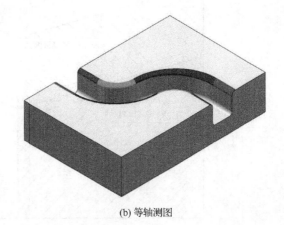

(a) 俯视图　　　　　　　　　　　　　(b) 等轴测图

图 7-7　补偿后的凹模

7.4　压边圈表面宏观织构设计及其对扭曲回弹的影响

7.4.1　压边圈表面纵向织构设计

为便于定义，做如下规定：平行于 X 轴方向为横向，平行于 Y 轴方向为纵向。纵向织构压边圈如图 7-8 所示，其中 W_1 表示压边圈表面织构宽度值，D_1 表示压边圈表面织构深度值，压边圈表面可分为与板料接触和未与板料接触两个区域，如图 7-9 所示。未与板料接触区域的流动阻力减小，应变减小，导致变形后的应力减小，与未采用织构压边圈相比，压边圈表面整体阻力增大。有研究表明[26]，当压边圈表面织构深度值大于 1mm 时，将会出现起皱现象，为防止冲压成形过程中的失稳，压边圈表面织构深度值取为 1mm，各参数具体取值大小如表 7-3 所示，基于双 C 梁有限元模型，利用 ABAQUS 动力显式求解器模拟冲压成形过程，运用隐式求解器模拟扭曲回弹。

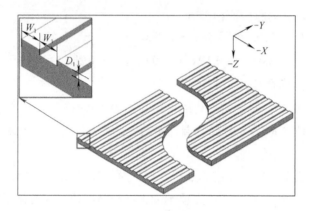

图 7-8　纵向织构压边圈

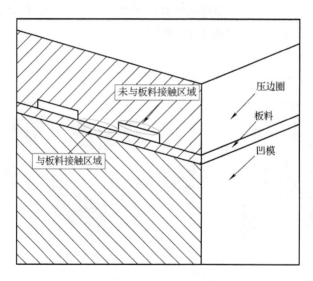

图 7-9　压边圈表面与板料接触示意图

表 7-3　纵向织构压边圈的参数取值大小

宽度值 W_1/mm	2	4	6	8	10
深度值 D_1/mm	1				

基于不同宽度值的纵向织构压边圈，回弹结束后，利用式（7-5）计算扭曲回弹角，补偿前后扭曲回弹角的变化趋势如图 7-10 所示。

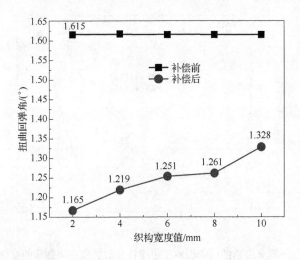

图 7-10 不同宽度值的纵向织构压边圈补偿前后扭曲回弹角的变化趋势图

7.4.2 压边圈表面横向织构设计

基于 7.4.1 节纵向织构压边圈的扭曲回弹补偿分析,同理可分析横向织构压边圈。横向织构压边圈如图 7-11 所示,其中 W_2 表示压边圈表面织构宽度值,D_2 表示压边圈表面织构深度值,具体取值大小如表 7-4 所示。

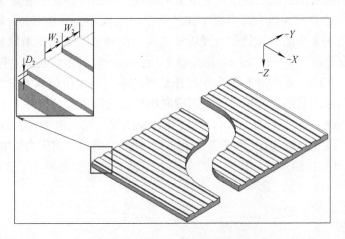

图 7-11 横向织构压边圈

表 7-4 横向织构压边圈参数取值大小

宽度值 W_2/mm	2	4	6	8	10
深度值 D_2/mm			1		

基于不同宽度值的横向织构压边圈,回弹结束后,利用式(7-5)计算扭曲回弹角,补偿前后扭曲回弹角的变化趋势如图 7-12 所示。

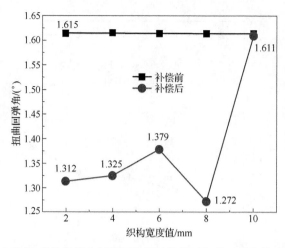

图 7-12　不同宽度值的横向织构压边圈补偿前后扭曲回弹角的变化趋势图

7.4.3　综合补偿法

由 7.3.5 节可知，对凹模圆角半径进行渐变设计时，当 $R_{2左}$=6.29mm、$R_{3右}$=8.48mm 时，扭曲回弹角有最小值 1.220°。为便于加工，将 $R_{2左}$ 确定为 6.3mm，$R_{3右}$ 确定为 8.5mm，补偿后扭曲回弹角为 1.231°，比补偿前减小了 23.8%。

由 7.4.1 节和 7.4.2 节可知，对压边圈表面进行宏观织构设计，基于纵向织构压边圈时，扭曲回弹角的大小随着压边圈表面织构宽度值的增加而增加，并在宽度值 W_1 为 2mm、深度值 D_1 为 1mm 时，扭曲回弹角有最小值 1.165°，比补偿前减小了 27.9%。基于横向织构压边圈时，扭曲回弹角的大小随着压边圈表面织构宽度值的增加呈现出先增加后减小然后再增加的变化趋势，并在宽度值 W_1 为 8mm、深度值 D_1 为 1mm 时，扭曲回弹角有最小值 1.272°，比补偿前减小了 21.2%。通过比较纵向织构压边圈与横向织构压边圈的扭曲回弹角最小值可知，采用纵向织构压边圈进行补偿时比采用横向织构压边圈进行补偿时效果更好[1]。

结合 $R_{2左}$=6.3mm、$R_{3右}$=8.5mm 的渐变圆角半径凹模与宽度值 W_1 为 2mm、深度值 D_1 为 1mm 的纵向织构压边圈时，有限元模型如图 7-13 所示，回弹后的应力图如图 7-14 所示[1]，运用式（7-5）计算扭曲回弹角，扭曲回弹角为 1.072°，比补偿前减小了 33.6%。

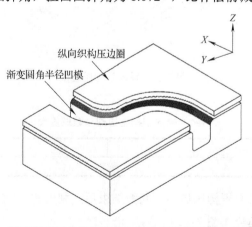

图 7-13　基于渐变圆角半径凹模与纵向织构压边圈的有限元模型

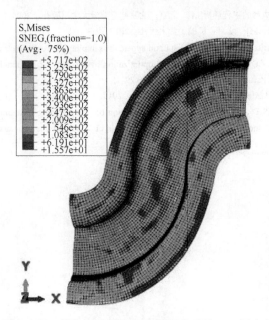

图 7-14　基于渐变圆角半径凹模与纵向织构压边圈回弹后的双 C 梁应力图（单位：MPa）

参 考 文 献

[1] 黄仁勇. 高强钢冲压成形过程中的扭曲回弹及补偿研究[D]. 成都：西南交通大学，2018.

[2] 林忠钦，等. 汽车板精益成形技术[M]. 北京：机械工业出版社，2009.

[3] 迈利克 P K，等. 汽车轻量化：材料、设计与制造[M]. 于京诺，宋进桂，梅文征，等，译. 北京：机械工业出版社，2012.

[4] 谢延敏，孙新强，田银，等. 基于改进粒子群算法和小波神经网络的高强钢扭曲回弹工艺参数优化[J]. 机械工程学报，2016，52（19）：162-167.

[5] MERKLEIN M, GEIGER M. New materials and production technologies for innovative lightweight constructions[J]. Journal of materials processing technology, 2002, 125/126: 532-536.

[6] 郑玲. 板料冲压成形仿真技术的应用研究[J]. 机电信息，2013，（9）：99，101.

[7] 施法中. 板料冲压成形过程的计算机仿真[J]. 中国机械工程，1998，9（11）：70-71.

[8] 卓德志，谢延敏，熊文诚，等. 基于偏差调节法的蠕变时效成形回弹补偿研究[J]. 工程设计学报，2016，23（6）：553-557.

[9] 邓秋香. 基于 AutoForm 的前壁板成形回弹及回弹补偿的数值模拟[J]. 热加工工艺，2017，46（9）：167-170.

[10] 杨川，谢延敏，隆强. 基于径向基函数代理模型的板料成形回弹预测[J]. 机床与液压，2013，41（3）：8-11.

[11] 黄仁勇，谢延敏，唐维，等. 基于混合硬化模型的 TRIP780 高强钢双 C 梁扭曲回弹仿真与试验[J]. 工程设计学报，2017，24（6）：668-674.

[12] WAGONER R H, LIM H, LEE M G. Advanced issues in springback[J]. International journal of plasticity, 2013, 45: 3-20.

[13] XIE Y M, HUANG R Y, TANG W, et al. An experimental and numerical investigation on the twist springback of transformation induced plasticity 780 steel based on different hardening models[J]. International journal of precision engineering and manufacturing, 2018, 19(4): 513-520.

[14] LEE J Y, LEE M G, BARLAT F. Evaluation of constitutive models for springback prediction in U-draw/bending of DP and TRIP steel sheets[J]. AIP conference proceedings, 2011, 1383(1): 571-578.

[15] 孙新强，谢延敏，田银，等. 基于小波神经网络和粒子群算法的铝合金板冲压回弹工艺参数优化[J]. 锻压技术，2015，40（1）：137-142.

[16] 李洪周. 先进高强度钢扭曲回弹研究[D]. 长沙：湖南大学，2009.

[17] XUE X, LIAO J, VINCZE G, et al. Modelling and sensitivity analysis of twist springback in deep drawing of dual-phase steel[J]. Materials & design，2016，90：204-217.

[18] 谌勇志. 大应变本构模型及其在扭曲回弹中的应用[D]. 长沙：湖南大学，2010.

[19] 谢延敏，张飞，王子豪，等. 基于渐变凹模圆角半径的高强钢扭曲回弹补偿[J]. 机械工程学报，2019，55（2）：91-97.

[20] 谢延敏，王智，胡静，等. 基于数值仿真和灰色关联分析法的高强钢弯曲回弹影响因素分析[J]. 重庆理工大学学报（自然科学版），2012，26（3）：51-55，59.

[21] 胡世光，陈鹤峥. 板料冷压成形的工程解析[M]. 北京：北京航空航天大学出版社，2004.

[22] 姜奎华. 冲压工艺与模具设计[M]. 北京：机械工业出版社，2012.

[23] STEIN M. Large sample properties of simulations using Latin hypercube sampling[J]. Technometrics, 1987, 29(2): 143-151.

[24] DORIGO M, MANIEZZO V, COLORNI A. Ant system: optimization by a colony of cooperating agents[J]. IEEE transactions on systems, man, and cybernetics, Part B: Cybernetics, 1996, 26(1): 29-41.

[25] 温正. 精通 MATLAB 智能算法[M]. 北京：清华大学出版社，2015.

[26] ZHENG K L, LEE J, POLITIS D J, et al. An analytical investigation on the wrinkling of aluminium alloys during stamping using macro-scale structural tooling surfaces[J]. The international journal of advanced manufacturing technology, 2017, 92(1/2/3/4): 481-495.

第8章 基于代理模型的伪拉延筋结构优化设计

差温成形中，板料法兰部位被压边圈与凹模加热到较高的温度，因而具有更好的塑性，利于成形时材料的流动。因此，压边圈的结构会直接影响板料温度场的分布，进行影响板料成形时材料的流动。虽然不少学者都对模具结构优化做了很多研究，但这些研究都是围绕模具本身的静态分析，主要目的是模具减重，并未考虑到结构优化对板料成形质量的影响。差温成形中，温度对镁合金塑性影响极大，压边圈与凹模均被加热到较高的温度，主要为了提高板料法兰部位的塑性，从而更有利于成形。模具中压边圈结构简单，便于拆卸更换，因此为了更好地控制板料的减薄率，提高成形件质量，采用代理模型优化方法对模具中压边圈结构进行优化设计，通过改变压边圈结构来改变板料的温度场，进而改变板料的局部塑性。

8.1 基于并行加点的 Kriging 模型优化方法

研究表明，相比于其他代理模型，Kriging 模型不仅可以提供预测点处的响应，还提供了预测点处的预测方差，同时对于多维非线性问题，Kriging 模型表现出更强的预测能力[1]，因此 Kriging 模型在各个领域都得到了广泛的应用。

一般而言，根据初始数据建立的 Kriging 模型的精度都不能满足实际问题的需求，因此为提高 Kriging 模型的精度，通常会利用加点准则来更新 Kriging 模型，直至达到收敛条件。相比于随机增加若干样本点，根据加点准则添加新样本点，可以使模型快速地收敛，因此，研究加点准则对提高优化效率有着十分重要的作用。

8.1.1 最大期望提高加点准则

最大期望提高（expected improvement，EI）加点准则是常用的加点准则之一，其基本思想利用了 Kriging 模型提供的预测值以及预测方差。假定变量 Y 服从正态分布 $N[\hat{y}(x), s^2(x)]$，$\hat{y}(x)$ 为 Kriging 模型预测的目标响应，$s^2(x)$ 为 Kriging 模型在预测点处的预测方差，设当前样本中的最优观测值为 y_{kri}，提高可以表示为：$I = y_{kri} - \hat{y}(x)$，则期望提高表达式为[2]

$$E[I(x)] = \begin{cases} (y_{kri} - \hat{y}(x)) \cdot \Phi\left(\dfrac{y_{kri} - \hat{y}(x)}{s(x)}\right) + s(x) \cdot \phi\left(\dfrac{y_{kri} - \hat{y}(x)}{s(x)}\right) & (s(x) > 0) \\ 0 & (s(x) = 0) \end{cases} \tag{8-1}$$

式中，$\Phi(\cdot)$ 代表标准正态累积分布函数；$\phi(\cdot)$ 则是标准正态概率密度函数。

8.1.2 改进的 EI 加点准则

基于 EI 加点准则进行加点，往往搜索到的是比当前最优解更小或者方差较大的点，而对极大值区域的点没有搜索能力。基于 EI 加点准则，Henkenjohann 和 Kunert[3] 提出以下形式的准则：

$$I(x) = \begin{cases} y_{\max} - \hat{y}(x) & (y_{\max} > \hat{y}(x)) \\ 0 & (y_{\max} < \hat{y}(x)) \end{cases} \quad (8\text{-}2)$$

式中，$y_{\max}$ 为当前模型的极大值，借助其基本思想，将式（8-2）所示的约束条件改为方差约束，提出改进的 EI（improved EI，IEI）加点准则，从而增强其对于极大值区域的搜索能力，设 Kriging 模型预测的极大值为 y'_{kri}，则其基本表达式如下 [4]：

$$E[I(x)] = \begin{cases} (\hat{y}(x) - y'_{\mathrm{kri}}) \times \left(1 - \varPhi\left(\dfrac{\hat{y}(x) - y'_{\mathrm{kri}}}{s(x)}\right)\right) + s(x) \times \phi\left(\dfrac{\hat{y}(x) - y'_{\mathrm{kri}}}{s(x)}\right) & (s(x) > 0) \\ 0 & (s(x) = 0) \end{cases} \quad (8\text{-}3)$$

8.1.3　改进的并行加点策略

基于 EI 和 IEI 两种加点准则，提出一种并行加点策略。在并行加点策略中，每次更新代理模型时可获取多个新样本点，其基本流程如图 8-1 所示[4]。

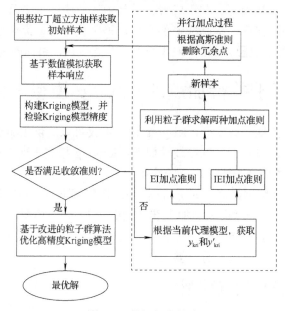

图 8-1　并行加点策略

1. 收敛准则

在利用初始样本建立好 Kriging 模型后，需要对建立的模型进行精度检验，保证求解的准确性和有效性。验证 Kriging 模型的方法一般有均方根差检验法、经验累积方差法、相对误差检验法以及调整可决系数法等[5]。选择相对误差检验法，其计算方法为

$$\mathrm{err} = \frac{1}{n}\sum_{i=1}^{n}\frac{|y(x) - \hat{y}(x)|}{|y(x) + \varepsilon|}, \quad \varepsilon = \begin{cases} 0 & (y(x) \neq 0) \\ 0.01 & (y(x) = 0) \end{cases} \quad (8\text{-}4)$$

式中，$y(x)$ 为未知函数的真实响应；$\hat{y}(x)$ 为 Kriging 模型在预测点处的预测响应；n 为检测样本点的个数；ε 则是为了防止分母为 0 而设置的一个参数。

因为采用相对误差检验法对 Kriging 模型的精度进行检验，所以取误差限为 0.05，即当模型相对误差小于 0.05 时结束并行加点过程。

2．冗余点的删除

由于在并行加点过程中可能会存在重复的样本，所以必须进行冗余点的删除这一关键步骤。其中主要包含两部分内容：一是删除新样本之间的重复样本；二是删除新样本与原样本之间的重复样本。采用高斯准则进行冗余点的删除，高斯准则取自 Kriging 相关函数中的高斯函数[6]，其表达式为

$$\begin{cases} R(\boldsymbol{\theta}, \boldsymbol{w}, \boldsymbol{x}) = \exp(-\theta_j d_j^2) \\ d_j = w_j - x_j \end{cases} \tag{8-5}$$

式中，R 表示的是两个点相关性的大小，$R \in [0,1]$，当两个样本点距离越大时 R 越接近于 0，反之 R 越接近于 1，当出现重复样本，两个点完全重合时，相关性最大，$R=1$；w 代表原样本；x 是待测样本；d 代表待测样本与原样本的距离矩阵；θ 则是 Kriging 模型参数。

3．并行加点

基于改进的粒子群算法，对上述两种加点准则并行求解，同时产生多个新样本以更新代理模型，相比于单点加点方法每次只产生一个样本，并行加点策略的加点效率更高，基于并行加点的 Kriging 模型的收敛速度更快。

8.1.4　基于并行加点的 Kriging 模型优化在非线性函数中的应用

为验证所提出的并行加点策略的有效性，以多个非线性函数为例，将基于并行加点的 Kriging 模型的优化结果与基于单点加点的 Kriging 模型的优化结果进行对比[6]。

Branin 函数是一个二变量非线性函数，该函数的形式定义如下：

$$y = (x_2 - 5.1(x_1 / (2\pi))^2 + (5 / \pi)x_1 - 6)^2 + 10(1 - (1 / (8\pi))\cos(x_2)) + 10 \tag{8-6}$$
$$(x_1 \in [-5,10], \ x_2 \in [0,15], \ y_{\min} = 0.397887)$$

基于拉丁超立方抽样方法，选取 10 个样本点作为初始样本建立 Kriging 模型，基于并行加点策略和单点加点方法的优化各项指标对比如表 8-1 所示。

表 8-1　基于两种加点方法的 Branin 函数优化结果

对比指标	单点加点方法	并行加点策略
加点次数	40	14
模型相对误差/%	4.55	4.99
最优解	0.3863	0.3974

以加点过程中 Kriging 模型的相对误差为指标，跟踪 Kriging 模型的收敛过程，基于单点加点方法和并行加点策略建立 Branin 函数的 Kriging 模型收敛过程见图 8-2。

当收敛准则满足时，基于两种加点方法建立上述各个函数对应的 Kriging 模型所需要的加点次数与加点时间如表 8-2 所示。

表 8-2　两种加点准则优化结果对比

自适应加点准则	加点次数	加点时间/s
单点加点	40	140
并行加点	14	60

由图 8-2 与表 8-2 可知，与单点加点方法相比，并行加点策略减少了 65%的加点次数，并且收敛时基于并行加点的 Kriging 模型精度更高,利用并行加点策略可更快得到优化解[6]。

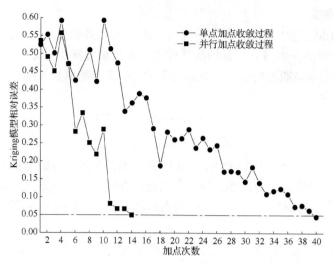

图 8-2　基于两种加点方法建立 Branin 函数的 Kriging 模型收敛过程

8.2　基于并行加点的 Kriging 模型水平集优化方法

水平集方法最先是一种用来研究图像分割的方法。基于水平集方法的拓扑优化有诸多优点：计算效率高；能表征复杂的拓扑形状；描述的边界光滑清晰，无须重画网格等。但是基于水平集的结构拓扑仍然有一些问题。由于水平集函数没有显式的表达形式，传统的水平集结构优化方法在求解过程中非常复杂，一般需要将哈密顿-雅可比系统简化为具有大量自由度的偏微分方程，然后只有利用梯度才能有效求解，因此寻求一种显式的水平集函数表达式显得尤为重要。

8.2.1　基于 Kriging 模型的水平集函数与拓扑优化

基于 Kriging 模型的水平集（Kriging-interpolated level set，KLS）方法是 Hamza 等[7]提出的一种显式水平集方法。该方法能显著减少设计变量，并且保证拓扑的复杂性。

1. 基于 Kriging 模型的水平集函数

建立基于 Kriging 模型的水平集函数（KLS 函数）需要通过以节点为变量，建立节点与节点处水平集值之间的 Kriging 模型。假定有设计域 D，其中 N 个节点的位置向量为 X，并已知 N 个节点处的水平集值，则采用 0 阶多项式回归的 Kriging 模型可将所有节点处的水平集值表达如下：

$$\varPhi(X) = w_0 + \sum_{i=1}^{N} w_i \phi_i(X) \qquad (8\text{-}7)$$

式中，w_i 是第 i 个（$i=0,1,2,\cdots,N$）节点的权重，通常在训练完 Kriging 模型后即可确定；$\phi_i(X)$ 是高斯协方差函数，其定义如式（8-8）所示。需要注意的是，每个节点处的水平集值需要进行优化，这样才能使 Kriging 模型拟合出一个合理的 KLS 曲面。

$$\phi_i(x,w) = \prod_{j=1}^{n} \exp(-\theta_j d_j^2) \qquad (8\text{-}8)$$

式中，d 为待测点与建模样本点之间的距离关系，$d_j = w_j - x_j$；n 为建模所需样本点总数；θ 为尺度参数，其维度和模型输入变量的维度一致。

2．基于 Kriging 模型的水平集拓扑优化理论

基于 KLS 方法的带约束的拓扑优化问题可以表示为

$$\text{Minimize } f(x) \tag{8-9}$$

$$\text{s.t. } g(x) \leqslant 0 \tag{8-10}$$

$$V(x) \leqslant V_{\max} \tag{8-11}$$

式中，$f(x)$ 为目标函数；$g(x)$ 为约束条件；$V(x)$ 为结构材料相对于整个设计域 D 的体积分数；$V_{\max}$ 是最大的体积分数，通常受限于可用的材料数量或者结构的最大质量。如果对于体积分数已经有一个理想的期望值 V_0，则可以将式（8-11）转换为等式约束：

$$V(x) = V_0 \tag{8-12}$$

确定一个有限元模型之前，需要明确目标函数和约束条件，并计算一个评估函数 $\Psi(l)$（$l=1,2,\cdots,N_E$，N_E 为有限元网格单元的数量）：

$$\Psi(l) = \begin{cases} 1 & (\Phi(X^l) \geqslant K) \\ 0 & (\Phi(X^l) < K) \end{cases} \tag{8-13}$$

式中，X^l 为第 l 个有限元网格单元的中心位置坐标；K 为水平集函数对应的阈值。建立好一个 KLS 曲面后，预测每个单元的水平集值，并与阈值 K 进行比较，从而确定 $\Psi(l)$。当 $\Psi(l)=1$ 时，保留该单元；当 $\Psi(l)=0$ 时，去除该单元。在传统水平集方法中，K 值取为定值，一般取为 0，而在 KLS 方法中，K 是通过线性搜索以满足材料体积约束（等式约束）来确定的。

3．基于 KLS 方法进行拓扑优化的一般步骤[7]

（1）确定设计域，选定若干节点，并确定节点位置坐标，然后根据各个节点优化后得到的水平集值，基于 Kriging 模型建立水平集函数 $\Phi(X)$。在 KLS 方法中各个节点的水平集值优化是通过遗传算法来实现的。

（2）提取每个网格单元的中心位置坐标 X^l，预测设计域中所有单元的 $\Phi(X^l)$。

（3）根据式（8-12）所示的等式约束，对 K 进行线性搜索，直至满足材料体积约束条件时确定 K 值。

（4）根据式（8-13）计算评估函数 $\Psi(l)$，确定最终有限元模型结构。

在步骤（1）中，每个节点的水平集值的范围为[-1, 1]，并且其优化过程包含了后面所有步骤。步骤（3）中 K 值的线性搜索即根据体积分数的等式约束来线性增加或者减少 K 值，直至满足材料体积约束条件。通常 K 值越大保留下来的单元越少，反之则保留下来的单元越多。针对短悬臂梁结构优化问题，Hamza 等[7]建立的 KLS 曲面和由阈值 K 确定的平面的相互关系如图 8-3 所示，最后确定的悬臂梁有限元模型如图 8-4 所示。

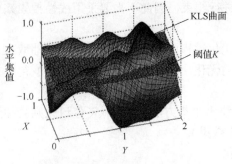

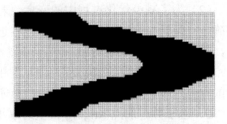

图 8-3　KLS 曲面以及阈值 K（单位：mm）　　　　　图 8-4　确定的悬臂梁有限元模型

8.2.2　基于并行加点的 Kriging 模型水平集优化流程

在 Hamza 等[7]提出的水平集方法中,只建立了一级 Kriging 模型即节点和水平集值之间的模型,然后通过遗传算法对各个节点的水平集值进行优化。在优化水平集值时采用了两级 Kriging 模型,并提出了一种基于并行加点的 KLS 结构优化方法,最终通过粒子群算法进行求解。其具体流程如图 8-5 所示[6]。

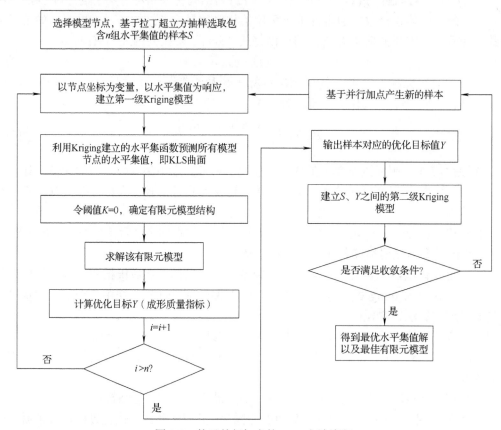

图 8-5　基于并行加点的 KLS 方法流程

1.　阈值 K 的选取

阈值 K 没有按照原水平集方法中采用的线性搜索来确定,而是按照传统水平集方法取值为 0,原因主要有以下几点。

(1)在结构优化过程中,对材料体积并没有进行约束,因此不需要采用线性搜索来确定 K 的值。

(2)为了减少优化过程中的变量。若 K 值在优化过程中也作为变量处理,在抽取水平集值确定有限元模型时,需要对每个样本进行 K 值的优化,这样整个优化过程将会变得更加复杂,导致时间成本成倍增加。

(3)水平集函数的值域为[-1, 1],因此按照传统水平集方法取 $K=0$(K 值过大则会导致去除的材料过多,K 值过小又不能达到最理想的优化效果)。

2.　基于并行加点 Kriging 模型的水平集值优化

与 Hamza 等[7]优化水平集值时采用遗传算法直接优化的方法不同,本章采用了基于并行加点的 Kriging 模型对水平集值进行优化。

利用基于并行加点的 Kriging 模型优化每个节点处的水平集值主要分为如下三步[6]。

（1）基于拉丁超立方抽样获取每个节点上的初始水平集值，以节点坐标为变量，建立节点坐标与水平集值之间的第一级 Kriging 模型，即确定对应的 KLS 曲面，然后根据相应的 KLS 曲面确定该 Kriging 模型对应的有限元模型，并对有限元模型进行求解，获取优化目标的响应。

（2）根据步骤（1）获取的优化目标的响应，以节点上的水平集为变量，建立水平集与优化目标之间的第二级 Kriging 模型，利用改进的粒子群算法对该 Kriging 模型进行求解，若满足收敛条件则根据最优水平集值解确定最佳有限元模型，若不满足则进行步骤（3）。

（3）基于步骤（2）建立的初始 Kriging 模型，利用并行加点策略产生新的水平集值。然后基于新的水平集值建立对应的 KLS 曲面，并获取新样本下的有限元模型及优化目标的响应，准备重建第二级 Kriging 模型，返回步骤（2）。

收敛条件可根据实际问题进行确定。

8.3　基于并行加点的 Kriging 模型水平集伪拉延筋优化

针对压边圈结构优化，目前研究的文献相对较少，并且已有的文献大都是基于冷冲压成形对压边圈进行研究，大致可分为两个方面：一是从压边方式上进行研究；二是基于拓扑优化对压边圈进行减重优化。在镁合金冲压差温成形中，压边圈和凹模的温度较高，而板料和凸模的温度较低，在冲压过程中板料的法兰边与压边圈及凹模紧密接触，因此法兰边会首先被压边圈和凹模加热，从而改善了板料的塑性，有利于成形过程中材料的流动。由此可见，在差温成形中改进压边圈结构对板料的温度分布、应力分布有着直接的影响。本章采用非传统的水平集拓扑优化方法，以镁合金差温成形为例，设计一种伪拉延筋，通过对压边圈结构的改进，改善成形件的成形应力分布和成形质量[8]。

8.3.1　镁合金十字杯形件有限元模型

以 NUMISHEET2011 中的 Benchmark 2[9]十字杯形件为研究对象，基于 ABAQUS 建立有限元模型并进行差温成形仿真。

1．十字杯形件有限元模型的建立

十字杯形件既是一种轴对称的零件，也是一种中心对称的零件，其成形件如图 8-6 所示。考虑到十字杯形件的对称性，取 1/4 的十字杯形件进行建模，其有限元模型如图 8-7 所示。

图 8-6　十字杯形件

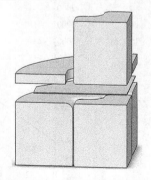

图 8-7　十字杯形件有限元模型

其中，板料的材料为 AZ31B 镁合金，厚度为 0.5mm，初始板料的几何尺寸如图 8-8 所示，镁合金的部分材料参数[10]如表 8-3 所示。

表 8-3　AZ31B 镁合金材料参数

杨氏模量 E/GPa	泊松比 ν	密度 ρ/(kg/m³)	比热容 C/(J/(kg·℃))	热传导率 λ/(W/(m·℃))	接触换热系数 K/(W/(m²·℃))
45	0.35	1770	1000	96	4500

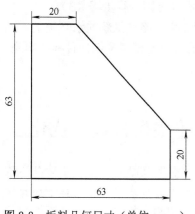

图 8-8　板料几何尺寸（单位：mm）

在 ABAQUS 中，镁合金材料的本构模型采用 Johnson-Cook 模型进行表达，其表达式如式（8-14）所示。Johnson-Cook 模型的几个关键参数的取值如表 8-4 所示。

$$\sigma = (A + B\varepsilon^n)\left(1 + C\ln\frac{\dot{\varepsilon}}{\dot{\varepsilon}_0}\right)(1 - T^{*m}) \qquad (8\text{-}14)$$

$$T^* = \frac{T - T_{\text{room}}}{T_{\text{melt}} - T_{\text{room}}} \qquad (8\text{-}15)$$

式中，A（初始屈服应力）、B（硬化常数）、C（应变率常数）、m（热软化指数）、n（硬化指数）是模型的关键参数；$\dot{\varepsilon}_0$ 为参考应变率；T 为试验温度；T_{room} 代表室温；T_{melt} 则是材料熔点。Johnson-Cook 模型结构简单，ABAQUS 已将该模型集成在该软件平台中，以方便用户使用。

表 8-4　Johnson-Cook 模型的关键本构参数取值[11]

A	B	C	m	n	T_{melt}/℃	T_{room}//℃	T/℃
183	804.483	0.096	0.86	0.95	556	25	100

2. 有限元模型的验证

进行差温成形模拟时，将凹模和压边圈的初始温度设置为 250℃，板料、凸模以及顶料板的温度则设置为 100℃。按照 NUMISHEET2011 标准考题给定的数据，压边圈上的压边力设置如图 8-9 所示，顶料板的顶力设置如图 8-10 所示。

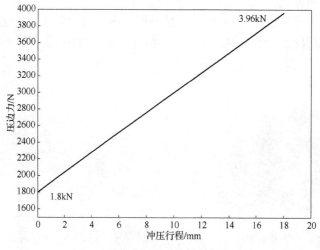

图 8-9　压边力设置

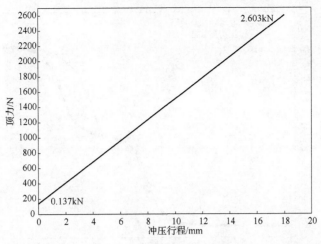

图 8-10　顶料板的顶力设置

设置冲压深度为 18mm，摩擦系数 μ 为 0.05。基于 ABAQUS 进行差温成形时，采用温度-位移耦合以及动力显式算法，对模型进行耦合分析。在对板料进行网格划分时，采用六面体 C3D8RT 单元，并且为了提高仿真质量，在板料的厚度方向上采用了四个单元，板料网格划分如图 8-11 所示。凸模、凹模、压边圈以及顶料板在成形过程中基本上不发生变形，因此均约束为刚体。

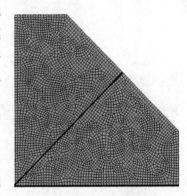

图 8-11　板料网格划分

为了验证有限元模型的有效性，将有限元模型结果与 NUMISHEET2011 标准考题试验数据对比，分别测量板料截面 AB 方向即 0°方向（图 8-12（a））以及 AC 方向即 45°方向（图 8-12（b））所有单元的温度，对比结果如图 8-12 所示。

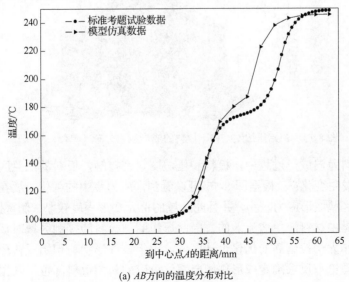

(a) AB 方向的温度分布对比

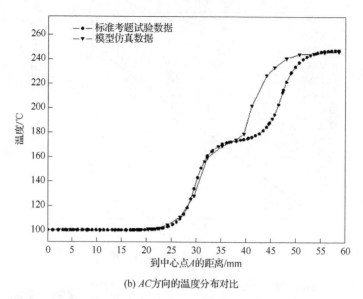

(b) AC方向的温度分布对比

图 8-12　模型仿真数据与标准考题试验数据对比

由以上对比结果可知，基于有限元模型得到的两个截面上单元的温度分布结果与标准考题试验数据基本吻合，因此验证了建立的有限元模型的有效性。

8.3.2　伪拉延筋设计区域的确定

根据 8.3.1 节建立的十字杯形件有限元模型进行仿真计算，板料的成形应力分布如图 8-13 所示。

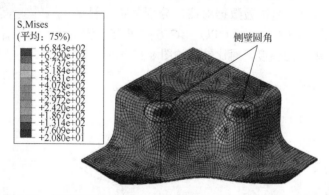

图 8-13　初始压边圈结构下板料的成形应力分布（单位：MPa）

在镁合金板料差温成形过程中，板料和压边圈紧密接触，板料的法兰区温度受到凹模和压边圈的影响会发生变化[6]。根据图 8-13 可以看到，应力集中的部位主要在侧壁圆角处。板料与凸模接触的区域成形应力较小，并且此区域的单元变形程度较小。侧壁区为主要变形区，该区的材料主要是由材料法兰边流入的，因此压边圈与板料的接触区域对板料的影响最为关键，可将其全部作为伪拉延筋的优化设计区域。由于零件形状与初始板料形状差异较大，故需要依据一步法理论来反求确定成形件侧壁部位对应的初始板料部位。依据一步法理论，将相应的成形件侧壁部分形状输入 Dynaform 中，反求得到初始板料中对应的设计区域，再将设计区域对应到压边圈上的相关区域作为伪拉延筋的设计区域，如图 8-14 所示。经过多次研究和建模，保留必要的外部结构，伪拉延筋设计区域的形状如图 8-15 所示。

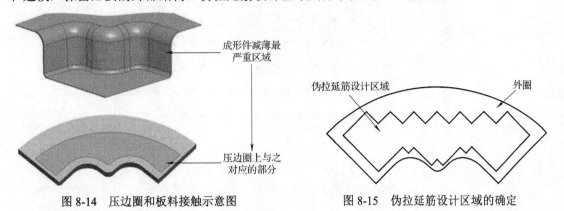

图 8-14　压边圈和板料接触示意图　　　　　　图 8-15　伪拉延筋设计区域的确定

8.3.3　压边圈载荷边界离散化处理

板料冲压成形过程中法兰部分的材料流动比较复杂，因此板料对压边圈各区域的反作用力也大不相同[12]。板料如果在水平方向受到较大拉应力，则有减薄的趋势，在与压边圈垂直方向上对压边圈的作用力就会减小；如果在水平方向受到较大压应力，则有起皱的趋势，在竖直方向对压边圈的作用力就会增大。为了更准确地计算出压边圈不同区域的反作用力，将压边圈待优化区域离散为 98 个单元区域[13]。离散后的待优化区域如图 8-16 所示。

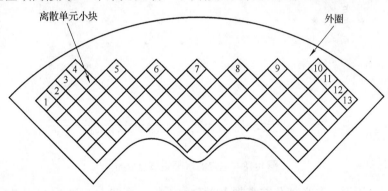

图 8-16　压边圈离散单元图

为了使离散后的压边圈能够在成形过程中等效原压边圈，限制所有离散单元的自由度并施加与原压边圈一致的边界条件。在成形过程中各离散单元会受到来自板料的反作用力，在一定程度上可以表明当前位置材料的流动情况，为压边圈结构提供了可靠的依据。

8.3.4　压边圈伪拉延筋设计

根据图 8-16 中的分块方案，为每个小块设置参考节点，提取所有参考节点的位置坐标，节点分布情况如图 8-17 所示。

从图 8-17 可以看出，节点分布是对称的，显然在成形过程中对称节点处的受力情况是大致相同的，因此在后续优化时只需选定 1/2 的节点来进行研究。选择图 8-17 中左半部分的所有节点以及对称线上的节点作为设计区域，在其中均匀地选择 11 个节点作为建立 KLS 曲面的固定水平集节点。选定的水平集节点分布与设计区域其他节点的位置关系如图 8-18 所示。

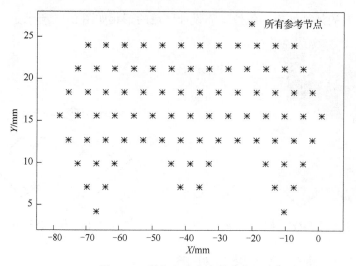

图 8-17　所有参考节点的分布

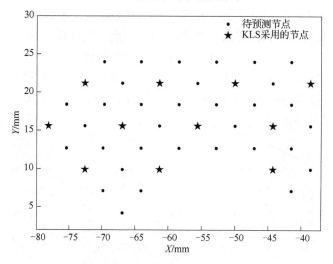

图 8-18　选定的水平集节点分布

根据图 8-18 所示，左半部分节点加上对称线上的三个节点一共是 44 个节点，除去选定用来建立 KLS 模型的节点，待预测节点为 33 个。

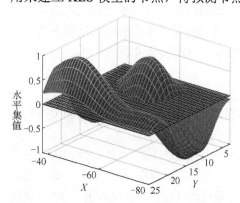

图 8-19　根据 11 个节点建立的 KLS 曲面
（单位：mm）

当 11 个节点确定以后，首先基于拉丁超立方抽样给每个节点在[-1, 1]上分配水平集值，然后以节点坐标为变量，建立 11 个节点与水平集值之间的 Kriging 模型，获取 KLS 曲面，并利用该 Kriging 模型对 33 个待预测节点进行预测。基于阈值 K 为 0 确定的平面以及基于 11 个节点建立的一个 KLS 曲面如图 8-19 所示。

如 8.2.1 节所述，当预测点的水平集值在阈值平面以上时，保留该处的单元；当预测点的水平集值在阈值平面以下时，去除该单元。最后根据对称性确定一个新的伪拉延筋结构。

根据图 8-19 所示的 KLS 曲面确定的某一伪拉延筋结构如图 8-20 所示。

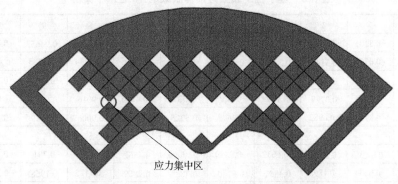

图 8-20　基于 KLS 曲面确定的伪拉延筋结构之一

　　根据 KLS 曲面确定的初始伪拉延筋结构需要进行多项后处理。后处理主要包括以下两个方面：一是需要将单元化的小块与外圈重新建模并合为一体。若保留下的单元数量较多，单元小块之间的边界条件和相互作用异常复杂，无法保证仿真的准确性和有效性。二是需要处理应力集中区域，如图 8-20 圆圈中的区域。这种结构的存在必会在仿真过程中引起应力集中，因此需要对该区域进行重新建模处理。消除应力集中区域的方法是，将该区域进行圆角化，同时考虑到压边圈整体的协调性，最后将所有直角区域进行圆角化，并将外圈和所有单元小块构建为一个统一的压边圈实体。按照图 8-20 处理后的伪拉延筋结构如图 8-21 所示。

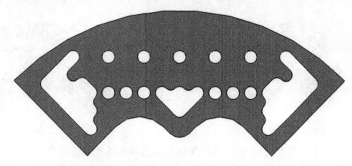

图 8-21　处理后的伪拉延筋结构之一

8.3.5　基于并行加点的 Kriging 模型水平集伪拉延筋优化流程

　　根据 8.3.3 节所确定的伪拉延筋结构，在 ABAQUS 中进行仿真，最后基于有限元模型获取成形质量指标。获取相关样本后，采用基于并行加点的 KLS 方法对伪拉延筋结构进行优化。

1. 第一级 Kriging 模型

　　如图 8-5 所示，在进行伪拉延筋结构优化之前，需要先获取若干伪拉延筋结构样本。基于拉丁超立方抽样，对选定的 11 个节点在[-1, 1]上抽取 40 组水平集值，如表 8-5 所示，拟获取 40 个伪拉延筋结构样本[6]。

　　根据 40 组水平集值，以选定节点坐标为变量，将水平集值作为响应，建立第一级 Kriging 模型，得到 40 个 KLS 曲面，从而获取了 40 个伪拉延筋结构，其中部分伪拉延筋结构如图 8-22 所示[6]。

表 8-5　基于拉丁超立方抽样获取的 40 组水平集值

序号	1	2	3	4	5	6	7	8	9	10	11
1	0.2452	−0.8301	−0.6947	−0.1349	0.5896	0.3440	−0.3353	0.6674	0.9465	−0.6305	−0.0405
2	−0.7362	−0.0756	0.3143	0.2569	0.6640	−0.4862	0.5524	−0.2734	−0.2585	0.8986	−0.9806
3	−0.5183	0.5875	0.2086	0.3547	0.0085	0.6902	0.9535	−0.9656	−0.1478	−0.7848	−0.3875
4	0.4183	−0.9946	0.0779	−0.1399	−0.7293	−0.5311	−0.4114	0.9016	0.6296	0.7357	0.1856
5	0.0404	−0.9727	−0.6982	−0.5420	0.2678	0.5725	0.4182	0.9006	0.7149	−0.1226	−0.4393
⋮	⋮	⋮	⋮	⋮	⋮	⋮	⋮	⋮	⋮	⋮	⋮
36	−0.3563	0.6929	0.8311	−0.6032	−0.9830	−0.0066	0.4562	0.4390	−0.7013	−0.2724	0.0964
37	−0.4852	−0.0624	−0.1895	0.3851	0.6240	0.7881	0.9809	−0.7122	0.1968	−0.2991	−0.9936
38	0.8883	0.5654	−0.7878	−0.6021	−0.2555	−0.3957	0.4126	0.6789	0.2255	−0.8740	0.0589
39	−0.4104	−0.2491	0.3136	0.1545	−0.5841	0.0777	−0.9906	0.7441	0.4841	0.9706	−0.7877
40	0.8978	−0.6472	−0.0898	−0.5253	−0.8543	0.1332	−0.2850	0.5933	−0.1224	0.3769	0.7804

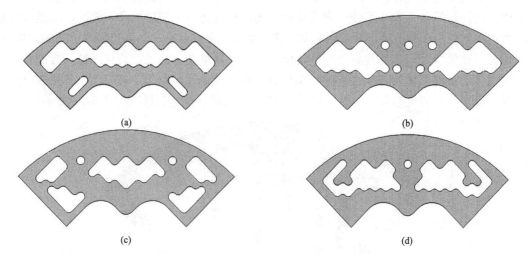

(a)　　　　　　　　　　　　　　　　　　　(b)

(c)　　　　　　　　　　　　　　　　　　　(d)

图 8-22　由 40 组水平集值产生的部分伪拉延筋结构

2. 第二级 Kriging 模型

利用 40 组伪拉延筋结构样本进行仿真，根据成形件的成形结果获取优化目标，即可建立水平集与优化目标之间的第二级 Kriging 模型。

1）优化目标

以成形质量指标作为优化目标。常用的板料的成形质量指标有两种：一是根据成形极限图计算拉裂或者起皱；二是根据成形后的单元厚度计算减薄率。由于 ABAQUS 不提供成形极限图，因此选取平均减薄率 y 作为成形质量指标[4]，其优化模型如式（8-16）所示：

$$\min \quad y = \frac{1}{N} \sum_{i=1}^{N} \left(\frac{t_i - t_0}{t_0} \right)^2 \tag{8-16}$$

式中，t_0 代表初始板料厚度；t_i 则是第 i 个单元的厚度；N 为板料单元总数。

据图 8-13 可知，板料成形后应力集中主要发生在两个侧壁圆角区，若板料出现拉裂缺陷，则最有可能发生在两个圆角区。因此在计算成形质量指标时，无须提取所有板料单元的厚度，只需计算每个圆角区的平均减薄率即可。若选取的单元数量过多则异常耗时，经过多次试探性的研究后，在每个圆角区提取五个单元厚度进行计算。

2）有限元模型仿真结果后处理

将平均减薄率作为优化目标时，若样本仿真结果出现起皱等缺陷，如图 8-23 中圆圈区域所示，此时平均减薄率非常小但板料成形质量得不到保证，需要剔除相应的样本。将 40 组样本的仿真结果进行后处理，其中有 18 组仿真结果出现不同程度的起皱现象，剔除起皱样本后剩余 22 组样本。

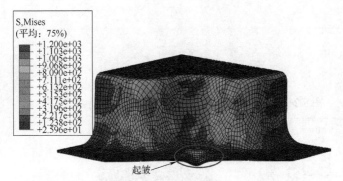

图 8-23　板料法兰部分明显发生起皱（单位：MPa）

筛选出的 22 组样本在表 8-5 中对应的序号以及对应的压边圈结构仿真得到的平均减薄率如表 8-6 所示，由未改进的原始压边圈进行仿真得到的平均减薄率 y 见表 8-6。

表 8-6　拟建立第二级 Kriging 模型的样本

样本序号	平均减薄率	样本序号	平均减薄率	原模型平均减薄率
2	0.0912	21	0.0994	
4	0.101	22	0.099	
5	0.093	23	0.1076	
6	0.1044	24	0.0905	
7	0.0991	25	0.0985	
9	0.0986	31	0.0964	0.1106
10	0.0994	34	0.0986	
11	0.0966	35	0.0988	
13	0.0976	38	0.0929	
14	0.0936	39	0.0929	
18	0.0992	40	0.1019	

3）第二级 Kriging 模型的建立

根据表 8-6 中的 22 组样本，以各个节点处的水平集为变量，以成形质量指标为响应，建立第二级 Kriging 模型。将建立好的 Kriging 模型利用改进的粒子群算法进行优化求解，得到初始 Kriging 模型下的最优水平集值解，如表 8-7 所示，同时获取了平均减薄率的最优预测值，见表 8-8，其对应的伪拉延筋结构如图 8-24 所示，基于该伪拉延筋结构仿真后板料的成形结果如图 8-25 所示，根据成形结果计算的平均减薄率仿真值如表 8-8 所示[6]。

表 8-7　初始 Kriging 模型下的最优水平集值解

节点	1	2	3	4	5	6	7	8	9	10	11
水平集值	−0.9269	−0.7711	−0.6121	0.7745	−0.0731	−1	0.7451	−0.1635	0.6506	0.2353	0.5437

表 8-8　基于初始 Kriging 模型的平均减薄率最优预测值及相应的有限元模型仿真值

初始 Kriging 模型的最优预测值	有限元模型仿真值	预测相对误差/%
0.0892	0.0963	7.4

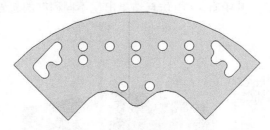

图 8-24　基于初始 Kriging 模型优化后得到的伪拉延筋结构

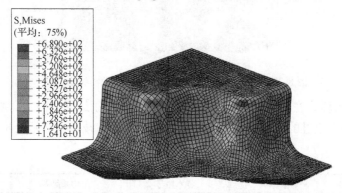

图 8-25　基于初始 Kriging 模型优化伪拉延筋结构后的镁合金差温成形结果（单位：MPa）

由表 8-8 可知，基于初始 Kriging 模型的成形质量指标的最优预测值与基于有限元求解的成形质量指标仿真值的相对误差较大。由图 8-25 可知，相比于图 8-13 的成形结果，经过优化后成形件的成形应力水平几乎没有得到改善，因此根据初始数据建立的水平集值与成形质量指标之间的 Kriging 模型需要进行优化。

3. 伪拉延筋结构优化

如图 8-5 所示，当建立水平集值与成形质量指标之间的 Kriging 模型后，若没有达到收敛条件，则需要利用并行加点对初始 Kriging 模型进行优化。在建立第二级初始 Kriging 模型后，基于并行加点的 KLS 压边圈结构优化流程如图 8-26 所示[6]。

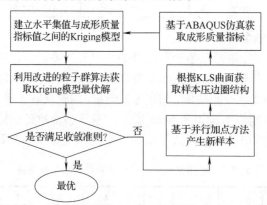

图 8-26　基于并行加点的 KLS 压边圈结构优化流程

1）收敛准则

以成形件成形后的平均减薄率作为优化目标，当第二级 Kriging 模型对优化目标的预测值与基于对应的有限元模型获取的仿真值的相对误差在 5% 以内时，认为该 Kriging 模型已经满足精度要求，并停止并行加点。据表 8-8 显示的误差结果，可见第二级 Kriging 模型需要进行加点优化。

2）基于并行加点策略的伪拉延筋优化

基于图 8-1 所示的并行加点策略，对建立的水平集值与成形质量指标之间的第二级初始 Kriging 模型进行优化。每次产生新的水平集值后，建立 KLS 曲面并获取相应的压边圈结构。除了冗余样本的删除，若基于新样本产生的压边圈结构在仿真时出现板料起皱现象，则该新样本也需要进行剔除。

对第二级初始 Kriging 模型加点 4 次后，利用粒子群算法进行优化求解，其最优水平集值解如表 8-9 所示，基于 Kriging 模型的成形质量指标最优预测值及由相应有限元模型得到的成形质量指标仿真值如表 8-10 所示[6]。

表 8-9　基于并行加点优化后的 Kriging 模型的最优水平集值解

节点	1	2	3	4	5	6	7	8	9	10	11
水平集值	−0.4100	−0.2562	0.3137	0.1509	−0.5839	0.0095	−1	0.7858	1	0.9706	−0.7878

表 8-10　基于并行加点优化后 Kriging 模型的平均减薄率最优预测值及相应的有限元模型仿真值

基于并行加点优化后 Kriging 模型的最优预测值	有限元模型仿真值	预测相对误差/%
0.0929	0.0926	0.32

根据表 8-10 所示，经过 4 次并行加点后，第二级 Kriging 模型的最优预测值与有限元模型仿真值之间的相对误差为 0.32%，模型满足精度要求。根据表 8-9 确定的伪拉延筋结构如图 8-27 所示。基于该伪拉延筋结构，镁合金差温成形有限元结果如图 8-28 所示[6]。

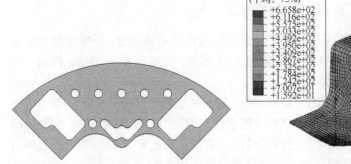 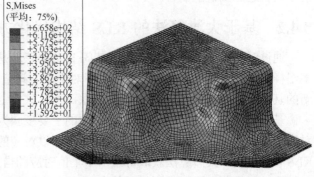

图 8-27　基于并行加点优化得到的最优伪拉延筋结构　　　图 8-28　基于并行加点优化伪拉延筋结构后的镁合金差温成形结果（单位：MPa）

根据图 8-28 可知，相比于图 8-13 所示的未改进压边圈的有限元模型仿真结果，改进后的压边圈使得成形件的最大成形应力降低 3% 左右。由表 8-10 可知，相比于表 8-6 中所示的根据原模型获取的成形质量指标仿真值，改进后的压边圈结构改善了镁合金成形件的平均减薄率，并且无起皱缺陷。另外，就压边圈质量层面来说，优化后的压边圈质量减轻了 28%。因此，采用基于并行加点的 Kriging 模型水平集结构优化方法实现了对镁合金差温成形中伪拉延筋结构的优化[6]。

8.4　基于水平集理论和大津算法的压边圈伪拉延筋设计

8.4.1　大津算法

大津算法又称最大类间阈值法（OTSU），最早由日本学者 Nobuyuki Otsu 于 1979 年提出，是一种自适应的阈值确定方法。该算法是一种通过最小二乘法原理和判决分析推导出最佳分割阈值的方法。其基本思想是，假设存在一个阈值可以将图像的像素分为两类：一类图像像素点的灰度均小于这个阈值，称作背景；另一类图像像素点的灰度均大于或等于这个阈值，称作目标。这两类像素点的灰度的方差（类间方差）越大，表明构成图像的两部分的差别越大，背景和目标发生错分都会导致方差变小。因此，像素点的灰度的方差（类间方差）最大意味着错分概率最小。

大津算法的具体思路是：对于已有图像 I，设图像的大小为 $M \times N$，背景和目标的分割阈值记作 K，图像的总平均灰度记为 μ，类间方差记作 g。属于目标的像素点数占整幅图像的比例记为 ω_0，其平均灰度记为 μ_0。属于背景的像素点数占整幅图像的比例记为 ω_1，其平均灰度记为 μ_1。图像中像素灰度值小于阈值 K 的像素个数记作 N_0，像素灰度值大于等于阈值 K 的像素个数记作 N_1，则有

$$\mu = \omega_0 \mu_0 + \omega_1 \mu_1 \tag{8-17}$$

$$g = \omega_0 (\mu_0 - \mu)^2 + \omega_1 (\mu_1 - \mu)^2 \tag{8-18}$$

联立式（8-17）和式（8-18）可得

$$g = \omega_0 \omega_1 (\mu_0 - \mu_1)^2 \tag{8-19}$$

当类间方差 g 最大时，对应的分割阈值 K 即为最优。大津算法具有诸多优点，其计算简单、快速，不受图像亮度和对比度的影响，是求图像全局阈值最优的方法，适用于大多数求解全局自适应阈值的场合。

8.4.2　基于大津算法的 KLS 结构优化方法

通过对 KLS 方法研究后发现，其阈值 K 的获取是通过线性搜索得到的，不能很好地适应多组样本情况下以及无体积约束情况下对于不同阈值 K 的需求。故基于 KLS 方法，提出一种新的基于大津算法的 KLS 结构优化方法。

基于大津算法的 KLS 结构优化方法的主要步骤为：基于拉丁超立方抽样获取 N 个节点上对应的 N 组水平集值，以节点坐标为变量，以对应的水平集值为响应构建 Kriging 模型，即 KLS 曲面，基于大津算法获取每组水平集值对应的自适应阈值，基于 KLS 曲面和自适应阈值对结构进行优化，进而得到相应的有限元模型。其具体流程如图 8-29 所示。

相对于原始的 KLS 方法，基于大津算法的 KLS 结构优化方法的优点主要在于阈值 K 的确定。阈值 K 的确定对结构优化结果有着直接的影响，合理的阈值选择可以得到最优的结果。本节中 Kriging 模型的建立是在无体积约束情况下进行的，且每组样本都是通过拉丁超立方抽样抽取的独立样本，对于不同的 Kriging 模型，其阈值 K 各不相同。由于大津算法可用于大

多数求解全局自适应阈值的场合，且计算简单、快速，适用于多组样本的自适应阈值的确定，故使用大津算法来进行该 Kriging 模型中自适应阈值 K 的确定。

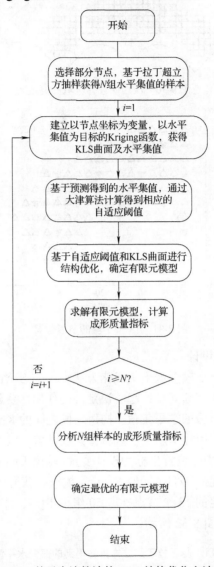

图 8-29　基于大津算法的 KLS 结构优化方法流程

8.4.3　压边圈伪拉延筋建模与优化设计

1. 伪拉延筋设计区域的建模

以十字杯形件为研究对象，根据 8.3.2 节的方法确定伪拉延筋设计区域，将伪拉延筋设计离散成 180 个 4mm×4mm 的小块，原压边圈则由 180 个单元小块和压边圈外圈框架代替，如图 8-30 所示。提取小块的中心位置坐标作为节点的坐标位置。由于离散区域具有对称性，其成形过程中左右两边的受力、受热情况基本相同。为简化计算，选取设计区域的 1/2 节点位置进行研究，并从中均匀选取 13 个小块的节点位置作为建立 KLS 曲面的水平集节点。其 13 个小块的节点位置如图 8-31 所示。

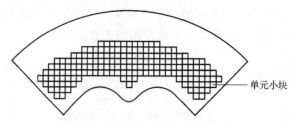

图 8-30　压边圈设计区域的离散

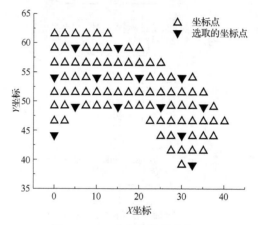

图 8-31　13 个小块的节点位置

2. 压边圈伪拉延筋优化设计

在基于大津算法的 Kriging 模型水平集优化方法中，KLS 函数的建立是一个重要步骤，决定着拟合精度的大小，对伪拉延筋设计起着决定性的作用。要建立 KLS 函数，需在设计域内找到相应的节点位置及其对应的水平集值，构建它们之间的 Kriging 模型。故选择"伪拉延筋设计区域的建模"部分中的伪拉延筋设计区域作为设计域，以"伪拉延筋设计区域的建模"部分均匀选取的 13 个小块的中心位置坐标为设计变量，以拉丁超立方抽样给节点赋予的[-1, 1]上的随机水平集值为响应，建立它们之间的 Kriging 模型，获得相应的 KLS 曲面并预测其他剩余节点的水平集值。对选定的 13 个节点抽取 50 组位于[-1, 1]上的水平集值，如表 8-11 所示，某一 KLS 曲面示意图如图 8-32 所示。

表 8-11　基于拉丁超立方抽样得到的部分水平集值

序号	1	2	3	4	…	10	11	12	13
1	0.3561	-0.5530	-0.5189	-0.8595	…	0.5331	-0.3604	0.6878	0.0703
2	-0.8857	-0.1704	0.7932	-0.6660	…	0.5113	0.6454	-0.4897	-0.2384
3	-0.5915	-0.5134	0.7106	0.3074	…	0.1162	-0.1529	0.4922	-0.8629
4	0.1717	-0.9272	-0.3305	0.5124	…	-0.1148	-0.6338	0.6258	-0.5268
5	-0.2053	-0.7535	0.4251	-0.4378	…	0.2174	0.2542	-0.2576	-0.9172
⋮	⋮	⋮	⋮	⋮	⋮	⋮	⋮	⋮	⋮
46	0.2971	-0.5522	-0.3566	-0.1902	…	0.7146	-0.8688	0.4803	0.5925
47	-0.3327	-0.0923	-0.9432	-0.0598	…	0.4049	0.2219	0.3779	-0.4500
48	-0.8854	0.4137	0.0287	-0.8179	…	0.1963	-0.4636	0.7594	0.6072
49	0.0188	-0.6020	0.1089	0.5848	…	0.8724	-0.5034	-0.9330	-0.3368
50	-0.0428	-0.8281	0.7380	0.5875	…	0.2353	0.5275	-0.4261	0.9213

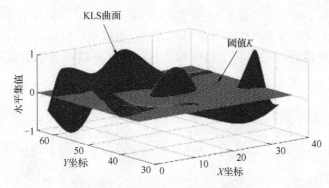

图 8-32　某一 KLS 曲面

在基于大津算法的 Kriging 模型水平集优化方法中，阈值 K 的优化是另一个重要步骤。传统水平集方法通常直接令 $K=0$，虽然这样能减少设计变量，简化计算，但其"一刀切"的做法并不能很好地区分不同样本，没有考虑到不同样本的差异性，易造成误差，影响最后的优化效果。考虑到样本组数较多，且结构优化中没有材料体积的约束，为简化计算并得到每组样本对应的自适应阈值，拟采用大津算法来进行阈值的优化。

1）主要步骤

（1）基于预测得到的在[-1, 1]上的水平集值，将其转换成[0, 255]上的灰度直方图。

（2）通过大津算法计算该灰度直方图的最大类间方差，得到位于[0, 255]上的阈值。

（3）将阈值转换成[-1, 1]上的值，得到最终的自适应阈值。

基于表 8-11 得到的相关数据，通过大津算法计算每组水平集值对应的自适应阈值，如表 8-12 所示。根据得到的水平集阈值，当水平集值位于阈值之上时，保留该单元；当水平集值位于阈值之下时，去除该单元。当所有单元的去留确定后，依据对称性，将左右两边的材料依据对称线进行对称，重新建立新的有限元模型。

表 8-12　基于大津算法得到的部分水平集阈值

序号	1	2	3	⋯	48	49	50
水平集阈值	0.042969	0.140625	0	⋯	−0.0391	−0.01563	−0.01953

由表 8-12 可以看出，在 50 组水平集阈值中，其值都较为接近于 0，但通过对单元小块的去留对比发现，即使得到的水平集阈值同 0 之间的差值达到 10^{-3}，其单元小块的去留情况也有不小的差距。故从另一角度说明不能将阈值 K 直接取为零。

为获取最优的 KLS 曲面，需对多组 KLS 曲面进行比较。当确定 KLS 曲面和阈值 K 后，利用基于大津算法的 Kriging 模型水平集优化方法，进行初始压边圈结构的建模，获得伪拉延筋。

2）伪拉延筋设计过程中需处理的诸多问题

（1）单元小块的数目过多，其边界条件和相互作用复杂，并且计算时间漫长。为解决这个问题，将保留的单元小块同压边圈外圈合在一起建模，设置相同的边界条件。

（2）单元小块为正方体结构，当去除材料时，存在两单元小块顶点对顶点的问题，这必然会引起应力集中。为解决这个问题，将压边圈结构重新建模，并对这种部位进行圆角化处理。同时考虑到压边圈整体的协调性，最后将所有直角区域进行圆角化处理。

（3）当去除单元小块时，存在部分四周单元小块全去除、中间单元小块保留的情况。对于这种情况，判定其预测的水平集值不合理，将这组数据予以剔除。

完成压边圈的建模后，就得到了相应的伪拉延筋，不同阈值下的部分伪拉延筋设计如图 8-33 所示。

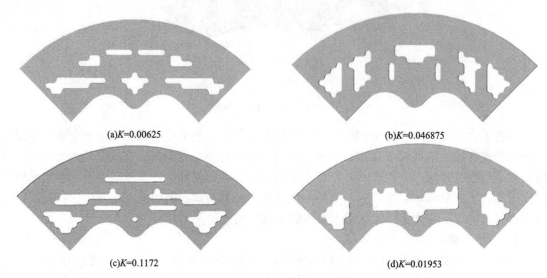

(a)*K*=0.00625　　(b)*K*=0.046875　　(c)*K*=0.1172　　(d)*K*=0.01953

图 8-33　不同阈值下的伪拉延筋

依据 NUMISHEET2011 标准考题中的试验数据，成形件的侧壁部分是减薄最严重的区域。另外，根据十字杯形件的成形性分析，成形件的侧壁部分不仅需要较高的强度，还需足够的塑性性能。侧壁部分是十字杯形件成形过程中最容易产生成形缺陷的危险区域。故选取成形件侧壁中间横截面圆角处的减薄率均匀性作为评价指标，并计算相应的减薄率均匀性，评价指标截面位置如图 8-34 所示[14]。

图 8-34　评价指标截面位置

利用不同的伪拉延筋，在 ABAQUS 软件中建立相应的有限元模型并进行热力耦合分析。基于热力耦合分析结果，选取成形件侧壁中间横截面圆角处的减薄率均匀性作为目标，并计算相应的减薄率均匀性，具体位置如图 8-34 所示。通过分析比较，获得最优的 KLS 曲面。KLS 曲面优化的具体流程图如图 8-35 所示。

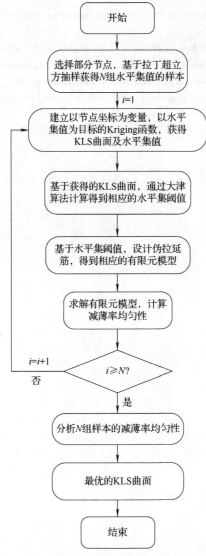

图 8-35 KLS 曲面优化流程图

参 考 文 献

[1] 韩忠华. Kriging 模型及代理优化算法研究进展[J]. 航空学报, 2016, 37 (11): 3197-3225.

[2] XIE Y M, GUO Y H, ZHANG F, et al. An efficient parallel infilling strategy and its application in sheet metal forming[J].International journal of precision engineering and manufacturing, 2020, 21(8): 1479-1490.

[3] HENKENJOHANN N, KUNERT J. An efficient sequential optimization approach based on the multivariate expected improvement criterion[J]. Quality engineering, 2007, 19(4): 267-280.

[4] 潘贝贝, 谢延敏, 岳跃鹏, 等. 基于代理模型和参数不确定性的冲压件容差稳健设计[J]. 锻压技术, 44 (4): 182-187.

[5] 谢延敏. 基于 Kriging 模型和灰色关联分析的板料成形工艺稳健优化设计研究[D]. 上海: 上海交通大学, 2007.

[6] 张飞. 基于水平集理论和代理模型的镁合金成形压边圈设计[D]. 成都: 西南交通大学, 2019.

[7] HAMZA K, ALY M, HEGAZI H. A Kriging-interpolated level-set approach for structural topology optimization[J]. Journal of mechanical design, 2014, 136(1): 011008.

[8] 唐维. 基于自适应 SVR-ELM 混合近似模型的镁合金差温成形研究[D]. 成都: 西南交通大学, 2018.

[9] CHUNG K, HAN H N, HUH H, et al. The 8th international conference and workshop on numerical simulation of 3D sheet metal forming processes (NUMISHEET2011)[J]. Historia scientiarum international journal of the history of science society of Japan, 2011,

8(1): 21-52.

[10] 唐维，谢延敏，黄仁勇，等. 基于自适应 SVR-ELM 混合近似模型的镁合金差温成形本构参数反求[J]. 工程设计学报，2017，24（5）：536-544.

[11] 薛翠鹤. AZ31 镁合金板材温热高速率本构关系研究[D]. 武汉：武汉理工大学，2010.

[12] XIE Y M, YUE Y P, TANG W, et al. Topology optimization of blank holders in nonisothermal stamping of magnesium alloys based on discrete loads[J]. The international journal of advanced manufacturing technology, 2020, 106(1/2): 671-681.

[13] XIE Y M, GUO Y H, ZHANG F, et al. Topology optimization of blank holders based on a Kriging-interpolated level-set method[J]. Engineering optimization, 2021, 53(4): 662-682.

[14] 谢延敏，岳跃鹏，冯美强，等. 基于水平集理论和 Kriging 模型的镁合金差温成形伪拉延筋设计及优化[J]. 机械工程学报，2020，56（12）：92-98.

第9章 基于稳健模型的冲压成形工艺参数优化

9.1 稳健设计概述

在板料成形过程中,可控因素和不可控因素会产生波动,这不仅会影响成形过程中成形件的质量,还会对成形件的使用造成影响。如果不对这些因素进行控制,成形件的使用寿命会缩短。传统的板料优化没有考虑可控因素和不可控因素的波动,这样使得加工出来的产品的稳健性不够高;当产品稳健性得到保证时,可以放宽对设备的工艺、使用条件等方面的要求,这样可以减少产品的加工成本,还可以提升产品的生产效率,因此研究产品的稳健性是当前很重要的一个课题[1]。

稳健设计方法一般分为两类:一类是以经验和半经验为设计基础的一些稳健设计方法,也称为传统稳健设计方法,主要有田口稳健设计、响应面法稳健设计等;另一类是以工程模型为基础并与优化设计方法相互结合的一些稳健设计方法,包括容差多面体模型法、容差模型法等[2]。近年来,随着计算机技术和优化理论的快速发展,传统的三次设计方法已发展成为现代的稳健设计方法。稳健设计方法的思想是在追求优化目标最佳的同时,保证优化目标偏差的最小化。许多发达工业国家将稳健设计方法作为改进和提升产品质量的有效措施[3]。随着工业生产要求的提高,稳健设计方法在工程优化问题中得到了广泛的应用。Chen 等[4]指出稳健设计方法的核心是减少不确定性因素引起的性能指标和约束条件的波动,从而在不消除不确定性因素的条件下,提高产品的成形质量。潘贝贝等[5]提出了一种具有内外层结构的容差稳健模型,有效地降低了可控因素和不可控因素不确定性引起的质量波动。崔杰等[6]以某轿车的前纵梁为研究对象,利用双响应面模型对其进行稳健设计,使前纵梁的碰撞性能得到了显著提高。于成祥等[7]将有限元法与稳健设计方法相结合,使车架的刚度和强度等性能指标对设计变量不敏感,提高了车架性能指标的稳健性。Hou 等[8]将试验设计与随机仿真方法相结合,对行李箱后盖内板起皱和开裂的性能指标进行稳健设计,取得了较佳的效果。黄风立等[9]以某遥控器上下盖为研究对象,建立了基于翘曲量均值和标准差的双目标稳健设计模型,利用混合交叉变异的多目标蚁群算法进行求解,得到的产品质量具有很好的稳健性。Xie[10]通过 Kriging 元模型来映射输入过程参数和零件质量之间的关系,降低了噪声因素对成形质量的影响。Bonte 等[11]采用响应面法对管材液压成形工艺进行稳健设计,并选择确定性优化设计方法进行对比研究。结果表明,管材产品的成形质量更优。高月华[12]采用基于 Kriging代理模型的序列稳健设计方法对制件壁厚进行研究,结果表明,制件壁厚的稳健性得到了提高。Bekar 等[13]以高强度钢为研究对象,利用敏感性分析法确定了屈服应力是影响回弹的最大噪声因素,并通过稳健设计方法对其进行优化,结果表明,回弹得到了有效的控制,且产品质量显著提高。

在板料成形过程中,很多参数具有一定的波动性,即存在不确定性,包括工艺参数(可控因素）和材料参数（不可控因素），这种参数不确定性会严重影响产品的成形质量，造成产品的废品率升高。因此，板料成形工艺稳健设计的主要目的是在考虑材料参数的同时获得能保证产品成形质量稳定的工艺参数组合[14]。

国内外很多学者将稳健设计理论应用到板料成形优化设计中。Costanzo 和 Elisabatta[15]在 NUMISHEET'96 国际会议上首次发表了关于板料成形工艺稳健设计的文章，并采用田口稳健设计方法进行研究。孙光永等[16]采用自主研发的 STLMesher 软件建立了模具的参数化模型，并结合试验设计、代理模型和蒙特卡罗方法，构建了一种基于产品质量工程的 6σ 稳健设计方法。Kleiber[17]以盒形件为研究对象，分析了板料初始厚度、摩擦系数和材料性能的波动情况，假设它们服从不同的概率分布函数并进行了稳健设计。Li [18]将稳健设计与 6σ 理论相结合对板料成形工艺进行稳健设计，并以油底壳冲压件为研究对象，优化结果验证了该方法的有效性。张骥超等[19]以某车型侧围外板为研究对象，将响应面法与试验设计方法相结合，并通过蒙特卡罗方法构建质量指标的响应面模型，获得了最优的稳健工艺解。Buranathiti 等[20]基于 3 点权重法对目标响应的方差进行分析，并对复杂冲压件的板料成形工艺进行了优化设计。胡静等[21]根据有限元仿真、代理模型以及稳健设计方法，提出了一种基于 Dual-Kriging 模型的稳健设计方法，并将该方法应用到方盒件的板料成形工艺中，显著提高了成形件的稳健性。吴召齐[22]分析了板料性能参数的波动情况，提出了一种基于多宽度高斯核函数模型的稳健设计方法，并对平板件的翘曲回弹进行了稳健设计。Chen 和 Koç[23]研究了可控因素和不可控因素在波动条件下对开槽形冲压件回弹的影响，并利用波动模拟分析法对回弹进行预测，提高了冲压件质量的稳健性。王杰等[24]将响应面法和容差稳健优化模型相结合，综合考虑可控因素和不可控因素之间的交互作用，以方盒件为例进行稳健设计，结果表明，冲压件质量的稳健性得到了提高。

9.2　稳健设计方法

随着世界经济全面高速地发展，产品的质量受到消费者的高度重视，成为用户信赖企业的最关键因素。然而，对于任何产品，都有一些因素存在波动，影响了产品的质量，而企业需要通过一些设计尽量降低因素对于产品质量的影响，使得产品对波动因素不敏感，即通过稳健设计进行因素的优化。容差稳健设计是稳健设计的一种方法，可以充分考虑可控因素和不可控因素的交互作用对产品质量的影响，对稳健设计有重要的意义。

9.2.1　基于响应面模型的稳健设计

稳健设计是指设计出来的产品在规定的使用寿命内发生一定的老化时可以保证产品的稳健性，或者是在设计制造过程中工艺参数发生一定变化时也能保证稳定性；或者说，设计出来的产品质量在受到可控因素或者不可控因素的干扰时依然稳定。稳健设计的主要作用是既要提高产品的质量，又要减少产品的质量损失。

设产品实际值 y 与目标值 y_0 之间的变差为 δ_v，即

$$y = y_0 + \delta_v \tag{9-1}$$

假定变差服从正态分布，即 $\delta_v \sim N(0, \sigma^2)$。如图 9-1 中的设计，在图 9-1（a）中，$y_1$ 和 y_2 的均值都靠近产品的目标值，但是 y_1 的波动范围明显小于 y_2，因此认为设计 I 要好于设计 II；在图 9-1（b）中，虽然 y_2 的波动范围比 y_1 大，但是 $\overline{y_2} - y_0 < \overline{y_1} - y_0$，所以还是认为设计 II 比

设计 I 好。因此在设计的过程中要得到质量高的产品，既要使得产品均值 $\bar{y}$ 接近于目标值 y_0，又要使得产品的波动范围尽量小。

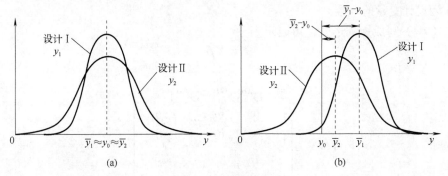

图 9-1　产品质量波动

为保证产品能正常使用，规定其波动范围为

$$R_y = [y_0 + \Delta y^-, y_0 + \Delta y^+] \tag{9-2}$$

式中，Δy^+ 和 Δy^- 称为产品的容差，是产品允许波动的上、下界限。

在稳健设计中，不仅要使得产品的特性值尽量接近目标值，还要控制特性值附近的波动。稳健设计解与确定性优化解的区别在于确定性优化解一般为最大值或最小值，而稳健设计解一般在确定性优化解附近，但是其波动要比确定性优化解小很多，如图 9-2 所示[25]。

响应面模型法是源于统计试验设计的方法，主要有参数筛选、范围内搜寻以及参数优化三个阶段，利用响应面函数计算出函数的均值和方差，然后主要依靠图解法和数值分析法求得最优解。此方法的优点是不需要像田口稳健设计必须要有大致的优化范围，这样可以提高方法的实用性，但是当因素的阶次过高时，模型会变得难以拟合。李玉强等[26]以悬臂梁和筒形件作为研究对象，利用响应面模型对这两个对象进行了 6σ 稳健设计，并取得了良好的稳健优化效果。

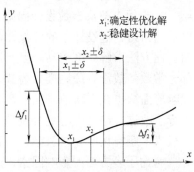

图 9-2　确定性优化解与稳健设计解

多项式响应面法是一种将多变量问题进行优化设计的统计学方法。利用多项式响应面建立代理模型时，首先需要确定多项式响应面模型的函数形式，然后利用统计试验设计方法在空间内取足够多的设计点，最后通过拟合的方法得到设计变量与响应量之间的数学表达式。

常用的拟合方法是最小二乘法，其主要原理是在获得多项式响应面模型系数的同时，使真实响应值与模型预测值之间误差的平方和最小。

空间子域内设计变量 x 与响应量 y 之间的数学表达式可表示为

$$y = f(x) + \varepsilon = \sum_{r=1}^{L} \beta_r \phi_r(x) + \varepsilon \tag{9-3}$$

式中，$f(x)$ 为目标或约束的近似函数；L 为基函数 $\phi_r(x)$ 的个数；β_r 为系数；ε 为综合误差。

由于多项式响应面模型的数学表达式较为简单，所以工程应用中常用二阶多项式响应面建立代理模型，它的基本形式为[27]

$$y = \beta_0 + \sum_{i=1}^{m} \beta_i x_i + \sum_{i=1}^{m} \beta_{ii} x_i^2 + \sum_{i=1}^{m-1} \sum_{j>i}^{m} \beta_{ij} x_i x_j \tag{9-4}$$

式中，m 为设计变量的个数。

将式（9-4）写成矩阵形式，可表示为

$$\boldsymbol{Y} = \boldsymbol{X}\boldsymbol{\beta} \tag{9-5}$$

式中

$$\boldsymbol{Y} = [y^{(1)}, y^{(2)}, \cdots, y^{(n)}]^{\mathrm{T}}$$

$$\boldsymbol{X} = \begin{bmatrix} 1 & x_1^{(1)} & x_2^{(1)} & \cdots & (x_n^{(1)})^2 \\ 1 & x_1^{(2)} & x_2^{(2)} & \cdots & (x_n^{(2)})^2 \\ \vdots & \vdots & \vdots & \ddots & \vdots \\ 1 & x_1^{(n)} & x_2^{(n)} & \cdots & (x_n^{(n)})^2 \end{bmatrix}$$

式中，n 为试验次数；$x_i^{(k)}$ 为第 i 个样本点的第 k 个真实值；$\boldsymbol{X}$ 为样本点矩阵；$\boldsymbol{Y}$ 为响应量；$\boldsymbol{\beta}$ 为多项式响应面模型的系数。

采用最小二乘法对多项式响应面模型的系数进行估计，可表示为

$$\hat{\boldsymbol{\beta}} = (\boldsymbol{X}^{\mathrm{T}}\boldsymbol{X})^{-1}\boldsymbol{X}^{\mathrm{T}}\boldsymbol{Y} \tag{9-6}$$

9.2.2　基于双响应面法的稳健设计

双响应面法于 1973 年由 Myers 和 Carter 提出，但当时没有得到广泛的应用，直到 1990 年[28]才被用来解决参数设计问题。该方法用两个响应面来代替其他目标实现运算，这样就可以不用田口稳健设计中的信噪比，而是直接对目标拟合其均值响应面和标准差（方差）响应面。此方法求解精度较高，且有严谨的理论，可以考虑到误差的分布，但是其进行优化时，部分常数参数没有理论推导公式，需要靠经验判断，对计算的结果有一定的影响。近些年，双响应面法也在不断地研究中。万杰和于海生[29]对双响应面法维度较高时不便于拟合的问题进行了改进，结合中心复合设计对轮胎的胶料硬度进行了稳健优化，提高了设计的稳健性。传统汽车座椅设计经常忽略材料特性等不确定因素，导致座椅安全性出现较大波动。莫易敏等[30]考虑了多方面的影响因素，建立了双响应面模型，引入 6σ 设计方法，提高了座椅的安全性，并提高了座椅的质量。程贤福等[31]采用稳健设计中的双响应面法对车辆悬架系统进行了稳健性分析，结果发现，建立的车辆悬架系统的双响应面稳健设计模型，不仅可以使设计解在所选的可控因素或不可控因素干扰下仍能保证设计目标波动的极小化，并且能够保证目标趋于最优，这种方法具有通用性，可以应用到其他类型的车辆悬架中。

9.2.3　基于单层容差模型法的稳健设计

产品的参数设计值与使用中的实际值会有所不同，这称为因素的变差；而因素的变差会传递给设计函数，引起质量指标和约束的变差，同时变差的统计分布规律也将影响设计函数的概率统计性质[32]。稳健设计的主要目的就是要使得因素受到内部或者外界的影响发生改变时，设计解依然保持稳健，也就是说，稳健设计是在满足优化解可行的基础上，使得产品的质量对变差的影响是不敏感的。

当可控因素和不可控因素发生微量变差时，可以将非线性函数在可控因素和不可控因素的均值的微小领域内展开成泰勒级数，取其一阶项作为近似，于是有

$$\delta y = \sum_{i=1}^{m}\left(\left.\frac{\partial y}{\partial x_i}\right|_{\bar{x},\bar{z}}\right)\delta x_i + \sum_{i=1}^{n}\left(\left.\frac{\partial y}{\partial z_i}\right|_{\bar{x},\bar{z}}\right)\delta z_i \tag{9-7}$$

式中，y 为设计函数；x、z 分别为可控因素和不可控因素；m、n 分别为可控因素和不可控因素的数量；δy、δx_i 和 δz_i 分别为设计函数、可控因素和不可控因素的变差。根据变差的计算公式，可以将式（9-7）用于容差计算，即

$$\Delta y = \sum_{i=1}^{m}\left(\left.\frac{\partial y}{\partial x_i}\right|_{\bar{x},\bar{z}}\right)\Delta x_i + \sum_{i=1}^{n}\left(\left.\frac{\partial y}{\partial z_i}\right|_{\bar{x},\bar{z}}\right)\Delta z_i \tag{9-8}$$

式中，Δx_i、Δz_i 为可控因素和不可控因素的容差。

在进行容差稳健设计的过程中，可以采用两种稳健模型进行容差稳健设计：固定容差稳健优化模型和变容差稳健优化模型，通过建立模型进行全局搜索寻优求解。

固定容差稳健优化模型如式（9-9）所示，当个别参数的变差影响很小时，是可以将其忽略不计的，即对应项的 Δx_i 值取零即可。模型中的设计函数值以及变差都是在不断变动的，以进行全局寻优。

$$\begin{cases} \min\ \ \mathrm{var}\{y(x,z)\} \\ \mathrm{s.t.}\ \ \ g_j(x,z)+\Delta g_j(\text{或}k\sigma_{g_j})\leqslant 0 \quad (j=1,2,\cdots,m) \\ \quad\ (E\{y(x,z)\}-y_0)^2-\varepsilon\leqslant 0 \\ \quad\ x^L \leqslant x \leqslant x^U \end{cases} \tag{9-9}$$

式中，g 为约束函数；Δg 为约束函数的波动；k 为常数；σ 为约束函数的标准差；y_0 为目标值；x^L 为参数范围下限，x^U 为参数范围上限；ε 为收敛误差。

当设计的容差不能确定但设计变量对产品质量稳健性能有影响时，可以采用变容差稳健优化模型进行求解，在求解过程中要保证容差贡献的平等性。

由于设计点计算过程是不断变动的，因此容差模型需要不断地修正，才能够得到正确的结果，但这样计算量就会非常大。为了简化计算，对容差稳健模型进行改进，采用二步解法建立二步法响应面容差稳健模型。第一步根据一般模型找出设计问题的一般优化解 x^0（非稳健设计解），第二步根据一般优化解 x^0 计算出约束函数的变差（或标准差），并在稳健可行性条件的基础上，构建容差稳健模型，求出稳健设计解。此方法的第一步求得的一般优化解在稳健设计解附近，第二步通过局部寻优，求解效率更高[5]。

$$\begin{cases} \min\ \ f(x,z) \\ \mathrm{s.t.}\ \ \ g(x,z)\leqslant 0 \\ \quad\ x^L \leqslant x \leqslant x^U \end{cases} \tag{9-10}$$

$$\begin{cases} \min\ \ f(x,z) \\ \mathrm{s.t.}\ \ \ g(x^0,z)+\Delta g(\text{或}k\sigma_g)\leqslant 0 \\ \quad\ x^L \leqslant x \leqslant x^U \end{cases} \tag{9-11}$$

假定可控因素和不可控因素均服从正态分布，即可控因素 $x_i \sim N(\bar{x}_i,\sigma_{xi}^2)$、不可控因素 $z_i \sim N(\bar{z}_i,\sigma_{zi}^2)$，设计函数的均值 u_v 和方差 σ_v^2 可以用类似容差计算式（9-8）的方式用 σ_{xi}^2、σ_{zi}^2 进行计算，将设计函数在均值处展开成泰勒级数并取其二次项：

$$u_y = y(\bar{x}, \bar{z}) + 0.5\sum_{i=1}^{m}\left(\frac{\partial^2 y}{\partial x_i^2}\bigg|_{\bar{x},\bar{z}}\right)\sigma_{xi}^2 + 0.5\sum_{i=1}^{n}\left(\frac{\partial^2 y}{\partial z_i^2}\bigg|_{\bar{x},\bar{z}}\right)\sigma_{zi}^2 + 0.5\sum_{i=1}^{m}\sum_{j=1(i<j)}^{m}\left(\frac{\partial^2 y}{\partial x_i\partial x_j}\bigg|_{\bar{x},\bar{z}}\right)\lambda_{ij}$$

$$+ 0.5\sum_{i=1}^{m}\sum_{j=1(i<j)}^{m}\left(\frac{\partial^2 y}{\partial z_i\partial z_j}\bigg|_{\bar{x},\bar{z}}\right)\lambda_{ij}\sigma_{zi}\sigma_{zj} + 0.5\sum_{i=1}^{m}\sum_{j=1}^{n}\left(\frac{\partial^2 y}{\partial x_i\partial z_j}\bigg|_{\bar{x},\bar{z}}\right)\lambda_{ij}\sigma_{xi}\sigma_{zj} \tag{9-12}$$

$$\sigma_y^2 = \sum_{i=1}^{m}\left(\frac{\partial y}{\partial x_i}\bigg|_{\bar{x},\bar{z}}\right)^2\sigma_{xi}^2 + \sum_{i=1}^{n}\left(\frac{\partial y}{\partial z_i}\bigg|_{\bar{x},\bar{z}}\right)^2\sigma_{zi}^2 + 2\sum_{i=1}^{m}\sum_{j=1(i<j)}^{m}\left(\frac{\partial^2 y}{\partial x_i\partial x_j}\bigg|_{\bar{x},\bar{z}}\right)\lambda_{ij}\sigma_{xi}\sigma_{xj}$$

$$+ 2\sum_{i=1}^{n}\sum_{j=1(i<j)}^{n}\left(\frac{\partial^2 y}{\partial z_i\partial z_j}\bigg|_{\bar{x},\bar{z}}\right)\lambda_{ij}\sigma_{zi}\sigma_{zj} + 2\sum_{i=1}^{m}\sum_{j=1}^{n}\left(\frac{\partial^2 y}{\partial x_i\partial z_j}\bigg|_{\bar{x},\bar{z}}\right)\lambda_{ij}\sigma_{xi}\sigma_{zj} \tag{9-13}$$

在式（9-12）和式（9-13）中，λ_{ij} 为两因素交互作用时的相关系数，其中包括可控因素和可控因素、可控因素和不可控因素、不可控因素和不可控因素的交互作用。根据概率论可知相关系数的取值范围为[-1, 1]。表 9-1 反映了取不同的 λ_{ij} 时两因素间的交互关系。约束函数的均值 u_g 和方差 σ_g^2 也可以用式（9-8）的方式得到。

表 9-1　交互作用因素间的相互关系

λ_{ij} 的取值	交互关系
-1 或 1	线性函数关系
$-1 < \lambda_{ij} < 0$	负相关
0	相互独立
$0 < \lambda_{ij} < 1$	正相关

9.2.4　基于双层容差模型法的稳健设计

本节在单层优化结构的容差稳健模型的基础上，根据区间分析理论[33]改进了一种基于内外层优化结构的容差稳健模型。

将代理模型 $\hat{f}(X, P)$ 在可控因素的均值处展开成泰勒级数，保留其二阶导数项得到[5]

$$\hat{f}(X|P) \approx \hat{f}(\mu_X|P) + \sum_{i=1}^{n}(x_i - \mu_{xi})\frac{\partial\hat{f}}{\partial x_i} + \frac{1}{2}\sum_{i=1}^{n}(x_i - \mu_{xi})^2\frac{\partial^2\hat{f}}{\partial x_i^2} \tag{9-14}$$

所有的一阶导数和二阶导数均在 $X = \mu_X$ 处取值，并将式（9-14）两边取均值与标准差，分别有

$$\mu_{\hat{f}}(X|P) \approx \hat{f}(\mu_X|P) + \frac{1}{2}\sum_{i=1}^{n}\frac{\partial^2\hat{f}}{\partial x_i^2}\sigma_{xi}^2 \tag{9-15}$$

$$\sigma_{\hat{f}}(X|P) \approx \sqrt{\sum_{i=1}^{n}\left(\frac{\partial\hat{f}}{\partial x_i}\right)^2\sigma_{xi}^2} \tag{9-16}$$

本节提出的容差稳健模型由内层优化结构和外层优化结构组成。

内层优化结构是在可控因素为已知量、不可控因素为自变量的条件下求函数 $F'(\mu_{\hat{f}}, \sigma_{\hat{f}}|X)$ 的极值，如下所示：

$$F_L(X) = \min_{P} F'(\mu_{\hat{f}}, \sigma_{\hat{f}}|X) \tag{9-17}$$

$$F_U(X) = \max_P F'(\mu_{\hat{f}}, \sigma_{\hat{f}} | X) \tag{9-18}$$

式中，$F_L(X)$ 为函数 F' 的最小值；$F_U(X)$ 为函数 F' 的最大值。

由式（9-17）和式（9-18）可知，对于任何给定的可控因素，函数 F' 都可以表示为一个确定的区间，即

$$CI(X) = [F_L(X), F_U(X)] \tag{9-19}$$

根据区间分析理论，区间的中点和半径分别表示对应的位置和分散度，因此，式（9-19）可表示为

$$CI(X) = \langle L_0(X), D_0(X) \rangle \tag{9-20}$$

式中

$$L_0 = \frac{F_U(X) + F_L(X)}{2} \tag{9-21}$$

$$D_0 = \frac{F_U(X) - F_L(X)}{2} \tag{9-22}$$

外层优化结构是指在不可控因素在已知的取值空间内、可控因素为自变量的条件下进行优化，如下所示：

$$\begin{cases} \min_{\mu_X} & F'' = \lambda \times L_0 + (1-\lambda) \times D_0 \\ \text{s.t.} & \mu_{gl} + k\sigma_{gl} \leqslant 0 \\ & (\mu_{\hat{f}} - f_0)^2 - \varepsilon \leqslant 0 \\ & \lambda \in [0,1] \end{cases} \tag{9-23}$$

式中，λ 为权重系数。

外层优化结构通过遗传算法获得优化函数 F'' 的最小值，从而得到稳健设计的最优解[34]。

9.2.5　基于 Dual-Kriging 法的稳健设计

Kriging 模型是一种估计方差最小的无偏估计模型。Kriging 模型一般包括两个部分：回归模型和随机分布[24, 35, 36]。具体的数学模型为

$$y(x) = F(\beta, x) + z(x) = f^T(x)\beta + z(x) \tag{9-24}$$

式中，$f^T(x)$ 为已知的回归模型，一般为多项式函数，用以提供模型的全局近似；β 为相应的回归系数；$z(x)$ 为一个均值为 0、方差为 σ_z^2 的统计过程，其提供模型局部偏差的近似。$z(x)$ 的协方差为

$$\text{cov}(z(x), z(w)) = \sigma_z^2 R(x, w) \tag{9-25}$$

式中，$R(x,w)$ 为两个数据点之间的变异函数，一般形式为

$$R(x,w) = \prod_{j=1}^{n} R_j(d_j) \tag{9-26}$$

式中，R_j 为相关函数的核函数；d_j 为表示待测点与试验点之间的距离关系的量。其中 $R(x,w)$ 通常采用高斯函数，具体形式为

$$R(x,w) = \prod_{j=1}^{n} \exp(-\theta_j d_j^2) \tag{9-27}$$

式中，θ_j 为系数。

基于 Dual-Kriging 的多目标稳健优化主要涉及设计参数、噪声因素的选取、试验设计、响应的第一级 Kriging 模型的建立以及响应的期望、方差的第二级 Kriging 模型的建立和多目标粒子群算法优化。详细流程见图 9-3。

（1）筛选因子。选取设计变量以及对产品响应影响较大的噪声因素。

（2）试验设计。建立 Kriging 模型时一般选择的试验设计是拉丁超立方或者均匀试验设计。

（3）第一级 Kriging 模型。将步骤（2）中的样本进行实物或者仿真试验，得到相应样本的响应值。通过 Kriging 模型，选择合适的回归模型以及核函数，建立产品响应与设计变量以及噪声因素之间的第一级 Kriging 模型。

（4）试验设计。对设计变量进行拉丁超立方抽样。

（5）第二级 Kriging 模型。为实现稳健，模拟不确定性的主要方法有取样法、基于灵敏度法、解析法和基于代理模型的方法。选择基于代理模型的不确定性分析方法可以大大减少计算量，提高优化效率。将步骤（3）得到的设计变量的拉丁超立方抽样表，按照不可控因素的分布，基于第一级 Kriging 模型进行蒙特卡罗模拟，获得各个设计变量组合下响应的期望与方差值。通过 Kriging 模型建立设计变量与响应的期望与方差之间的第二级 Kriging 模型。

图 9-3 基于 Dual-Kriging 的多目标稳健优化策略流程图

（6）多目标稳健设计模型。对于一个实际问题，确定性优化采用的数学模型为

$$\begin{cases} \min F_m(X) & (m=1,2,\cdots,M) \\ \text{s.t. } g_j(X) \leqslant 0 & (j=1,2,\cdots,J) \\ h_k(X)=0 & (k=1,2,\cdots,K) \\ x_i^L \leqslant x_i \leqslant x_i^U & (i=1,2,\cdots,N) \\ X=[x_1,x_2,\cdots,x_N]^{\mathrm{T}} \end{cases} \tag{9-28}$$

通常采用的稳健设计模型为

$$\begin{cases} \min F_m(X)=f_m(X)+\lambda V[f_m(X)] & (m=1,2,\cdots,M) \\ \text{s.t. } g_j(X)-\Delta g_j \leqslant 0 & (j=1,2,\cdots,J) \\ h_k(X)=0 & (k=1,2,\cdots,K) \\ x_i^L+\Delta x \leqslant x_i \leqslant x_i^U+\Delta x & (i=1,2,\cdots,N) \\ X=[x_1,x_2,\cdots,x_N]^{\mathrm{T}} \end{cases} \tag{9-29}$$

式中，$\Delta g_j = \lambda V[g_j(X)]$，取 $\lambda=3$；V 为标准差；h_k 为约束函数。

（7）多目标优化算法。选择基于拥挤距离的多目标粒子群算法。将步骤（5）中得到的设计变量与响应的期望和方差之间的 Kriging 模型代入步骤（6）的稳健设计模型中，利用粒子群算法得到最优的 Pareto 解。如果得到的解是最优解，则输出结果；否则，转向步骤（2），重新建立第一级 Kriging 模型[21]。

9.3　基于二步法的容差稳健设计在翼子板的应用

翼子板是汽车的重要零部件之一，由于其结构复杂，影响其性能的因素较多，如压边力、摩擦系数、圆角半径、材料参数等，在成形过程中容易产生拉裂、起皱等缺陷，而且在成形过程中由于外部环境和因素的波动，其成形质量不能得到保证，因此，需要对翼子板的冲压成形过程进行稳健设计，在尽量优化参数的同时，还要保证成形件质量对各种因素的波动影响不敏感[37]。

9.3.1　翼子板模型的建立

以 NUMISHEET2002 提出的某轿车的前翼子板为例，建立翼子板模型，如图 9-4 所示。模型的材料性能参数和工艺参数如表 9-2 所示[25]。

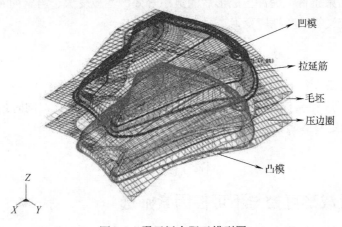

图 9-4　翼子板有限元模型图

表 9-2　翼子板的材料性能参数与工艺参数

参数	初始值
压边力/kN	150
摩擦系数	0.125
材料应力-应变曲线	$\sigma = 536.8(0.02 + \varepsilon_p)^{0.246}$ （MPa）
板料厚度/mm	0.70
板料密度/ (g/cm³)	7.85
杨氏模量/ GPa	207
泊松比	0.28
各向异性系数 R_{00}	2.369
各向异性系数 R_{45}	2.341
各向异性系数 R_{90}	3.129

9.3.2　翼子板模型的成形质量指标

翼子板模型是比较复杂的薄板成形件，由于其形状复杂、圆角较多、尺寸较大，容易发生起皱和拉裂，因此选取起皱和拉裂作为模型的成形质量指标，即目标函数。由于没有固定的表达式对起皱和拉裂进行定义，因此必须通过成形极限图提取单元进行定义，根据第 4 章的介绍，可以用式（4-6）和式（4-7）进行计算，并通过加权的形式对其进行处理，将多目标优化转换成单目标优化。

在板料冲压成形的过程中，由于受到冲压力，板料的厚度会发生变化，如果厚度变化过大，则成形件会发生拉裂。为了防止拉裂，需要将板料的减薄率控制在一定范围之内，因此将其设定为约束条件，板料的厚度变差之和为

$$\Delta t = \sum_{n=1}^{m} \left(\frac{t_n - t_0}{t_0} \right)^4 \tag{9-30}$$

式中，t_0 为板料的初始厚度；t_n 为变形后每个单元的厚度；m 为划分的单元数量。

在变形的过程中，各单元受到的压力不同，这样就会导致局部受力不均匀，出现拉伸不足的情况，因此为了使得板料得到充分的拉伸，提高产品的刚度，减少板料的起皱趋势，设定塑性变形作为约束条件，使冲压成形后的最小等效塑性应变大于给定的参数。根据等效应力的强度理论，定义等效塑性应变为

$$\varepsilon_e = \sqrt{\frac{2}{3}(\varepsilon_1^2 + \varepsilon_2^2)} \tag{9-31}$$

式中，ε_1 为最大主应变；ε_2 为最小主应变。

为满足要求，应使得板料的最大减薄率 Δt 不大于给定参数 t'，同时最小等效塑性应变 $(\varepsilon_e)_{\min}$ 应不小于给定参数 ε_e'，即

$$\begin{cases} \Delta t \leqslant t' \\ (\varepsilon_e)_{\min} \geqslant \varepsilon_e' \end{cases} \tag{9-32}$$

9.3.3　翼子板成形可控与不可控因素筛选

在翼子板成形的过程中，由于其结构不对称，需要加入拉延筋以防止板料流动不均匀而造成的拉裂和起皱等缺陷。为了调节进料的阻力，对拉延筋进行分段设置，需要多条拉延筋对翼子板进行控制。而拉延筋阻力设置不当也会对板料成形的拉裂和起皱产生影响，于是选取拉延筋阻力作为优化因素之一，另外，压边力、板料与模具间的摩擦系数、板料的初始厚度、材料的各向异性系数、强度系数以及硬化指数也会对成形的结果产生影响。由于在成形过程中，拉延筋阻力、压边力、板料与模具间的摩擦系数可以通过人为的改变去控制，因此选取为可控因素，而板料的初始厚度、材料的各向异性系数、强度系数、硬化指数会因为外部环境的影响而有所波动，所以选取为不可控因素[25]。

在可控因素方面，有 6 条拉延筋进行控制，于是拉延筋阻力就有 6 个，分别定义为 db_1、db_2、db_3、db_4、db_5、db_6，定义板料与凸模之间的摩擦系数、板料与凹模之间的摩擦系数、板料与压边圈之间的摩擦系数分别为 μ_1、μ_2、μ_3，再加上压边力 F，共有 10 个可控因素。在不可控因素方面，定义板料的初始厚度为 t_0，材料的各向异性系数为 R_{00}、R_{45}、R_{90}，强度系数为 K，硬化指数为 n。

为了提高翼子板成形的分析效率，需要对可控因素和不可控因素进行筛选，选出对成形质量影响最大的几个因素。由于因素较多，选取 PBD（Plackett-Burman design）进行试验设计。PBD 是两水平的试验设计，可以确定因素的显著性，从而进行因素的筛选，主要包含因素确定、水平选取、利用 Minitab 进行试验设计、模拟仿真、分析显著性五个步骤。

首先对可控因素进行筛选，选择各因素的两个水平，如表 9-3 所示，通过 Minitab 进行试验安排，如表 9-4 所示，然后用 Dynaform 软件进行数值模拟。

表 9-3　可控因素水平

水平	F/kN	μ_1	μ_2	μ_3	db_1/kN	db_2/kN	db_3/kN	db_4/kN	db_5/kN	db_6/kN
−1	100	0.1	0.1	0.1	10	90	120	120	120	135
1	200	0.15	0.15	0.15	70	150	180	180	180	195

表 9-4　可控因素 PBD 表

编号	F	μ_1	μ_2	μ_3	db_1	db_2	db_3	db_4	db_5	db_6
1	−1	−1	−1	−1	1	−1	1	−1	1	1
2	1	−1	−1	1	1	−1	1	1	−1	−1
3	−1	1	1	−1	−1	−1	1	1	−1	1
4	−1	1	1	1	1	1	−1	1	1	−1
5	1	1	−1	−1	−1	−1	1	−1	1	−1
6	1	−1	−1	1	−1	1	1	1	−1	1
7	−1	−1	1	1	−1	1	1	1	1	1
8	−1	1	−1	1	1	1	1	1	1	−1
9	1	1	−1	1	1	−1	−1	−1	−1	1
10	1	1	−1	−1	1	−1	1	1	1	1
11	1	1	1	−1	−1	1	1	−1	1	1
12	−1	1	1	1	−1	−1	−1	−1	−1	−1
13	−1	−1	1	1	1	−1	1	1	−1	−1
14	−1	1	−1	1	1	1	1	−1	1	1
15	−1	−1	−1	−1	−1	−1	−1	−1	1	1
16	−1	−1	1	−1	1	−1	1	1	1	1
17	1	−1	1	−1	1	1	−1	1	−1	−1
18	1	−1	1	1	−1	−1	−1	−1	1	−1
19	1	−1	1	1	1	1	−1	−1	−1	−1
20	1	1	1	1	−1	−1	1	1	−1	1

通过软件后处理，提取每组结果的拉裂和起皱，利用 MATLAB 软件计算求得每组试验的拉裂值和起皱值 f_1、f_2。得出各可控因素对拉裂和起皱的影响图，如图 9-5 和图 9-6 所示。从图中可以看出，对拉裂和起皱都有显著影响的因素为压边力 F、拉延筋阻力 db_1、拉延筋阻力 db_3，因此将其选取为主要的可控因素。

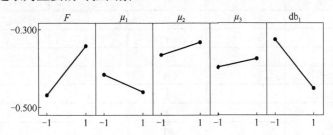

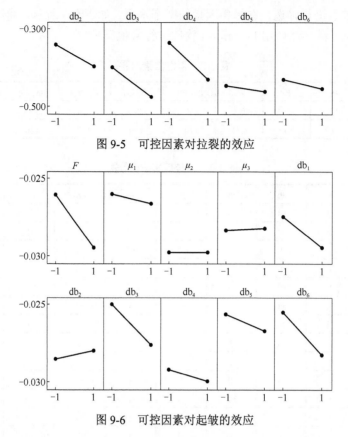

图 9-5　可控因素对拉裂的效应

图 9-6　可控因素对起皱的效应

　　然后对不可控因素进行筛选，选择每个因素的两个水平，如表 9-5 所示，通过 Minitab 进行试验安排，如表 9-6 所示，选取 12 次试验，然后用 Dynaform 软件进行数值模拟。

表 9-5　不可控因素水平

水平	t_0/mm	R_{00}	R_{45}	R_{90}	K	n
−1	0.55	2.0	2.0	2.5	420	0.2
1	0.85	2.8	2.8	3.7	660	0.3

表 9-6　不可控因素 PBD 表

编号	t_0	R_{00}	R_{45}	R_{90}	K	n
1	1	1	−1	1	−1	−1
2	−1	−1	−1	1	1	1
3	1	1	−1	1	1	−1
4	1	−1	1	−1	−1	−1
5	1	1	1	−1	1	1
6	−1	1	−1	−1	−1	1
7	−1	1	1	1	−1	1
8	1	−1	1	1	−1	1
9	1	−1	−1	−1	1	1
10	−1	1	1	−1	1	−1

编号	t_0	R_{00}	R_{45}	R_{90}	K	n
11	-1	-1	-1	-1	-1	-1
12	-1	-1	1	1	1	-1

与可控因素选取一样，计算出每组试验的拉裂值和起皱值，得出不可控因素对拉裂和起皱的影响图，如图 9-7 和图 9-8 所示。从图中分析出，对拉裂和起皱都有显著影响的不可控因素为初始厚度 t_0、强度系数 K，因此将其选取为主要的不可控因素。

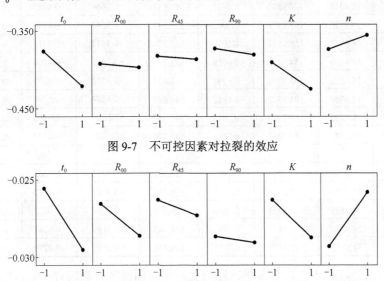

图 9-7　不可控因素对拉裂的效应

图 9-8　不可控因素对起皱的效应

9.3.4　响应面模型的建立

由 9.3.3 节可知，压边力 F、拉延筋阻力 db_1、db_3 为可控因素，板料的初始厚度 t_0、强度系数 K 为不可控因素，表 9-7 为可控因素和不可控因素的取值范围。

表 9-7　可控因素和不可控因素的取值范围

范围	F/kN	db_1/kN	db_3/kN	t_0/mm	K
下限	120	15	120	0.69	521.8
初始值	150	30	140	0.70	536.8
上限	180	45	160	0.71	551.8

在试验设计中，选用拉丁超立方进行抽样，选取 50 个样本点，其中 30 个样本点用来构造响应面模型，20 个样本点用来作为测试点，然后用 Dynaform 进行模拟仿真，并根据后处理中的成形极限图，利用式（4-6）、式（4-7）、式（9-30）和式（9-31）分别计算各组样本点的拉裂值 f_1、起皱值 f_2、减薄率之和 f_3、等效塑性应变 f_4，抽样及计算结果见表 9-8。

表 9-8　拉丁超立方抽样样本点以及指标响应值

编号	F/kN	db_1/kN	db_3/kN	t_0/mm	K	f_1	f_2	f_3	f_4
1	160.6253	23.9323	157.6718	0.6957	521.859	-0.3485	-0.0313	0.4642	0.0226
2	170.8985	30.6652	139.5848	0.7035	546.148	-0.3274	-0.0276	0.3122	0.0230

编号	F/kN	db_1/kN	db_3/kN	t_0/mm	K	f_1	f_2	f_3	f_4
3	135.5124	37.3675	154.4278	0.6952	535.985	−0.3657	−0.0295	0.3721	0.0200
4	123.8134	16.3425	147.8479	0.7013	540.707	−0.3557	−0.0267	0.2742	0.0214
5	131.1336	38.0102	136.7081	0.7025	527.646	−0.3659	−0.0290	0.3503	0.0189
6	142.8897	38.6835	142.9513	0.7024	536.242	−0.3509	−0.0286	0.3369	0.0165
7	137.4096	22.0043	152.4691	0.6976	541.920	−0.3375	−0.0281	0.3079	0.0250
8	172.4094	25.4013	126.8536	0.6910	551.648	−0.3664	−0.0267	0.2580	0.0224
9	122.5328	29.3186	133.3416	0.7002	533.541	−0.3544	−0.0277	0.2922	0.0232
10	154.1542	34.0929	158.6511	0.6970	523.778	−0.3511	−0.0313	0.4697	0.0194
11	125.6614	35.3782	134.3210	0.6929	522.759	−0.3461	−0.0296	0.3515	0.0212
12	168.0293	35.4088	145.2772	0.6993	538.491	−0.3198	−0.0293	0.3768	0.0226
13	127.1560	22.8000	154.1523	0.6982	544.686	−0.4274	−0.0274	0.2870	0.0214
14	150.8099	25.1259	159.7529	0.7012	540.049	−0.3525	−0.0293	0.3783	0.0231
15	178.8322	42.2947	144.7263	0.7069	532.376	−0.3389	−0.0292	0.3917	0.0207
⋮	⋮	⋮	⋮	⋮	⋮	⋮	⋮	⋮	⋮
46	128.2371	43.2741	125.2010	0.6923	528.582	−0.3452	−0.0265	0.2615	0.0264
47	165.8537	33.0523	157.3046	0.7017	539.334	−0.4727	−0.0272	0.2856	0.0200
48	158.2896	40.4891	150.6023	0.7038	525.099	−0.3689	−0.0272	0.2861	0.0239
49	136.5151	24.4220	121.9875	0.7045	524.545	−0.3195	−0.0281	0.3285	0.0191
50	149.7082	32.5933	135.3615	0.7078	526.233	−0.3149	−0.0293	0.3526	0.0189

根据表 9-8，利用样本点建立各个指标的二阶响应面模型，利用式（9-33）检测出模型的精度，见表 9-9。

$$R^2 = \frac{\sum_{i=1}^{n}(\hat{y}_i - \overline{y}_i)^2}{\sum_{i=1}^{n}(y_i - \overline{y}_i)^2} \tag{9-33}$$

式中，n 为样本点个数；$\hat{y}_i$ 为由响应面模型得到的观测值；$\overline{y}_i$ 为真实响应平均值；y_i 为真实响应值。当 R^2 的值越靠近 1 时，响应面模型的精度就越高。

表 9-9　成形质量指标和约束指标的响应面模型精度

响应面模型	决定系数 R^2
f_1	0.9064
f_2	0.9178
f_3	0.9241
f_4	0.9188

由于 f_1、f_2 为成形质量指标，决定系数应尽量高于 0.95，而 f_3、f_4 作为约束指标，决定系数达到 0.90 以上即满足要求，则约束指标模型无须再进行改进，因此采用改进的响应面法对模型的 f_1、f_2 进行改进。根据响应面模型的 f_1、f_2 计算样本点的残差，见表 9-10。

表 9-10　拉裂模型和起皱模型的残差

编号	f_1 响应值	f_1 残差	f_2 响应值	f_2 残差
1	−0.2390	−0.1095	−0.0325	0.0012
2	−0.4087	0.0813	−0.0249	−0.0027
3	−0.4559	0.0902	−0.0303	0.0008
4	−0.2752	−0.0805	−0.0255	−0.0012
5	−0.3074	−0.0585	−0.0292	0.0002
⋮	⋮	⋮	⋮	⋮
16	−0.4471	0.0931	−0.0284	0.0032
17	−0.1845	−0.1689	−0.0271	0.0002
18	−0.3101	−0.0469	−0.0277	0.0009
19	−0.3549	0.0051	−0.0276	−0.0024
20	−0.4874	0.1204	−0.0291	−0.0012

选取逆多二次函数 $\phi(r) = (r^2 + c^2)^{-0.5}$ 作为径向基的基函数，其中，常数 c 取 0.1，利用残差插值对响应面进行修正，建立 f_1、f_2 的残差插值函数模型 p_1、p_2，于是得到改进的拉裂和起皱的响应面模型 f_1'、f_2'：

$$f_1' = f_1 + p_1 \tag{9-34}$$

$$f_2' = f_2 + p_2 \tag{9-35}$$

利用式（9-33）对改进的响应面模型式（9-34）和式（9-35）进行精度检测，见表 9-11。

表 9-11　改进的成形质量指标响应面模型精度

响应面模型	决定系数 R^2
f_1'	0.9566
f_2'	0.9729

对比表 9-9 和表 9-11，改进的响应面模型 f_1'、f_2' 的决定系数 R^2 比 f_1、f_2 大，且决定系数 R^2 都超过 0.95，满足所需精度，因此选取 f_1'、f_2' 作为拉裂值和起皱值的响应面模型。

9.3.5　基于二步法的容差稳健模型

采用对拉裂模型和起皱模型加权的方式将多目标函数转变为单目标函数，加权系数取 0.5，得出确定性优化模型，如式（9-36）所示（x 为可控因素，z 为不可控因素），利用遗传算法求得其确定性优化解[38]。

$$\begin{cases} \min & f(x,z) = 0.5f_1'(x,z) + 0.5f_2'(x,z) \\ \text{s.t.} & g_1 = f_3(x,z) - 0.3 \leqslant 0 \\ & g_2 = -(f_4(x,z) - 0.025) \leqslant 0 \\ & 120 \leqslant x_1 \leqslant 180 \\ & 15 \leqslant x_2 \leqslant 45 \\ & 120 \leqslant x_3 \leqslant 160 \end{cases} \tag{9-36}$$

第一步，求二步法容差稳健模型的一般优化解，模型如式（9-37）所示：

$$\begin{cases} \min & f(x,z) = 0.5f_1'(x,z) + 0.5f_2'(x,z) \\ \text{s.t.} & \mu_{g_1(x,z)} \leqslant 0 \\ & \mu_{g_2(x,z)} \leqslant 0 \\ & 120 \leqslant x_1 \leqslant 180 \\ & 15 \leqslant x_2 \leqslant 45 \\ & 120 \leqslant x_3 \leqslant 160 \end{cases} \tag{9-37}$$

在式（9-37）中，板料初始厚度 z_1 取初始值 0.70mm，强度系数 z_2 取初始值 536.8，μ_g 的计算如式（9-38）所示：

$$\mu_g = g(x,z) + 0.5\sum_{i=1}^{3}\left(\frac{\partial^2 g}{\partial x_i^2}\bigg|_{x,z}\right)\sigma_{xi}^2 + 0.5\sum_{i=1}^{2}\left(\frac{\partial^2 g}{\partial z_i^2}\bigg|_{x,z}\right)\sigma_{zi}^2$$
$$+ 0.5\sum_{i=1}^{3}\sum_{j=1(i<j)}^{2}\left(\frac{\partial^2 g}{\partial x_i \partial x_j}\bigg|_{x,z}\right)\lambda_{ij}\sigma_{xi}\sigma_{xj} + 0.5\sum_{i=1}^{3}\sum_{j=1}^{2}\left(\frac{\partial^2 g}{\partial x_i \partial z_j}\bigg|_{x,z}\right)\lambda_{ij}\sigma_{xi}\sigma_{zj} \tag{9-38}$$

运用遗传算法求得一般优化解 x^0 为 $x_1 = 168.58$，$x_2 = 20.48$，$x_3 = 127.41$，最优值为 $f(x,z) = -0.2442$。

第二步，建立容差稳健模型。根据一般优化解 x^0，计算约束函数的方差 σ_g^2 为

$$\sigma_g^2 = \sum_{i=1}^{3}\left(\frac{\partial g}{\partial x_i}\bigg|_{x,z}\right)^2\sigma_{xi}^2 + \sum_{i=1}^{2}\left(\frac{\partial g}{\partial z_i}\bigg|_{x,z}\right)^2\sigma_{zi}^2 + 2\sum_{i=1}^{3}\sum_{j=1(i<j)}^{2}\left(\frac{\partial^2 g}{\partial x_i \partial x_j}\bigg|_{\bar{x},\bar{z}}\right)\lambda_{ij}\sigma_{xi}\sigma_{xj}$$
$$+ 2\sum_{i=1}^{3}\sum_{j=1}^{2}\left(\frac{\partial^2 g}{\partial x_i \partial z_j}\bigg|_{\bar{x},\bar{z}}\right)\lambda_{ij}\sigma_{xi}\sigma_{zj} \tag{9-39}$$

式（9-38）和式（9-39）中忽略不可控因素间的交互作用，考虑可控因素和不可控因素以及可控因素之间的交互作用；当 λ_{ij} 取 0 时，为不考虑可控因素和不可控因素以及可控因素之间的交互作用。分别建立考虑和不考虑交互作用的容差稳健模型。

由式（9-11）建立容差稳健模型：

$$\begin{cases} \min & f(x,z) = 0.5f_1'(x,z) + 0.5f_2'(x,z) \\ \text{s.t.} & \mu_{g_1(x^0,z)} + 3\sigma_{g_1}\big|_{x^0,z} \leqslant 0 \\ & \mu_{g_2(x^0,z)} + 3\sigma_{g_2}\big|_{x^0,z} \leqslant 0 \\ & 120 \leqslant x_1 \leqslant 180 \\ & 15 \leqslant x_2 \leqslant 45 \\ & 120 \leqslant x_3 \leqslant 160 \end{cases} \tag{9-40}$$

根据式（9-40），利用遗传算法，分别对不考虑交互作用和考虑交互作用的容差稳健模型进行求解，结果如表 9-12 所示，其中优化方法 1 为确定性优化结果，即式（9-36）的优化结果；优化方法 2 为不考虑交互作用的容差稳健模型优化结果，优化方法 3 为考虑交互作用的容差稳健模型优化结果。

表 9-12　三种优化方法结果

优化方法	压边力 F/kN	拉延筋阻力 db_1/kN	拉延筋阻力 db_3/kN	拉裂均值 μ_1	拉裂标准差 σ_1 ($\times10^{-5}$)	起皱均值 μ_2	起皱标准差 σ_2 ($\times10^{-5}$)
1	158.9455	28.7438	137.6656	−0.4525	5.6853	−0.0321	2.2340
2	153.1887	31.4063	140.3287	−0.4312	5.0375	−0.0308	1.6955
3	138.0159	33.3386	132.6254	−0.4258	4.2073	−0.0297	1.4198

优化方法 3 中 $\lambda_1 \sim \lambda_9$ 分别表示压边力和拉延筋阻力 1、压边力和拉延筋阻力 3、拉延筋阻力 1 和拉延筋阻力 3、压边力和板料初始厚度、压边力和强度系数、拉延筋阻力 1 和板料初始厚度、拉延筋阻力 1 和强度系数、拉延筋阻力 3 和板料初始厚度、拉延筋阻力 3 和强度系数间的相关系数，$\lambda_1 \sim \lambda_9$ 的结果见表 9-13。

表 9-13　交互作用系数值

因素间的交互作用系数	优化值
λ_1	0.5028
λ_2	−0.7455
λ_3	0.2298
λ_4	0.4591
λ_5	−0.3399
λ_6	−0.2145
λ_7	−0.0903
λ_8	−0.8712
λ_9	0.7456

9.3.6　优化结果对比分析

对表 9-12 中得到的稳健优化结果和确定性优化结果进行对比，采用蒙特卡罗模拟求得确定性优化、不考虑交互作用、考虑交互作用中的拉裂和起皱的均值和标准差，得到其频率直方图，如图 9-9～图 9-14 所示，其中 N 为样本数量。

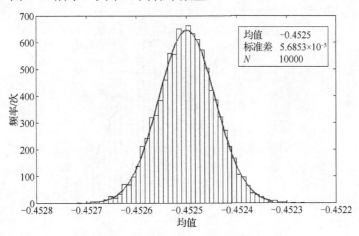

均值	−0.4525
标准差	5.6853×10^{-5}
N	10000

图 9-9　确定性优化目标函数（拉裂）直方图

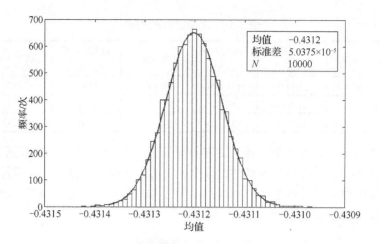

图 9-10　稳健优化（不考虑交互作用）目标函数（拉裂）直方图

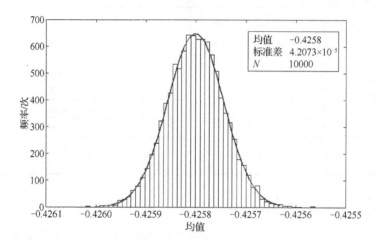

图 9-11　稳健优化（考虑交互作用）目标函数（拉裂）直方图

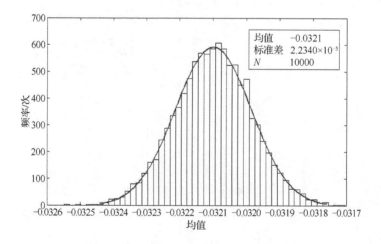

图 9-12　确定性优化目标函数（起皱）直方图

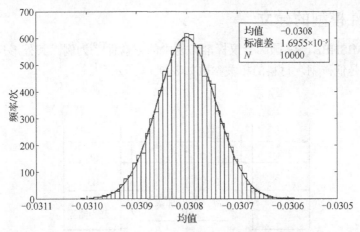

图 9-13　稳健优化（不考虑交互作用）目标函数（起皱）直方图

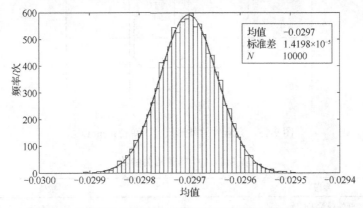

图 9-14　稳健优化（考虑交互作用）目标函数（起皱）直方图

从图 9-9～图 9-14 可以看出，稳健优化后拉裂目标函数的均值比确定性优化有一定的增加，优化方法 2 从-0.4525 增加到了-0.4312，增加了 4.71%；优化方法 3 从-0.4525 增加到了-0.4258，增加了 5.90%。但是标准差有所减小，优化方法 2 减小了 11.39%；优化方法 3 减小了 26.00%，即稳健性都有所增加。稳健优化后起皱目标函数的均值比确定性优化有一定的增加，优化方法 2 从-0.0321 增加到了-0.0308，增加了 4.05%；优化方法 3 从-0.0321 增加到了-0.0297，增加了 7.48%。但是标准差有所减小，优化方法 2 减小了 24.10%；优化方法 3 减小了 36.45%，即稳健性都有所增加。再对比稳健优化方法 2、3，优化方法 3 比优化方法 2 的拉裂目标函数和起皱目标函数的均值都有所增加，但是标准差都有一定的减少，拉裂标准差减少了 16.48%，起皱标准差减少了 16.26%。由此可见，稳健优化比确定性优化的稳健性更高，且综合考虑交互作用的优化方法 3 稳健性更高，成形件质量更稳定，波动更小。

9.4　基于双层容差模型的稳健设计在方盒件的应用

近几十年来，随着计算机技术的快速发展，板料成形在航空、汽车等领域有着广泛的应用。国内外很多学者组织会议共同研究板料成形方面的难题，其中最著名的是国际板料成形三维数值模拟会议（NUMISHEET），由板料成形的权威机构发布标准考题，考题对材料、模型尺寸等方面提出规范化要求，以此来保证研究的结果具有可比性。

9.4.1 方盒件模型的建立

本节以 NUMISHEET'93 国际会议标准考题中的方盒件[39]为例,其外形尺寸如图 9-15 所示,选用的材料是低碳钢,材料的相关参数如表 9-14 所示[34]。

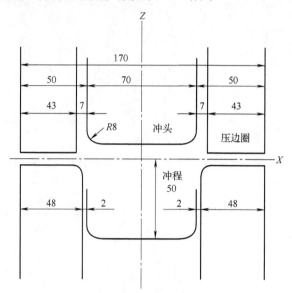

图 9-15　方盒件的外形尺寸（单位：mm）

表 9-14　材料的相关参数

参数	数值
弹性模量 E/GPa	206
屈服强度 σ_s/MPa	167
泊松比 ν	0.3
板料尺寸 $l \times b \times h$/(mm×mm×mm)	150×150×0.78
摩擦系数 μ	0.144
压边力/kN	19.6
各向异性系数 R_{00}	1.79
各向异性系数 R_{45}	1.51
各向异性系数 R_{90}	2.27

选用 Dynaform 软件进行有限元仿真,根据方盒件的对称性,选取 1/4 模型作为研究对象,冲压行程为 50mm,虚拟冲压速度为 1000 mm/s,选取四边形 BT 壳单元,应力-应变关系为

$$\sigma = 565.32(0.007117 + \varepsilon_p)^{0.2589} \tag{9-41}$$

式中, ε_p 为应变； σ 为应力。

9.4.2 方盒件模型的验证

选择凸模下行时板料的辊轧方向(DX)和对角线方向(DD)进行分析,如图 9-16 所示。表 9-15 为成形后板料边缘沿这两个方向的最终距离,图 9-17 为成形后板料沿辊轧方向上的厚度应变分布曲线。

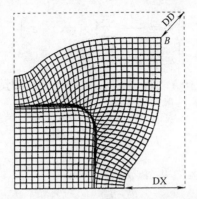

图 9-16　辊轧方向和对角线方向示意图

表 9-15　有限元仿真结果与试验结果对比 （单位：mm）

拉动的最终距离	辊轧方向	对角线方向
试验结果	27.95	15.36
仿真结果	28.41	16.77

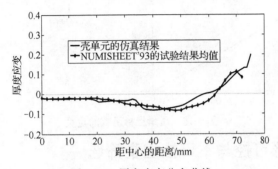

图 9-17　厚度应变分布曲线

从表 9-15 和图 9-17 可知，冲压件的仿真结果与试验结果基本上一致，说明可以利用有限元仿真软件替代物理试验进行方盒件的稳健设计[34]。

9.4.3　方盒件的质量指标函数

在方盒件的冲压成形过程中，设有 3 个质量指标函数。

第 1 个质量指标函数（f_1）是成形点与拉裂临界曲线的裕度曲线之间的距离，如图 9-18 所示[40]，则有

$$\begin{cases} f_1 = \dfrac{1}{\text{sum}} \displaystyle\sum_{e=1}^{\text{sum}} \left[\varepsilon_e - \varphi_s(\varepsilon_2) \right] \\ \varepsilon_e \leqslant \varphi_s(\varepsilon_2) \end{cases} \tag{9-42}$$

式中，$\varphi_s(\varepsilon_2) = \phi_s(\varepsilon_2) - s$；$\varphi_s(\varepsilon_2)$ 为拉裂临界曲线；$\phi_s(\varepsilon_2)$ 为拉裂成形极限曲线；s 为安全裕度，一般取 0.1。

第 2 个质量指标函数（f_2）是成形点与起皱临界曲线的裕度曲线之间的距离，如图 9-18 所示，则有

$$\begin{cases} f_2 = \dfrac{1}{sum}\sum_{e=1}^{sum}\left[\varphi_w(\varepsilon_2) - \varepsilon_e\right] \\ \varepsilon_e \geqslant \varphi_w(\varepsilon_2) \end{cases} \tag{9-43}$$

式中，$\varphi_w(\varepsilon_2) = \phi_w(\varepsilon_2) + s$；$\varphi_w(\varepsilon_2)$ 为起皱临界曲线；$\phi_w(\varepsilon_2)$ 为起皱成形极限曲线。

第 3 个质量指标函数（f_3）是厚度减薄率，则有

$$f_3 = \frac{1}{sum}\sum_{e=1}^{sum}\left(\frac{t_e - t_0}{t_0}\right)^4 \tag{9-44}$$

式中，t_0 为单元的初始厚度；t_e 为单元成形后的厚度。

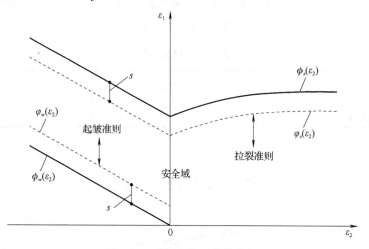

图 9-18　质量指标函数的定义

9.4.4　方盒件成形可控与不可控因素筛选

在方盒件的稳健设计中，选择凸模半径 R_1、凹模半径 R_2、压边力 F、冲压速度 V、板料与模具间的摩擦系数 μ 和凹凸模间隙 d 作为初选可控因素；选择板料厚度 t、强度系数 K、硬化指数 n、各向异性系数 R_{00}、各向异性系数 R_{45} 和各向异性系数 R_{90} 作为初选不可控因素。初选可控因素和初选不可控因素的取值范围如表 9-16 所示，通过拉丁超立方抽样对初选可控因素和初选不可控因素分别抽取 15 个样本，利用 Dynaform 软件进行有限元仿真。

表 9-16　因素的取值范围

可控因素	取值范围	不可控因素	取值范围
R_1/mm	(7, 9)	t/mm	(0.68, 0.9)
R_2/mm	(4, 6)	K	(530, 590)
F/kN	(30, 60)	n	(0.2, 0.36)
V/(mm/s)	(800, 1200)	R_{00}	(1.2, 2.4)
μ	(0.12, 0.18)	R_{45}	(1.2, 2.4)
d/mm	(1.5, 2)	R_{90}	(1.2, 2.4)

通过似然函数因素筛选法对初选可控因素和初选不可控因素进行因素分析，因素的似然函数值如表 9-17 所示。

表 9-17　因素的似然函数值

可控因素	似然函数值	不可控因素	似然函数值
R_1	0.0022	t	0.0031
R_2	0.0026	K	0.0084
F	0.0053	n	0.0026
V	0.0021	R_{00}	0.0018
μ	0.0017	R_{45}	0.0021
d	0.0019	R_{90}	0.0023

由表 9-17 可知,可控因素对方盒件冲压成形质量的影响程度的大小顺序依次是压边力 F、凹模半径 R_2、凸模半径 R_1、冲压速度 V、凹凸模间隙 d 和板料与模具间的摩擦系数 μ;不可控因素对方盒件冲压成形质量的影响程度的大小顺序依次是强度系数 K、板料厚度 t、硬化指数 n、各向异性系数 R_{90}、各向异性系数 R_{45} 和各向异性系数 R_{00}。

根据由似然函数因素筛选法得出的结果和实际冲压情况,将压边力 F、凹模半径 R_2、凸模半径 R_1 和冲压速度 V 作为可控因素;将强度系数 K 和板料厚度 t 作为不可控因素进行建模。通过拉丁超立方对筛选的因素进行抽样,将其代入 Dynaform 软件中得到对应的质量指标。

9.4.5　容差稳健模型的建立

在方盒件的稳健设计中,将第 3 个质量指标函数作为优化目标函数,第 1 个质量指标函数和第 2 个质量指标函数作为约束函数,并利用基于遗传算法的贝叶斯估计方法建立代理模型。

根据式(9-15)和式(9-16)分别求出优化目标函数和约束函数的均值和标准差,于是得到基于内外层优化结构的容差稳健模型,如下所示:

$$
\begin{cases}
\min\limits_{\mu_x} & F''(\mu_{\hat{f}_3}, \sigma_{\hat{f}_3}) \\
\text{s.t.} & \mu_{\hat{f}_1} + 3\sigma_{\hat{f}_1} \leqslant 0 \\
& \mu_{\hat{f}_2} + 3\sigma_{\hat{f}_2} \leqslant 0 \\
& (\mu_{\hat{f}_3} - f_0)^2 - \varepsilon \leqslant 0
\end{cases}
\tag{9-45}
$$

式中, $\hat{f}_3$ 为优化目标函数的代理模型; $\mu_{\hat{f}_3}$ 为优化目标函数的均值; $\sigma_{\hat{f}_3}$ 为优化目标函数的标准差; $\hat{f}_1$ 和 $\hat{f}_2$ 为约束函数的代理模型; $\mu_{\hat{f}_1}$ 和 $\mu_{\hat{f}_2}$ 为约束函数的均值; $\sigma_{\hat{f}_1}$ 和 $\sigma_{\hat{f}_2}$ 为约束函数的标准差; f_0 为优化目标函数的理想值; ε 为计算误差[34]。

9.4.6　优化结果对比分析

为了对提出的容差稳健模型的有效性进行验证,选择确定性优化设计(忽略参数不确定性)进行对比研究。利用遗传算法分别得到容差稳健优化设计的最优解和确定性优化设计的最优解。

容差稳健优化设计的最优解为压边力 44.81kN、凹模半径 4.8mm、凸模半径 8.5mm、冲压速度 907mm/s;确定性优化设计的最优解为压边力 39.11kN、凹模半径 4.4mm、凸模半径 8.3mm、冲压速度 1149mm/s。

为了对容差稳健优化设计和确定性优化设计的最优解进行比较,在 MATLAB 中生产数量为 10^4 的样本,进行蒙特卡罗模拟,并将优化目标函数的结果转换为频率直方图。优化目标

函数 $\hat{f}_3$ 在容差稳健优化设计下的频率直方图如图 9-19 所示；优化目标函数 $\hat{f}_3$ 在确定性优化设计下的频率直方图如图 9-20 所示。

由图 9-19 和图 9-20 可知，相比于确定性优化设计，容差稳健优化设计的优化目标函数的均值从 0.083 减小到 0.0034，标准差从 6.7289×10^{-4} 减小到 2.7238×10^{-4}，稳健性提高了 59.5%。因此，将基于内外层优化结构的容差稳健优化设计方法应用到板料冲压件中，可以有效地提高产品质量的稳健性。

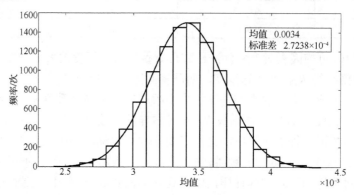

图 9-19　基于容差稳健优化设计的优化目标函数 $\hat{f}_3$

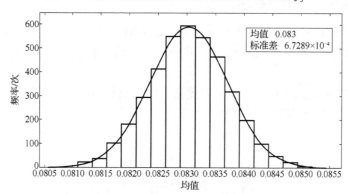

图 9-20　基于确定性优化设计的优化目标函数 $\hat{f}_3$

9.5　基于 Dual-Kriging 法拉深成形多目标稳健设计

随着工业经济的迅速发展，由于冲压成形工艺独特的加工方法以及自身的优点，其在现代工业生产中占据了十分重要的地位。在板料冲压成形过程中会出现不同类型的成形缺陷，各种缺陷对冲压零件的尺寸精度、表面质量和力学性能均会产生严重影响。一般来说，成形缺陷主要包括起皱、拉裂等。

本节以油底壳为例来讲解。油底壳作为车身覆盖件的一个重要部件，由于其深度相差大并且形状复杂，在拉深过程中容易出现成形缺陷，同时批量生产受到生产条件、板料性能波动等的影响，出现报废品的可能性增大。因此，需要对油底壳拉深成形过程进行稳健设计。

9.5.1　油底壳模型的建立

对油底壳进行多目标稳健设计。表 9-18 是材料的性能参数和工艺参数，图 9-21 是油底壳的几何尺寸[21]。

表 9-18   材料的性能参数和工艺参数

参数	对应量
材料应力-应变关系	$\sigma = 794\varepsilon^{-0.292}$
杨氏模量/GPa	210
泊松比	0.3
各向异性系数	1.132
初始板料厚度/mm	0.975
摩擦系数	0.1
压边力/kN	19

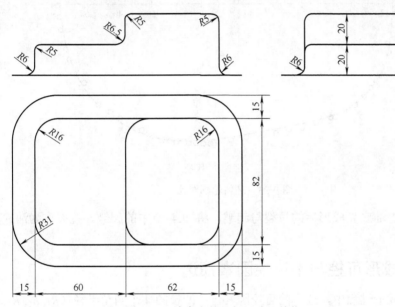

图 9-21   油底壳的几何尺寸（单位：mm）

9.5.2   油底壳模型的验证

在 Dynaform 软件中，设置油底壳的有限元模型，见图 9-22。利用一步法对油底壳坯料进行展开，与文献[40]中试验得到的坯料轮廓进行对比，如图 9-23 所示。可见，一步法得到的坯料轮廓基本与文献[40]中的一致，可以用该有限元模型进行稳健优化。

图 9-22   油底壳有限元模型

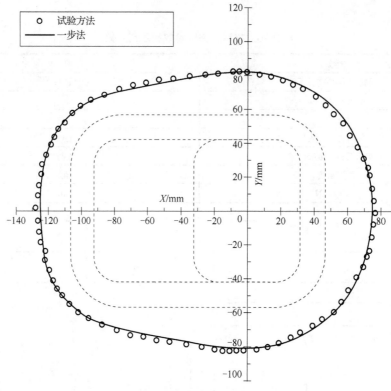

图 9-23　坯料轮廓对比

本例中主要考虑油底壳成形后的拉裂与起皱，将 9.4 节中的起皱、拉裂作为油底壳的成形质量指标。

9.5.3　油底壳成形可控与不可控因素筛选

在油底壳拉深成形过程中，选择的可控因素包括凹模的 4 个圆角半径（R_1, R_2, R_3, R_4）以及压边力 F 等。对于每个可控因素选择三个水平，如表 9-19 所示，按照正交表 L_{27}（表 9-20）安排试验，利用 Dynaform 软件进行有限元分析[41]。

表 9-19　可控因素水平

水平	R_1/mm	R_2/mm	R_3/mm	R_4/mm	F/kN
水平 1	4	5.5	4	5	10
水平 2	5	6.5	5	6	19
水平 3	6	7.5	6	7	28

在 Dynaform 软件后处理中得到每组试验的成形结果，利用 9.4 节方法将成形结果转化为量化的拉裂值（f_1）与起皱值（f_2），见表 9-20。

表 9-20　可控因素正交表以及成形目标值

序号	R_1	R_2	R_3	R_4	F	f_1	f_2	灰色关联度
1	1	1	1	1	1	−0.2490	−0.0244	0.9522
2	1	1	1	1	2	−0.2452	−0.0284	0.9921

续表

序号	R_1	R_2	R_3	R_4	F	f_1	f_2	灰色关联度
3	1	1	1	1	3	−0.2421	−0.0317	0.9804
4	1	2	2	2	1	−0.2591	−0.0132	0.8403
5	1	2	2	2	2	−0.2557	−0.0169	0.8606
6	1	2	2	2	3	−0.2521	−0.0207	0.9104
7	1	3	3	3	1	−0.2648	−0.0061	0.6667
8	1	3	3	3	2	−0.2612	−0.0101	0.7501
9	1	3	3	3	3	−0.2581	−0.0134	0.8082
10	2	1	2	3	1	−0.2622	−0.0096	0.7402
11	2	1	2	3	2	−0.2589	−0.0133	0.8060
12	2	1	2	3	3	−0.2559	−0.0165	0.8551
13	2	2	3	1	1	−0.2512	−0.0227	0.9330
14	2	2	3	1	2	−0.2476	−0.0265	0.9733
15	2	2	3	1	3	−0.2444	−0.0300	0.9942
16	2	3	1	2	1	−0.2585	−0.0142	0.8201
17	2	3	1	2	2	−0.2551	−0.0178	0.8728
18	2	3	1	2	3	−0.2519	−0.0211	0.9151
19	3	1	3	2	1	−0.2582	−0.0150	0.8321
20	3	1	3	2	2	−0.2547	−0.0188	0.8857
21	3	1	3	2	3	−0.2521	−0.0218	0.9226
22	3	2	1	3	1	−0.2617	−0.0101	0.7498
23	3	2	1	3	2	−0.2587	−0.0134	0.8077
24	3	2	1	3	3	−0.2554	−0.0169	0.8609
25	3	3	2	1	1	−0.2512	−0.0225	0.9309
26	3	3	2	1	2	−0.2476	−0.0265	0.9733
27	3	3	2	1	3	−0.2445	−0.0298	0.9958

将 27 组试验中拉裂值的最小值以及起皱值的最小值作为参考序列，各组的拉裂值与起皱值作为比较序列，进行灰色关联分析，得到每组的灰色关联度数据，如表 9-20 所示。对每个可控因素的灰色关联度进行极差分析，如表 9-21 所示。可控因素对应的极差分析中极差数据大，也就表示对拉裂值以及起皱值影响明显，也为主要的可控因素。从表 9-21 可知，R_4 和 F 的极差较大，为主要的可控因素。

表 9-21 可控因素灰色关联度极差分析

可控因素	水平 1	水平 2	水平 3	极差
R_1	0.8583	0.8789	0.8843	0.0257
R_2	0.8852	0.8771	0.8592	0.0260
R_3	0.8835	0.8752	0.8629	0.0206
R_4	0.9695	0.8693	0.7827	0.1868
F	0.8255	0.8802	0.9159	0.0904

油底壳冲压成形中的不可控因素包括板料厚度 t、凹模与板料之间的摩擦系数 μ_1、压边圈与板料之间的摩擦系数 μ_2、凸模与板料之间的摩擦系数 μ_3、强度系数 K 以及硬化指数 n。对

于每个不可控因素选三个水平，按照正交表 L_{27}（表 9-22）进行有限元分析。

表 9-22　不可控因素水平

水平	t/mm	μ_1	μ_2	μ_3	K	n
水平 1	0.9	0.08	0.08	0.08	770	0.282
水平 2	0.975	0.1	0.1	0.1	794	0.292
水平 3	1.05	0.12	0.12	0.12	818	0.302

通过有限元分析得到各组的起皱值与拉裂值。选择 27 组试验中最小的起皱值与拉裂值作为最优值，进行灰色关联分析，得到每次试验的灰色关联度，见表 9-23。

表 9-23　不可控因素正交表以及成形目标值

序号	t	μ_1	μ_2	μ_3	K	n	f_1	f_2	灰色关联度
1	1	1	1	1	1	1	−0.2603	−0.0125	0.6667
2	1	1	1	1	2	2	−0.2600	−0.0128	0.6718
3	1	1	1	1	3	3	−0.2601	0.0129	0.6734
4	1	2	2	2	1	1	−0.2574	−0.0153	0.7178
5	1	2	2	2	2	2	−0.2575	−0.0153	0.7177
6	1	2	2	2	3	3	−0.2573	−0.0156	0.7235
7	1	3	3	3	1	1	−0.2547	−0.0179	0.7719
8	1	3	3	3	2	2	−0.2546	−0.0181	0.7762
9	1	3	3	3	3	3	−0.2545	−0.0183	0.7806
10	2	1	2	3	1	2	−0.2583	−0.0136	0.6867
11	2	1	2	3	2	3	−0.2585	−0.0135	0.6848
12	2	1	2	3	3	1	−0.2590	−0.0129	0.6743
13	2	2	3	1	1	2	−0.2532	−0.0207	0.8362
14	2	2	3	1	2	3	−0.2533	−0.0207	0.8360
15	2	2	3	1	3	1	−0.2540	−0.0199	0.8163
16	2	3	1	2	1	2	−0.2525	−0.0213	0.8520
17	2	3	1	2	2	3	−0.2524	−0.0214	0.8546
18	2	3	1	2	3	1	−0.2533	−0.0204	0.8290
19	3	1	3	2	1	3	−0.2545	−0.0185	0.7848
20	3	1	3	2	2	1	−0.2550	−0.0177	0.7674
21	3	1	3	2	3	2	−0.2552	−0.0177	0.7671
22	3	2	1	3	1	3	−0.2536	−0.0192	0.8014
23	3	2	1	3	2	1	−0.2540	−0.0186	0.7877
24	3	2	1	3	3	2	−0.2542	−0.0184	0.7831
25	3	3	2	1	1	3	−0.2479	−0.0275	0.9632
26	3	3	2	1	2	1	−0.2482	−0.0267	0.9855
27	3	3	2	1	3	2	−0.2485	−0.0267	0.9864

将 27 组试验中拉裂值的最小值以及起皱值的最小值作为参考序列，各组的拉裂值与起皱值作为比较序列，进行灰色关联分析。对每个不可控因素的灰色关联度进行极差分析，结果如表 9-24 所示。不可控因素的灰色关联度极差分析对应的值大，表示其为主要的不可控因素。由表 9-24 可知，t 和 μ_1 为主要的不可控因素。

表 9-24　不可控因素灰色关联度极差分析

噪声因素	水平 1	水平 2	水平 3	极差
t	0.7222	0.7855	0.8474	0.1252
μ_1	0.7086	0.7800	0.8666	0.1580
μ_2	0.7689	0.7933	0.7929	0.0244
μ_3	0.8262	0.7793	0.7496	0.0766
K	0.7867	0.7869	0.7815	0.0054
n	0.7796	0.7864	0.7891	0.0095

9.5.4　Dual-Kriging 模型的建立

由上可知，凹模圆角半径 R_4 以及压边力 F 为可控因素，板料厚度 t、凹模与板料之间的摩擦系数 μ_1 为不可控因素。在 $R_4 \in [5\text{mm}, 7\text{mm}]$、$F \in [10\text{kN}, 28\text{kN}]$、$t \in [0.9\text{mm}, 1.05\text{mm}]$、$\mu_1 \in [0.08, 0.12]$ 的范围之内进行拉丁超立方抽样，选取 50 个样本点进行 Dynaform 仿真试验，根据成形极限图按照 9.4 节中的成形质量指标得到拉裂以及起皱数据，见表 9-25。将 R_4、F、t、μ_1 作为设计变量，将拉裂 (f_1) 以及起皱 (f_2) 数据作为响应，回归模型选择 2 阶多项式，变异函数选择高斯函数，另取 10 个样本点作为检测样本（表 9-26），利用改进的 Kriging 模型分别建立拉裂 (f_1) 以及起皱 (f_2) 的第一级 Kriging 模型。

表 9-25　第一级 Kriging 模型样本点数据以及响应

序号	R_4/mm	F/kN	t/mm	μ_1	f_1	f_2
1	6.9824	12.0247	0.9859	0.1025	−0.2612	−0.0107
2	5.5064	21.5164	0.9524	0.0843	−0.2533	−0.0198
3	6.1874	14.5289	0.9712	0.0829	−0.2608	−0.0117
4	6.0254	18.3687	0.9372	0.0980	−0.2570	−0.0159
5	6.7443	11.1542	0.9569	0.0803	−0.2638	−0.0075
6	6.4563	21.9088	0.9253	0.1007	−0.2580	−0.0147
7	5.9552	16.1759	0.9819	0.1105	−0.2544	−0.0191
8	5.1185	25.3476	1.0171	0.0880	−0.2464	−0.0274
9	6.5817	24.8965	0.9727	0.0835	−0.2592	−0.0132
10	5.8452	19.4567	0.9998	0.1080	−0.2518	−0.0219
⋮	⋮	⋮	⋮	⋮	⋮	⋮
41	6.6681	11.0387	1.0090	0.0942	−0.2618	−0.0108
42	5.1580	10.1207	0.9024	0.0955	−0.2547	−0.0186
43	6.2923	26.4285	1.0342	0.0852	−0.2549	−0.0179
44	6.6540	12.4696	0.9941	0.0868	−0.2558	−0.0166
45	6.6007	14.1160	0.9104	0.1092	−0.2614	−0.0110
46	6.0579	20.8637	0.9148	0.0928	−0.2576	−0.0151
47	6.3440	13.3574	0.9927	0.1165	−0.2571	−0.0163
48	5.8320	16.8402	0.9982	0.0917	−0.2587	−0.0141
49	5.5750	10.3738	0.9408	0.0910	−0.2578	−0.0151
50	5.2907	27.9788	0.9796	0.1197	−0.2429	−0.0318

表 9-26 第一级 Kriging 模型检测样本

序号	R_4/mm	F/kN	t/mm	μ_1	f_1	f_2
1	5.4660	13.7638	1.0078	0.0842	−0.2542	−0.0190
2	5.7598	19.7268	0.9658	0.0954	−0.2540	−0.0192
3	5.3454	22.0079	1.0395	0.0885	−0.2483	−0.0254
4	6.0748	10.9393	0.9286	0.0969	−0.2608	−0.0118
5	5.0926	26.9251	0.9836	0.1022	−0.2445	−0.0297
6	5.9881	25.9094	0.9394	0.0815	−0.2565	−0.0161
7	6.3822	17.5069	1.0325	0.1162	−0.2540	−0.0196
8	6.9457	11.8790	0.9475	0.1054	−0.2618	−0.0091
9	6.7182	23.3280	0.9924	0.1110	−0.2542	−0.0184
10	6.5052	17.1483	0.9082	0.1146	−0.2589	−0.0139

对 10 个样本点进行预测，f_1 以及 f_2 模型的平均相对误差分别为 1.5% 和 0.12%，如表 9-27 所示，均小于 5%，因此第一级 Kriging 模型的精度满足要求。

表 9-27 第一级 Kriging 模型精度

Kriging 模型	Kriging 模型参数 θ 值	平均相对误差/%
f_1 模型	[1.5766 1.9192 0.7116 0.6318]	1.5
f_2 模型	[0.9235 1.9721 0.8507 0.7251]	0.12

在实际生产中，受不确定因素的影响，可控因素以及不可控因素都会存在一定的波动。假设可控因素以及不可控因素均服从正态分布，即 $R_4 \sim N(R_4, (0.1R_4/3)^2)$，$F \sim N(F, (0.1F/3)^2)$，$t \sim N(0.975, 0.0325^2)$，$\mu_1 \sim N(0.1, 0.0033^2)$。在可控因素 $R_4 \in$ [5mm, 7mm] 以及 $F \in$ [10kN, 28kN] 的空间范围中，拉丁超立方抽样选取 500 个样本点，基于第一级 Kriging 模型，按照可控因素以及不可控因素的分布，利用蒙特卡罗模拟，得到各个样本点对应的拉裂、起皱期望以及标准差，见表 9-28。

表 9-28 第二级 Kriging 模型样本点数据以及对应期望与标准差

序号	R_4/mm	F/kN	μ_{f1}	$\sigma_{f1}(\times10^{-3})$	μ_{f2}	$\sigma_{f2}(\times10^{-3})$
1	5.6163	13.0177	−0.2549	2.0319	−0.0184	2.2220
2	5.3468	19.5812	−0.2500	2.1565	−0.0237	2.2697
3	5.0495	23.0617	−0.2455	2.3110	−0.0281	2.4032
4	6.3744	18.2881	−0.2577	1.2743	−0.0150	1.5601
5	6.0158	13.8701	−0.2578	1.6605	−0.0152	1.8805
6	6.3119	14.2950	−0.2593	1.3717	−0.0135	1.6764
7	6.3643	23.5117	−0.2556	1.4579	−0.0172	1.7739
8	5.9235	20.0508	−0.2543	1.7159	−0.0188	1.9736
9	5.2521	23.2835	−0.2475	2.0743	−0.0261	2.2320
⋮	⋮	⋮	⋮	⋮	⋮	⋮
491	5.6660	21.6328	−0.2516	1.8524	−0.0181	1.9224
492	6.7875	24.7797	−0.2565	1.0283	−0.0241	2.1336
493	6.4792	25.5255	−0.2553	1.3049	−0.0123	1.4189

序号	R_4/mm	F/kN	μ_{f1}	$\sigma_{f1}(\times10^{-3})$	μ_{f2}	$\sigma_{f2}(\times10^{-3})$
494	5.8749	15.7122	−0.2566	1.7486	−0.0130	1.4407
495	6.5217	17.6112	−0.2585	1.1615	−0.0216	2.3769
496	6.7051	24.9341	−0.2562	1.1103	−0.0173	1.8446
497	5.4593	27.1784	−0.2481	1.9087	−0.0256	2.1176
498	6.2711	15.8429	−0.2586	1.3129	−0.0143	1.5437
499	5.4629	16.6060	−0.2527	2.2429	−0.0208	2.4766
500	5.1423	18.8698	−0.2482	2.3582	−0.0255	2.4620

将 R_4 和 F 作为设计变量，将 $F_1 = \mu_{f1} + 3\sigma_{f1}$ 以及 $F_2 = \mu_{f2} + 3\sigma_{f2}$ 作为响应，回归模型选择 2 阶多项式，变异函数选择高斯函数，取 20 个样本点作为检测样本（表 9-29），利用改进的 Kriging 模型分别建立拉裂（F_1）以及起皱（F_2）的第二级 Kriging 模型。对样本点进行预测，F_1 及 F_2 模型的平均相对误差分别为 0.71% 和 0.1%，如表 9-30 所示，远小于 5%，满足精度要求。

表 9-29　第二级 Kriging 模型检测样本

序号	R_4/mm	F/kN	μ_{f1}	$\sigma_{f1}(\times10^{-3})$	μ_{f2}	$\sigma_{f2}(\times10^{-3})$
1	5.3283	10.5757	−0.2532	2.1576	−0.0204	2.4753
2	5.1489	26.6063	−0.2453	2.1658	−0.0284	2.2458
3	6.2224	19.6444	−0.2564	1.5049	−0.0164	1.7121
4	6.1511	22.0624	−0.2550	1.5808	−0.0181	1.8528
5	6.9814	11.7556	−0.2617	0.9575	−0.0099	1.4128
⋮	⋮	⋮	⋮	⋮	⋮	⋮
16	6.8117	25.3757	−0.2563	0.9641	−0.0158	1.3257
17	6.7326	13.0582	−0.2608	1.1156	−0.0112	1.5279
18	5.4001	16.9718	−0.2517	2.1975	−0.0215	2.4687
19	5.9038	20.0139	−0.2543	1.7275	−0.0187	1.9373
20	6.3941	18.5379	−0.2577	1.2986	−0.0149	1.5844

表 9-30　第二级 Kriging 模型精度

Kriging 模型	Kriging 模型参数 θ 值	平均相对误差/%
F_1 模型	[0.6436 0.5108]	0.71
F_2 模型	[0.5905 0.5725]	0.1

9.5.5　优化结果对比分析

油底壳的稳健模型为

$$\begin{cases} \min\ F_1 = \mu_{f1} + 3\sigma_{f1} \\ \min\ F_2 = \mu_{f2} + 3\sigma_{f2} \\ \text{s.t.}\ \ 5 + 3\sigma_{R_4} \leqslant R_4 \leqslant 7 - 3\sigma_{R_4} \\ \quad\ \ 10 + 3\sigma_F \leqslant F \leqslant 28 - 3\sigma_F \end{cases} \tag{9-46}$$

按照稳健模型，运用基于拥挤距离的多目标粒子群算法求得非劣解，非劣解前沿如图 9-24 所示。计算单目标 F_1、F_2 的最优值，将其作为参考序列，将 Pareto 解作为比较序列，计算灰色关联度，选取关联度最大的 Pareto 解对应的可控因素值作为最优值，其参数值为 R_4=5.6535mm，F=25.45kN。

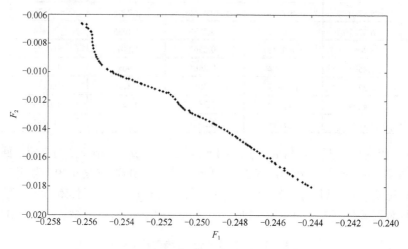

图 9-24　非劣解前沿曲线

将确定性优化得到优化解与上述稳健设计解进行比较。在可控因素以及不可控因素的波动下，利用蒙特卡罗模拟得到确定性优化解的拉裂、起皱的期望与标准差，如表 9-31 所示，并用 Minitab 将其转化为频率直方图（图 9-25～图 9-28）。相对于确定性优化，稳健设计解除起皱值略有增加外，起皱标准差、拉裂均值和标准差都明显减少，起皱标准差减少了 16.42%，拉裂标准差减少了 19.33%。由于稳健设计解的拉裂和起皱值的标准差更小，即方差更小，因此成形质量更稳健，波动性更小。

表 9-31　稳健设计解与确定性优化解结果比较

优化方法	R_4/mm	F/kN	μ_{f1}	$\sigma_{f1}(\times 10^{-3})$	μ_{f2}	$\sigma_{f2}(\times 10^{-3})$
确定性优化	5.1295	26.74	−0.2452	2.2200	−0.02887	2.3420
稳健优化	5.6535	25.45	−0.2503	1.7950	−0.02332	1.9780

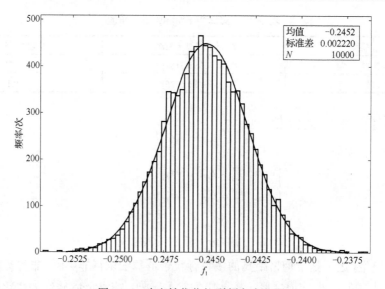

图 9-25　确定性优化拉裂频率直方图

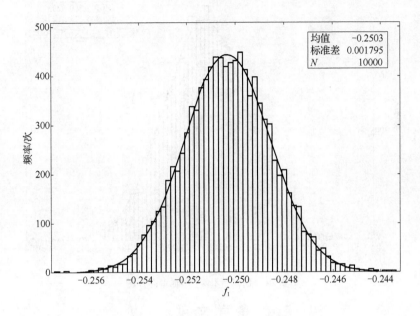

图 9-26　稳健优化拉裂频率直方图

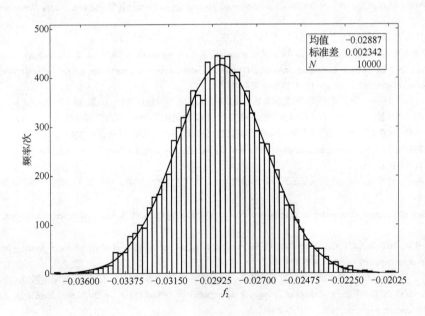

图 9-27　确定性优化起皱频率直方图

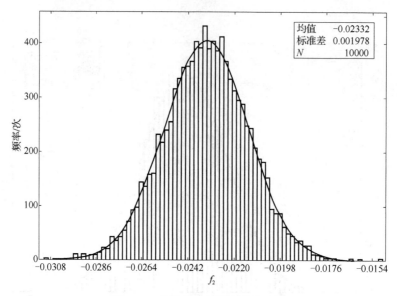

图 9-28　稳健优化起皱频率直方图

参 考 文 献

[1] XIE Y M. Robustness optimization of sheet forming parameters based on Kriging metamodel with an adaptive sample method[A]//Proceedings of the 10th International Conference on Technology of Plasticity[C]. Aachen: Verlag Stahleisen GmbH, 2011: 396-401.

[2] 陈立周. 工程稳健设计的发展现状与趋势[J]. 中国机械工程, 1998, 9 (6): 59-62.

[3] FOGLIATTO F S. Robust design and analysis for quality engineering[J]. IIE transactions, 1997, 29(12): 1084-1086.

[4] CHEN W, ALLEN J K, TSUI K L, et al. a procedure for robust design: minimizing variations caused by noise factors and control factors[J]. Journal of mechanical design, 1996, 118(4): 478-485.

[5] 潘贝贝, 谢延敏, 岳跃鹏, 等. 基于代理模型和参数不确定性的冲压件容差稳健设计[J]. 锻压技术, 2019, 44 (4): 182-187.

[6] 崔杰, 张维刚, 常伟波, 等. 基于双响应面模型的碰撞安全性稳健性优化设计[J]. 机械工程学报, 2011, 47 (24): 97-103.

[7] 于成祥, 何志刚, 瞿晓彬, 等. 轻型货车车架的多目标稳健优化设计[J]. 机械设计与制造, 2007, (8): 56-58.

[8] HOU B, WANG W, LI S, et al. Stochastic analysis and robust optimization for a deck lid inner panel stamping[J]. Materials & design, 2010, 31(3): 1191-1199.

[9] 黄风立, 林建平, 钟美鹏, 等. 注塑成型工艺多目标稳健设计及优化算法[J]. 同济大学学报（自然科学版）, 2011, 39 (2): 287-291, 298.

[10] XIE Y M. Robust design of sheet metal forming process based on Kriging metamodel[J]. AIP conference proceedings, 2011, 1383(1): 927-934.

[11] BONTE M H A, BOOGAARD A H, VAN RAVENSWAAIJ R. A robust optimisation strategy for metal forming processes[J]. AIP conference proceedings, 2007, 908(1): 493-498.

[12] 高月华. 基于 Kriging 代理模型的优化设计方法及其在注塑成型中的应用[D]. 大连: 大连理工大学, 2009.

[13] BEKAR D, ACAR E, OZER F, et al. Robust springback optimisation of DP600 steels for U-Channel forming[J]. Lecture notes in engineering & computer science, 2011, 3: 2399-2404.

[14] 谢延敏. 基于动态 Kriging 模型的板料成形工艺稳健设计[J]. 西南交通大学学报, 2014, 49 (1): 160-164.

[15] COSTANZO P, ELISABATTA A. Application of robust techniques to sheet metal forming process[C]. The 3rd International Conference and Workshop on Numerical Simulation of 3D Sheet Forming Processes, Detroit, 1996: 165-172.

[16] 孙光永, 李光耀, 陈涛, 等. 基于 6σ 的稳健优化设计在薄板冲压成形中的应用[J]. 机械工程学报, 2008, 44 (11): 248-254.

[17] KLEIBER M. Reliability assessment for sheet metal forming operations[J]. Computer methods in applied mechanics and engineering, 2003, 191(39/40): 4511-4532.

[18] LI Y Q. Six sigma optimization in sheet metal forming based on dual response surface model[J]. Chinese journal of mechanical engineering(English edition), 2006, 19(2): 251.

[19] 张骥超, 刘罡, 林忠钦, 等. 侧围外板冲压工艺稳健性优化设计[J]. 上海交通大学学报, 2012, 46 (7): 1005-1010.

[20] BURANATHITI T, CAO J, XIA Z C, et al. Probabilistic design in a sheet metal stamping process under failure analysis[J]. AIP conference proceedings, 2005, 778(1): 867-872.

[21] 胡静，谢延敏，王智，等. 基于 Dual-Kriging 模型多目标稳健设计在板料拉深成形中的应用[J]. 塑性工程学报，2013，20（3）：37-42.

[22] 吴召齐. 板料拉深成形工艺参数优化与翘曲回弹稳健设计[D]. 上海：上海交通大学，2013.

[23] CHEN P, KOÇ M. Simulation of springback variation in forming of advanced high strength steels[J]. Journal of materials processing technology, 2007, 190(1/2/3):189-198.

[24] 王杰，谢延敏，乔良，等. 基于响应面法的板料成形容差稳健设计[J]. 锻压技术，2014，39（9）：21-26.

[25] 王杰. 基于改进响应面模型的板料成形工艺容差稳健优化研究[D]. 成都：西南交通大学，2014.

[26] 李玉强，崔振山，陈军，等. 基于响应面模型的 6σ 稳健设计方法[J]. 上海交通大学学报，2006，40（2）：201-205.

[27] 罗佳奇，刘锋. 基于梯度响应面模型的优化设计[J]. 物理学报，2013，62（19）：190201.

[28] VINING G G, MYERS R H. Combining Taguchi and response surface philosophies: a dual response approach[J]. Journal of quality technology, 1990, 22(1): 38-45.

[29] 万杰，于海生. 改进的双响应曲面法在稳健设计中的应用研究[J]. 河北工业大学学报，2011，40（2）：72-76.

[30] 莫易敏，高烁，吕俊成，等. 基于双响应面法的汽车座椅多目标稳健性优化[J]. 武汉理工大学学报（交通科学与工程版），2019，43（3）：432-437.

[31] 程贤福，袁峻萍，吴志强，等. 基于双响应面法和 BBD 的车辆悬架系统稳健设计[J]. 华东交通大学学报，2012，29（5）：1-6.

[32] 陈立周. 稳健设计[M]. 北京：机械工业出版社，2000.

[33] JIANG C, ZHANG Z G, ZHANG Q F, et al. A new nonlinear interval programming method for uncertain problems with dependent interval variables[J]. European journal of operational research，2014, 238(1): 245-253.

[34] 潘贝贝. 考虑参数和代理模型不确定性的板料成形回弹稳健控制研究[D]. 成都：西南交通大学，2019.

[35] 杜德文，马淑珍，陈永良. 地质统计学方法综述[J]. 世界地质，1995，14（4）：79-84.

[36] XIE Y M. On applying Kriging approximate optimization to sheet metal forming[J]. Applied mechanics and materials, 2011, 63/64: 3-7.

[37] 王新宝，谢延敏，王杰，等. 基于改进 PSO-BP 的拉延筋参数反求优化[J]. 锻压技术，2014，39（4）：10-15.

[38] 谢延敏，张飞，王子豪，等. 基于渐变凹模圆角半径的高强钢扭曲回弹补偿[J]. 机械工程学报，2019，55（2）：91-97.

[39] 乔良，宋小欣，谢延敏，等. 基于 PSO-RBF 代理模型的板料成形本构参数反求优化研究[J]. 中国机械工程，2014，25（19）：2680-2685.

[40] LEE C H, HUH H. Three dimensional multi-step inverse analysis for the optimum blank design in sheet metal forming processes [J]. Journal of materials processing technology, 1998, 80/81: 76-82.

[41] 胡静. 基于 Dual-Kriging 模型的稳健设计方法在板料成形中的应用[D]. 成都：西南交通大学，2013.

第10章 高强度钢冲压件热成形的参数优化

10.1 轻量化设计

随着雾霾问题、能源紧张问题日益突出，降低油耗、减少尾气排放已经成为汽车制造业亟待解决的问题。相关研究表明，汽车重量每减轻 10%，燃油消耗可降低 6%~8%[1]。由此可见，实现汽车轻量化能够很好地降低汽车油耗以及减少尾气排放。

实现汽车轻量化主要有以下几种途径：一是采用轻质材料，如使用低密度的铝及铝合金、镁及镁合金[2, 3]、工程塑料或碳纤维复合材料等。二是使用高强度钢替代普通钢材，降低钢板的厚度规格。三是采用先进的制造工艺：激光拼焊、液压成形技术、铝合金低压铸造技术及半固态成形技术。四是优化结构设计，对汽车车身、底盘、发动机等零部件进行结构优化，在结构设计上采用前轮驱动、高刚性结构和超轻悬架结构等。

近年来，轻质材料的应用逐渐增多，汽车内饰件业已塑料化；铝、镁合金主要以铸件或锻件的形式应用于汽车发动机与变速箱等零部件上，以及豪华车和特种车辆的车身制造中。由于成本高、成形工艺复杂及焊接性差等，铝、镁合金在车身制造中尚未大规模应用。 高强度钢在抗碰撞性能、加工工艺和成本方面较铝、镁合金具有明显的优势，能够满足降低汽车重量和提高碰撞安全性能的双重需要，从成本与性能角度来看，高强度钢是满足车身轻量化、提高碰撞安全性能的最佳材料。除疲劳强度外，高强度钢在应用中的各个性能指标均正比于板厚和相应的材料性能的 n 次方的乘积。因此，高强度钢板能够大幅度增加零件的抗变形能力，提高能量吸收能力，扩大弹性应变区。高强度钢应用于汽车零件上，可以通过减薄零件厚度来降低车身重量；当钢板厚度分别减少 0.05mm、0.1mm 和 0.15mm 时车身可减重 6%、12%、18%。车身用钢向高强度化发展已经成为趋势。但是，超高强度钢由于屈服强度和抗拉强度的显著提高，其冲压力学性能下降，各种成形缺陷凸显，尤其当一些成形件的几何结构变得复杂时，使用传统的冷冲压加工很难满足生产需求。

10.2 高强度钢的热冲压

随着热冲压技术的广泛应用，国内虽已有部分单位对其开展了深入研究，但相对国外而言，对该技术的研究还比较落后，其部分研究成果如下：朱超[4]提出了热冲压模具设计的基本原则，并利用有限元仿真对模具设计中的凸凹模圆角半径、模具间隙、冷却管道尺寸等参数进行了研究和优化设计；王洪光[5]利用流体工程分析工具 CFX，建立了热冲压模具的仿真模型，对混排式热冲压模具的保压淬火过程进行了有限元仿真，研究了工艺状况对产品和模具的热平衡能力和温度场分布的影响；辛志宇等[6]对热冲压模具内的保压淬火过程进行了有限元仿真，发现模具内的导热热阻是热量传递过程中的主要热阻，应首先使用热传导系数大的模具材料，一味增大流速对冷却速率影响不大；黄英[7]对直通式管道冷却系统的冷却效果进行了研究，分析了工艺参数对其的影响规律，得到影响水道冷却效果的最大因素；代尚军[8]建立了保压淬火冷却过程的数值模型，研究了热冲压模具冷却系统设计的关键因素，且得到了流速、模具初始温度、连续作业下的冲程数、保压载荷等对热冲压过程中模具及成形件温度场与性能的影响情况；王立影等[9]提出冷却水流速度达到临界速度时，热冲压模具冷却管道中的支撑柱尺寸及有无支撑柱对结构总散热量不存在影响，即冷却管道中水流速度为临界速度时，模具设计可忽略支撑柱尺寸的作用，进而为热冲压模具冷却系统的优化设计带来了参考作用；陈亚柯[10]通过理论计算确定了冷却系统参数的基本设计要求，利用 LS-DYNA 建立热力耦合模型，对冲压和淬火过程进行有限元仿真，得出冷却管道参数对热冲压工艺的影响，并证明了热冲压件的优越性能；房欢欢[11]提出防撞梁热冲压模具结构的总体设计思路，并利用流体工程仿真工具探究了冷却水流速、入水口水温以及管道其他相关参数对板料冷却效果的影响，并对冷却系统进行了优化；李小平等[12]对热成形模具冷却系统中水槽内的储水量、入水口直径对水流速度的影响情况进行了研究；谷诤巍等[13]开发了一种压力可调的热成形淬火装置，采用二步染色金相分析技术对热冲压淬火阶段的工艺参数进行了优化研究。

基于热冲压成形技术在产品性能上的优越性，国外很多单位和个人较早地对其相关技术进行了深入研究。Hoffmann 等[14]提出一种结合有限元仿真和特定进化算法的系统优化方法，对模具中各结构冷却管道的布局分别进行了优化设计；Steinbeiss 等[15]利用系统优化方法对热冲压模具冷却管道进行优化，并利用数值仿真方法研究了冷却管道相关参数对冷却效果的影响情况；Lim 等[16]以能量平衡为出发点对模具冷却系统中的管道直径、管道间距等因素进行优化，提高了热冲压模具的冷却性能和零件强度；Bardelcik 等[17]研究了不同的冷却速率和冷却材料对零件成形后组织的影响，认为淬火冷却速率越大，越容易获得马氏体组织，且马氏体晶粒越精细；Bariani 等[18]采用带有混排式冷却系统的热冲压模具对高强度钢板成形极限做了研究；Merklein 和 Lechler[19]提出热冲压时板料的冷却速率不得低于 27K/s，其研究内容对评价模具冷却系统设计提供了指导作用。

10.2.1　热冲压工艺过程

生产制造中通常把超高强度钢热冲压工艺分成直接热冲压工艺和间接热冲压工艺[2, 12, 20-22]。直接热冲压工艺如图 10-1 所示，落料后的钢板通过机械手等装置转移到高温加热炉中，加热至再结晶温度以上并在炉中保温使其完全均匀奥氏体化，然后通过转移装置将其快速精确转移到模具中进行快速成形，成形完后在模具内保压淬火形成马氏体组织，最后进行打孔、切边、喷丸等后处理工序[23]。直接热冲压工艺因为在一套模具中完成成形和淬火，具有工序简单、生产率高、制造成本低的优势。该工艺适合于制造形状相对简单的零件。对于结构相对复杂的产品，如果使用直接热冲压工艺，容易导致板料各区域温度下降不一致，进而产生拉裂、形状畸变等问题，所以间接热冲压工艺通常被采用。

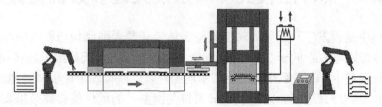

图 10-1　直接热冲压工艺

间接热冲压工艺如图 10-2 所示，落料后的钢板首先完成冲压、切边、打孔等预成形，再通过机械手等装置将其转移到高温加热炉中，加热至再结晶温度以上并在炉中保温使其完全均匀奥氏体化，然后通过转移装置将其快速精确转移到模具中进行快速定形，并在模具内保压淬火形成马氏体组织，最后进行喷丸等后处理。因为经过预成形，板料热成形时冲压深度减小，其温度散失减少；另外，板料的加热消除了预成形造成的残余应力。间接热冲压工艺成形质量好，后处理中无切边等工序，适合制造形状相对复杂的产品。

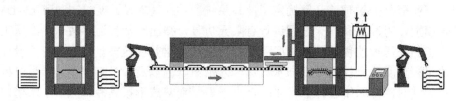

图 10-2　间接热冲压工艺

　　超高强度钢热冲压技术常用来制造强度要求很高的零件，如车门防撞梁、侧围栏、加强边梁、门梁、汽车保险杠、A 柱、B 柱、车顶构架、车门内板等车身结构件，不仅实现了汽车的轻量化，而且有效提高了汽车的安全性[15, 24, 25]。对于热冲压工艺所需的超高强度硼钢板，国内外很多单位对其进行了研究。Arcelor 公司成功研究出了热冲压钢 Usibor1500；瑞典 SSAB 公司研究出了 22MnB5、30MnB5 等热轧可淬火硼钢板；我国宝钢钢铁股份有限公司也成功开发了热轧 BR1500HS[26, 27]。这些钢材通过添加 Mn、Cr、B、Ti、Mo 等合金元素来利于马氏体的生成，阻碍铁素体、珠光体和贝氏体的形成[28-31]。

10.2.2　热冲压技术的优点

　　相比较于传统的冷冲压技术，热冲压技术具备以下优势。
　　（1）提高了汽车的安全性能。热冲压后车身结构件强度和硬度得到大幅度提高，因而有效提高了汽车结构的吸振性能和抗冲击能力。
　　（2）减轻了汽车的重量。部分超高强度硼钢热冲压后的产品强度能够增加到原来的 2.5 倍，因此可以采用较薄的钢板、较少的零件数量来减小汽车的重量，从而实现汽车轻量化。
　　（3）钢板在较高的温度下成形，成形性能变好，可制造出冷冲压不能生产的复杂产品，同时能够一次加工出冷冲压需要多工序、多模具才能生产的产品。
　　（4）减少了回弹。对于高强度钢板的传统冷成形，回弹通常是生产中的一个主要缺陷。而在热冲压过程中，由于板料塑性和流动性的提高，产品回弹几乎为零，产品成形精度得到了提高[32]。

10.3　热冲压模具冷却系统关键参数优化方法

　　热冲压过程中是否发生马氏体的转变或马氏体转变是否彻底均与板料的冷却速率有关，且板料的总体冷却速率应不低于 27K/s，冷却速率越快，所得马氏体组织越精细，成形件性能越好[33]。热冲压过程中，冷却系统通过冷却水的循环，可以有效带走板料传递给模具的热量，从而提高板料和模具冷却速率。对模具冷却系统关键参数的优化能够有效提高板料和模具冷却速率。
　　冷却系统的主要参数包含管道直径、相邻管道侧壁间距、管道顶部与模具表面的距离、冷却水流速 4 个[33]。根据已有研究可得出以下结论：热冲压模具管道直径越大，管道中冷却水流动越均匀，板料温降速率越大，马氏体组织越精细，零件强度伴随马氏体组织的减小而不断提高；相邻管道侧壁间距越小，板料温降速率越大，成形件马氏体组织越精细，零件强度伴随马氏体组织的减小而不断提高；管道顶部与模具表面的距离对冷却水流动情况不产生影响，然而零件温降速率伴随该距离的减小而提高，马氏体组织也更加精细[34]。但是热冲压模具冷却系统设计并不一定是采用最大的管道直径、最小的相邻管道侧壁间距、最小的管道顶部与模具表面的距离、最大的冷却水流速，各个冷却系统参数对冷却效果的影响有主次之分且相互间存在交互作用，选取这 4 个参数的最优值是模具冷却系统设计的重点。

本章基于均匀设计试验法与回归分析方法，建立淬火结束时凹模最高温度与管道直径、相邻管道侧壁间距、管道顶部与模具表面的距离、冷却水流速这 4 个参数之间的二次回归模型，同时基于遗传算法对该模型寻优，得到冷却管道的最优参数，以为热冲压模具冷却系统优化设计提供思路。

10.3.1　均匀设计

1. 均匀设计概念

均匀设计（uniform design）也叫均匀设计试验（uniform design experimentation），在 1978 年经过方开泰研究得出[35]。均匀设计只考虑了试验数据在试验区间内的均匀散布，从而能有效减少试验中的次数。均匀设计是数论方法中"伪蒙特卡罗方法"的一个应用。

与正交试验比较，均匀设计试验可以有效减少试验次数。假设某次试验共包含 r 个因素，对各个因素选取的水平数为 p，如果试验方法采用正交试验，那么其试验次数将不低于 p^2 次。尤其 p 取值较大时，p^2 变得非常大，这对于一些试验成本很高或耗时很长的试验是不能接受的。例如，若水平数 p 取 13，那么 p^2 等于 169，对于很多实际研究，进行 169 次试验是比较烦琐的。然而这种情况下，均匀设计试验进行 13 组试验就可以了。因此，均匀设计试验可以有效减少试验次数。

同正交试验一样，均匀设计试验是经过选用设计好的试验表来设计试验方案的，该表称为均匀设计表。每个均匀设计表规定了其对应的符号 $U_n(q^s)$ 或 $U_n^*(q^s)$，符号里 U 的含义是均匀设计，n 的含义是需进行 n 组试验，q 的含义是对每个因素选取 q 个水平，s 的含义是该均匀设计表的列数为 s，符号中包含"*"一般表示其均匀性更好，须优先采用。如 $U_6^*(6^4)$，如表 10-1 所示，代表该均匀设计表包含 4 个因素，对每个因素选取 6 个水平，该试验总共需要进行 6 组试验。每个均匀设计表同时配对了一个使用表，该表告诉使用者怎样从均匀设计表里选择合适的列，以及选择的列代表的试验方案的均匀度。表 10-2 为 $U_6^*(6^4)$ 的使用表，根据该表可知，如果因素数量为 2，应该选择表 10-1 中的 1、3 两列来组成试验；如果因素数量为 3，应该选择表 10-1 中的 1、2、3 三列。均匀度偏差 σ 可以反映试验点集的均匀性，σ 的值越小代表均匀度越好。

表 10-1　$U_6^*(6^4)$ 的 4 因素 6 水平均匀设计表

试验序号	因素 1	因素 2	因素 3	因素 4
1	1	2	3	6
2	2	4	6	5
3	3	6	2	4
4	4	1	5	3
5	5	3	1	2
6	6	5	4	1

表 10-2　$U_6^*(6^4)$ 的使用表

因素数量	列号				偏差 σ
2	1	3			0.1875
3	1	2	3		0.2656
4	1	2	3	4	0.2990

均匀设计布点法比较特别，具体体现为如下几点。

（1）任何因素的任何水平仅在试验方案中出现一次。

（2）任意两个因素的试验点标在二维表格里，表格中任意行任意列仅出现一个试验点。如表 10-1 的第 1 列与第 3 列画成图 10-3（a）。

（3）均匀设计表中选用不同列建立的试验方案通常不一样。图 10-3（a）、（b）分别是 $U_6^*(6^4)$ 中 1、3 和 1、2 列试验点标在表格里得到的图，可以知道图 10-3（a）的点散布更加合理。

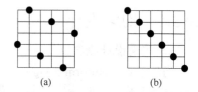

图 10-3　不同列组成的试验点的分布图

（4）如果因素选取的水平数变多，试验次数将与水平数增加相同的数量。

与正交设计对比，均匀设计有以下特点。

（1）试验次数明显减少，任何因素的任何水平仅在试验方案中出现一次，试验次数等于水平数。

（2）因素的水平范围能够合理加宽，让试验更加稳健。

（3）采用计算机处理试验数据、分析试验结果。

2．均匀设计试验

图 10-4 为热冲压模具冷却系统的相关参数，管道直径为 D，管道顶部与模具表面的距离为 H，相邻管道侧壁间距为 S。另外，冷却水流速设为 $V^{[23]}$。

由于均匀设计试验具有试验次数少、可以适当增加因素水平数的特点，对冷却系统 4 个因素各进行 16 个水平的选取。参考文献[6]、[10]、[36]的研究工作，同时为了方便选取水平，把 V 确定为 0.5～4.25m/s，D 确定为 7～14.5mm，S 确定为 4～11.5mm，H 确定为 5～12.5mm，建立 4 因素 16 水平表，如表 10-3 所示[23]。

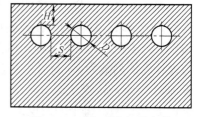

图 10-4　冷却系统相关参数

表 10-3　4 因素 16 水平表

水平数	因素 V/(m/s)	因素 D/mm	因素 S/mm	因素 H/mm
1	0.50	7.0	4.0	5.0
2	0.75	7.5	4.5	5.5
3	1.00	8.0	5.0	6.0
4	1.25	8.5	5.5	6.5
5	1.50	9.0	6.0	7.0
6	1.75	9.5	6.5	7.5
7	2.00	10.0	7.0	8.0
8	2.25	10.5	7.5	8.5

续表

水平数	因素 V/(m/s)	因素 D/mm	因素 S/mm	因素 H/mm
9	2.50	11.0	8.0	9.0
10	2.75	11.5	8.5	9.5
11	3.00	12.0	9.0	10.0
12	3.25	12.5	9.5	10.5
13	3.50	13.0	10.0	11.0
14	3.75	13.5	10.5	11.5
15	4.00	14.0	11.0	12.0
16	4.25	14.5	11.5	12.5

根据因素数量和水平数，参考文献[35]的附录，选取均匀设计表 $U_{16}^*(16^{12})$，根据它们的使用表可以查到，当因素数量为 4 时，应选取 1、4、5、6 列来安排试验，且均匀度偏差 $\sigma=0.1705$。试验方案如表 10-4 所示。

表 10-4　均匀设计试验方案

试验序号	因素 V/(m/s)	因素 D/mm	因素 S/mm	因素 H/mm
1	0.50	9.0	6.5	8.5
2	0.75	11.5	9.5	12.5
3	1.00	14.0	4.0	8.0
4	1.25	8.0	7.0	12.0
5	1.50	10.5	10.0	7.5
6	1.75	13.0	4.5	11.5
7	2.00	7.0	7.5	7.0
8	2.25	9.5	10.5	11.0
9	2.50	12.0	5.0	6.5
10	2.75	14.5	8.0	10.5
11	3.00	8.5	11.0	6.0
12	3.25	11.0	5.5	10.0
13	3.50	13.5	8.5	5.5
14	3.75	7.5	11.5	9.5
15	4.00	10.0	6.0	5.0
16	4.25	12.5	9.0	9.0

热冲压模具长时间在高温下工作，需保证模具具备良好的冷却能力。同时，板料的热量以热传导的方式传递给模具，模具自身温度的下降会加快板料的冷却速率。因此模具温度一定程度上反映了整个结构的冷却能力。选取淬火结束时凹模最高温度 T 最小化作为研究目标，按照均匀设计试验方案建立模具刚性-板料弹塑性热冲压有限元仿真模型并进行有限元仿真，得到的仿真结果如表 10-5 所示[23]。

表 10-5　均匀设计试验结果

试验序号	1	2	3	4	5	6	7	8
温度 T/℃	123.4	130.0	118.7	129.9	115.4	128	120.5	134.9
试验序号	9	10	11	12	13	14	15	16
温度 T/℃	105.3	127.9	105.2	126.4	90.5	131.2	87.3	121.4

10.3.2　回归分析

1．二次回归模型

回归分析是数据分析的有效手段，可以表达变量之间的函数关系，因而在均匀设计的数据处理中成为一种重要的方法。因为在模具大小一定的情况下，管道直径 D 与管道顶部与模具表面的距离 H、相邻管道侧壁间距 S 之间有交互作用，故建立淬火结束时凹模最高温度 T 与各因素间的二次回归模型。其模型结构为

$$y = \beta_0 + \sum_{i=1}^{m}\beta_i X_i + \sum_{i=1}^{m}\beta_{ii}X_i^2 + \sum_{i<j}\beta_{ij}X_i X_j + \varepsilon \tag{10-1}$$

式中，β_0、β_i、β_{ii}、β_{ij} 是回归系数；ε 是随机误差。

假设：$V = x_1$、$D = x_2$、$S = x_3$、$H = x_4$，且设定淬火结束时凹模最高温度为因变量 y，则 y 与各因素之间的二次回归模型为

$$y = a_0 + a_1x_1 + a_2x_2 + a_3x_3 + a_4x_4 + a_5x_1^2 + a_6x_2^2 + a_7x_3^2 \\ + a_8x_4^2 + a_9x_2x_3 + a_{10}x_2x_4 + \varepsilon \tag{10-2}$$

式中，a_i（$i=1,2,\cdots,10$）是回归系数；$a_9x_2x_3 + a_{10}x_2x_4$ 项为考虑到了 x_2 与 x_3、x_4 间的相互作用。

2．回归分析结果

选取表 10-4、表 10-5 中的第 5 组和第 12 组试验数据作为验证数据，利用剩下的 14 组数据对二次回归模型进行回归分析。表 10-6 列出了模型中各参数的迭代估计值，由于 x_3 对因变量不够显著，该项已从回归模型中剔除。于是得到如下回归方程[23]：

$$y = 23.206 + 2.036x_1 - 3.894x_2 + 23.515x_4 - 0.678x_1^2 + 0.073x_2^2 \\ + 0.042x_3^2 - 1.161x_4^2 - 0.018x_2x_3 + 0.175x_2x_4 + \varepsilon \tag{10-3}$$

表 10-6　参数估计值

参数	a_0	a_1	a_2	a_4	a_5	a_6	a_7	a_8	a_9	a_{10}
估计值	23.206	2.036	-3.894	23.515	-0.678	0.073	0.042	-1.161	-0.018	0.175

1）模型评价

表 10-7 列出了评价所得回归方程拟合精度的统计量。决定系数 R^2 可以作为综合度量回归模型对样本观测值拟合精度的指标，此处为 0.993。调整后的 R^2 是需要特别考虑的统计量，其取值越大，模型拟合越精确，此处该值等于 0.979。

表 10-7　模型评价参数

评价参数	决定系数 R^2	调整后的 R^2	标准估算误差
值	0.993	0.979	2.22686

2）方差分析表

表 10-8 展示了回归模型的方差分析结果。从表中知道，F 统计量的大小是 67.059，P 值（0.001）小于显著性水平（0.05），因此回归模型具有统计学价值，说明自变量和因变量之间的关系是显著的[23]。

表 10-8　方差分析表

模型		平方和	自由度	均方	F 统计量	P 值
1	回归	2994.619	9	332.735	67.089	0.001
	残差	19.836	4	4.959		
	统计	3014.454	13			

3）残差分析表

表 10-9 展示了淬火结束时凹模最高温度的残差分析结果，可以看到残差的最小值是 -1.86747，最大值是 1.88919，均值为 0，这反映了模型具有较好的拟合精度。

表 10-9　残差分析表

残差分析	最小值	最大值	均值	标准偏差
预测值	86.5990	133.2832	118.1571	15.17746
残差	-1.86747	1.88919	0	1.23524
标准预测值	-2.079	0.997	0	1
标准残差	-0.839	0.848	0	0.555

分别绘制因变量有限元仿真值和回归方程预测值的折线图（用于回归分析的 14 组试验），如图 10-5 所示，可以看到两者间的差距比较小，说明模型拟合效果很理想[23]。

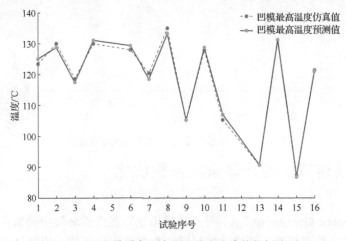

图 10-5　凹模最高温度预测值和仿真值的折线图

3. 回归模型验证

二次回归模型是否可以很好地预测有限元仿真结果，需要在因素水平范围内选定若干组试验进行验证。验证方案如表 10-10 所示，其中试验 1 和试验 2 是表 10-4 均匀设计试验方案中的第 5 组和第 12 组试验，试验 3 和试验 4 是另外选取的两组验证试验。

表 10-10　验证方案

试验序号	因素 V/(m/s)	因素 D/mm	因素 S/mm	因素 H/mm
1	1.50	10.5	10.0	7.5
2	3.25	11.0	5.5	10.0
3	1	9	7	8
4	3	12	10	11

利用 ABAQUS 软件分别对表 10-10 所示的 4 组试验进行仿真，分别得到淬火结束时凹模最高温度。同时，将表 10-10 所示的 4 组试验数据代入回归模型中，得到 4 组预测值，具体结果如表 10-11 所示。

表 10-11　仿真值与预测值对比

试验序号	仿真温度/℃	预测温度/℃
1	115.4	119.0
2	126.4	127.1
3	122.2	122.8
4	128.1	130.3

分别绘制淬火结束时凹模最高温度仿真值和预测值的折线图，如图 10-6 所示，可以明显看到两者间的差距比较小，即回归模型可以较好预测仿真值。

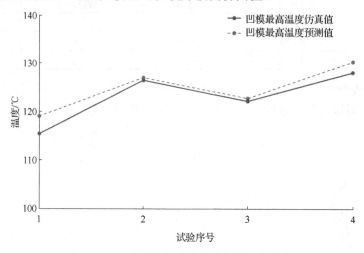

图 10-6　凹模最高温度仿真值与预测值对比

10.3.3　基于遗传算法的冷却系统参数优化

1. 遗传算法

遗传算法（genetic algorithm，GA）是一种模拟生物在自然环境中的遗传和进化过程而形成的自适应全局优化搜索算法。该算法将问题参数编码为染色体，再通过选择、交叉及变异等机制，利用迭代运算来交换个体中染色体的信息，最终在经过若干代进化后，使其适应度达到最优的状态[23]。

遗传算法里，数据或数组代表着染色体，一般使用线性的串结构数据进行表示。串结构数据上的每个位置代表基因，而每个位置上的值代表基因的取值。基因构成串，即染色体，也可以称为基因型个体。类似的个体达到一定数量时将构成种群。种群里个体的数量就是种群的大小，或者称为种群规模。每个个体适应环境的能力称为适应度[37]。

遗传算法不能直接处理空间问题的参数，必须把它们转换成遗传空间内由基因按一定结构组成的染色体或个体，也就是把问题任何可能的解进行编码。随机选择一定数量的个体组成初始种群，然后按照预定的评价函数确定种群中每个个体的适应度，让性能优异的个体具备更好的适应度。选取适应度高的个体进行繁殖，借助遗传算子选择、交叉（重组）、变异，形成一群新的适应度高的个体，产生新的种群。如此经过一代代的繁殖和进化，后代种群比前代种群表现出更好的环境适应能力，最后一代种群中的最佳个体通过解码成为问题的最优解或近似最优解。

遗传算法作为一种基于生物进化论和遗传学原理的全局性搜索最优解的方法，与其他的优化算法比较有以下几个特点：

（1）遗传算法用适应度函数值来评估个体，并在此基础上进行遗传操作，适应度函数不仅不受优化函数连续可微的约束，而且其定义域可以任意设定；

（2）遗传算法能够同时对解范围内的多个区域进行搜索，能够有效降低进入局部最优解的概率；

（3）遗传算法拥有较好的抗变换性，在待求解函数不连续、有噪声和多峰的时候，该算法能有效寻找到最优解或近似最优解；

（4）遗传算法的可扩充能力好，容易和其他专业知识以及算法结合，从而求解待定函数；

（5）遗传算法具有原理简单、可操作性强的特点。

2．冷却系统参数优化

根据式（10-3），淬火结束时凹模最高温度与冷却系统关键参数间可定义为如下非线性规划问题[23]：

$$\min y = 23.206 + 2.036x_1 - 3.894x_2 + 23.515x_4 - 0.678x_1^2 + 0.073x_2^2$$
$$+ 0.042x_3^2 - 1.161x_4^2 - 0.018x_2x_3 + 0.175x_2x_4 + \varepsilon \tag{10-4}$$

$$\text{s.t.} \begin{cases} 0.5 \leqslant x_1 \leqslant 4.25 \\ 7 \leqslant x_2 \leqslant 14.5 \\ 4 \leqslant x_3 \leqslant 11.5 \\ 5 \leqslant x_4 \leqslant 12.5 \end{cases} \tag{10-5}$$

在此利用遗传算法对其进行求解，程序运算精度选取 0.0001，种群规模=500，交叉概率=0.85，变异概率=0.15，最大迭代次数=200，经过 60 次迭代，程序输出的结果如图 10-7 所示。

对计算结果进行取整后取 $x=[4, 14, 4, 5]$，对于所分析的 U 形模具，冷却系统的最优参数为：冷却水流速为 4m/s，管道直径为 14mm，相邻管道侧壁间距为 4mm，管道顶部与模具表面的距离为 5mm，并根据回归模型得到淬火结束时凹模最高温度预测值为 80.8℃。利用该冷却系统参数重新建立有限元模型，如图 10-8 所示，图 10-9～图 10-11 分别为利用该模型进行有限元仿真后淬火结束时的成形件温度分布云图、

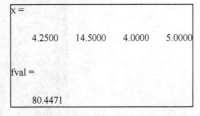

图 10-7 遗传算法程序输出结果

凸模温度分布云图、凹模温度分布云图。由图 10-11 可知，淬火结束时凹模最高温度为 82.6℃（与预测值 80.8℃比较吻合），成形件最高温度为 185.6℃，凸模最高温度为 87.3℃。对比表 10-5 发现，淬火结束时凹模最高温度 82.6℃低于均匀设计试验结果中的任意一组温度值，可知模具冷却系统经过优化后，热冲压过程中凹模温度有明显下降。因而，该优化方法可以有效提高热冲压过程中模具冷却系统的冷却能力[23]。

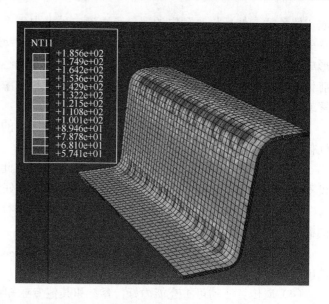

图 10-8　优化后的有限元模型　　　　图 10-9　优化模型淬火结束时成形件温度分布云图（单位：℃）

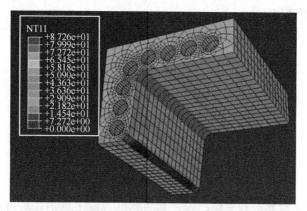

图 10-10　优化模型淬火结束时凸模温度分布云图（单位：℃）

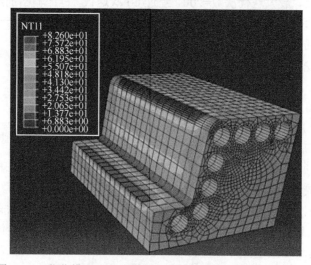

图 10-11　优化模型淬火结束时凹模温度分布云图（单位：℃）

参 考 文 献

[1] 张彦, 来新民, 朱平, 等. 基于抗凹性的轿车零件的轻量化设计及耐撞性分析[J]. 机械设计与研究, 2004, 20（5）: 74-76, 9.

[2] 张飞. 基于水平集理论和代理模型的镁合金成形压边圈设计[D]. 成都: 西南交通大学, 2019.

[3] 岳跃鹏. 基于水平集理论的镁合金差温成形伪拉延筋设计与优化[D]. 成都: 西南交通大学, 2020.

[4] 朱超. 超高强度钢板的热冲压成形模具设计及优化[D]. 长春: 吉林大学, 2010.

[5] 王洪光. 热成形模具混排式冷却系统冷却效果研究[D]. 哈尔滨: 哈尔滨工业大学, 2011.

[6] 辛志宇, 高乃平, 朱彤. 热冲压模具冷却系统数值模拟研究[J]. 热加工工艺, 2012, 41（1）: 170-174.

[7] 黄英. 高强度钢板热冲压模具冷却系统优化数值分析研究[D]. 长春: 吉林大学, 2012.

[8] 代尚军. 超高强度钢热成形模具冷却系统研究[D]. 长春: 吉林大学, 2014.

[9] 王立影, 林建平, 朱巧红, 等. 热冲压成形模具冷却系统临界水流速度研究[J]. 机械设计, 2008, 25（4）: 15-18.

[10] 陈亚柯. 热成形工艺在汽车轻量化中的应用研究[D]. 长沙: 湖南大学, 2012.

[11] 房欢欢. 防撞梁热冲压成形模具的设计及优化[D]. 长春: 吉林大学, 2014.

[12] 李小平, 刘其源, 蔡丽娟, 等. 热成形模具冷却系统水槽及入水口参数对水流速度分布影响[J]. 重庆理工大学学报（自然科学）, 2014, 28（6）: 63-67.

[13] 谷诤巍, 吕萌萌, 赵立辉, 等. 超高强钢热成形淬火阶段的工艺参数优化[J]. 吉林大学学报（工学版）, 2016, 46（3）: 853-858.

[14] HOFFMANN H, SO H, STEINBEISS H. Design of hot stamping tools with cooling system[J]. CIRP annals, 2007, 56(1): 269-272.

[15] STEINBEISS H, SO H, MICHELITSCH T, et al. Method for optimizing the cooling design of hot stamping tools[J]. Production engineering, 2007, 1(2): 149-155.

[16] LIM W, CHOI H, AHN S Y, et al. Cooling channel design of hot stamping tools for uniform high-strength components in hot stamping process[J]. The international journal of advanced manufacturing, 2014, 70(5/6/7/8):1189-1203.

[17] BARDELCIK A, SALISBURY C P, WINKLER S, et al. Effect of cooling rate on the high strain rate properties of boron steel[J]. International journal of impact engineering, 2010, 37(6): 694-702.

[18] BARIANI P F, BRUSCHI S, GHIOTTI A. Critical issues in the simulation of hot forming operations[J]. Production engineering, 2010, 4(4): 407-411.

[19] MERKLEIN M, LECHLER J. Determination of material and process characteristics for hot stamping processes of quenchenable ultra high strength steels with respect to a FE-based process design[J]. SAE international journal of materials and manufacturing, 2008, 1(1): 411-426.

[20] 王洪俊, 范海雁. 轿车车身零件制造中的热成形技术[J]. 模具制造, 2005, 5（4）: 32-34.

[21] MERKLEIN M, LECHLER J. Investigation of the thermo-mechanical properties of hot stamping steels[J]. Journal of materials processing technology, 2006, 177(1/2/3): 452-455.

[22] 何全福. 热成形过程热力耦合 CAE 分析及模具工艺优化研究[D]. 长沙: 湖南大学, 2014.

[23] 何育军. 超高强度硼钢热冲压工艺及模具优化研究[D]. 成都: 西南交通大学, 2016.

[24] 庄百亮, 单忠德, 姜超. 热冲压成形工艺技术及其在车身上的应用[J]. 金属加工（热加工）, 2010, （21）: 62-64.

[25] CAI J, LIN J, DEAN T A. A novel process: hot stamping and cold die quenching[C]. Processings of Third International Symposium on Advanced Technology for Plasticity, Nanchang, 2007: 719-727.

[26] 徐伟力, 艾健, 罗爱辉, 等. 钢板热冲压新技术介绍[J]. 塑性工程学报, 2009, 16（4）: 39-43.

[27] 王刚. 厚壁超高强度 U 型件热冲压成形工艺模拟研究[D]. 长春: 吉林大学, 2014.

[28] 徐勇. 超高强度可淬火钢板热成形工艺数值模拟研究[D]. 长春: 吉林大学, 2010.

[29] 陆匠心, 王利, 应白桦, 等. 高强度汽车钢板的特性及应用[J]. 汽车工艺与材料, 2004, （6）: 13-15.

[30] 张有义, 郭会光. 金属热成形的现代研究方法[J]. 机械工程与自动化, 2004, （6）: 80-81.

[31] 张永青, 赵刚, 叶传龙, 等. 微合金高强度钢热加工工艺的研究[J]. 武汉科技大学学报（自然科学版）, 2004, 27（2）: 130-133.

[32] 谷诤巍, 单忠德, 徐虹, 等. 汽车高强度钢板冲压件热成形技术研究[J]. 模具工业, 2009, 35（4）: 27-29.

[33] 何育军, 谢延敏, 田银, 等. 热冲压成形数值仿真及模具冷却系统参数研究[J]. 锻压技术, 2015, 40（11）: 148-154.

[34] 赵海明. 热成形模具冷却系统数值模拟分析[D]. 长春: 吉林大学, 2013.

[35] 方开泰. 均匀设计与均匀设计表[M]. 北京: 科学出版社, 1994.

[36] 马俊. 高强钢热成形模具冷却水道优化设计及成形温度场分析[D]. 长春: 吉林大学, 2013.

[37] 李明. 详解 MATLAB 在最优化计算中的应用[M]. 北京: 电子工业出版社, 2011.

第11章 铝合金热冲压损伤本构及成形分析

2 系铝合金属于 Al-Cu 系可热处理强化合金，称为高强度硬铝，是飞机机身结构中主要使用的合金，与其他系列的铝合金相比，含有镁的 2 系铝合金由于 Al2Cu 和 Al2CuMg 沉淀的析出而具有更高的强度，并且具有优异的抗损伤性以及良好的抗疲劳裂纹扩展性[1]。但是 2 系铝合金中存在较大尺寸的金属间化合物，因此其断裂韧性较低，在常温下成形能力差且成形后回弹量大。为了解决铝合金延展性差的问题并提高其制造复杂形状部件的能力，在高温下成形成为可行的解决方案[2]。随着成形温度的升高，材料的变形能力增强，从而具有出色的成形性能，可以成形一些形状复杂的零件。此外，在高温下材料的变形抗力降低，并且成形后回弹小，因此有利于实现具有较高尺寸要求的零件的精确成形。

为了获得形状复杂的 2 系铝合金高质量零件，需要对高温下材料的成形性能进行准确评估。与常温下成形不同，在高温下 2 系铝合金的成形性能受到的影响因素较多。铝合金热成形过程具有复杂的变形特征，从而导致了复杂的流动应力行为，这给材料的本构建模带来重大挑战，而热变形过程中，材料的本构建模对于理解材料的变形机理、后续的数值模拟以及最后产品的质量控制至关重要，因此需要研究 2 系铝合金在高温下的流动行为并建立一套精确的热塑性本构模型去描述材料热变形下的硬化、损伤与断裂行为。Lin 和 Chen[3]回顾了金属和合金在高温下的本构建模方法，将本构模型分为现象型、物理型和神经网络型三类。Lin 和 Dean[4]建立了统一的黏塑性本构模型，能够将微观结构的物理参数，如静态和动态条件下的晶粒尺寸演变、位错密度累积和回复、重结晶、沉淀物的溶解速率等耦合到本构模型中，并在有限元求解器中实现，通过用户定义的子例程来模拟热成形过程中的微观结构演变。类似地，为了建立准确的热变形仿真模型，Liu 等[5]提出了一个统一的材料模型，该模型明确说明了与非弹性变形相关的位错和晶粒尺寸演变过程，制定了相应的微观结构演化规律，将其整合到本构模型中，并应用到 SS304 合金的热变形过程中，结果表明，该模型非常精确地再现了非弹性变形的各个方面，包括热软化的敏感性、速率硬化的敏感性以及应变硬化速率。Nayan 等[6]基于压缩试验研究了 2195 铝合金在高温和不同应变率下的流变行为，分析其在高温下的组织演变，并基于双曲正弦 Arrhenius 方程来描述高温变形过程中流动应力、应变率及变形温度三者之间的关系。Deng 等[7]研究了高温下 2024 铝合金薄板在热拉伸和压缩状态下的流动行为，并且考虑到温度和应变率对成形参数的影响，确定了合理的钣金在高温下的成形参数范围。Vilamosa 等[8]提出了一种基于物理的本构模型，并将其应用于承受大应变、高应变率和高温的 6082 铝合金。该模型使用位错密度作为内部变量，而不涉及微观结构演变的详细特征，描述了热弹性、热黏塑性以及应变率等和温度相关的加工硬化特征。Guo 和 Wu[9]基于位错密度建立了淬火后的 Al-Cu-Mg 合金的流动应力模型，该模型考虑了沉淀、固溶体和位错的影响。不同冷却速率下沉淀物的半径和体积分数由多类降水动力学模型预测，并且本构模型参数使用等温拉伸试验通过校准获得。李齐飞[10]研究了 2124 铝合金的高温流变特性，建立了其高温流变应力的本构方程，探讨了 2124 铝合金的可加工性并获得了优化的成形工艺参数。聂俊红等[11]通过分析合金在高温塑性变形过程中的流变应力变化规律，观察合金在热变形过程中的显微组织演变，探讨了不同变形温度和应变率对合金热塑性变形能力的影响，并用双曲正弦形式的本构方程来描述热变形条件和流变应力的关系。

热成形下的工艺参数（如温度、冲压速度、压边力、摩擦系数等）对成形性能以及产品的质量有着重要影响。傅垒等[12]建立了铝合金热冲压成形的有限元模型，研究坯料初始温度、冲压速度、压边力及摩擦系数对板料成形质量的影响，并通过铝合金热冲压试验验证了有限元模拟的可靠性。Mohamed 等[13]介绍了一组变形和损伤的耦合黏塑性本构方程，用于预测热成形条件下 AA6082 的黏塑性流动和可塑性诱导的破坏，并通过 ABAQUS 用户定义的子程序 VUMAT 进行成形过程仿真验证，此外，对成形工艺进行了优化并识别出最优成形参数。Bai 等[14]基于一组连续损伤机制理论，将本构模型嵌入 LS-DYNA 用户子例程中进行模拟成形极限试验，并将仿真应力分布结果与试验结果进行比较，吻合良好，表明开发的有限元模型可用于预测热成形过程的可成形性。Laurent 等[15]通过试验和数值模拟研究了 AA5754 铝合金的温热拉伸性能，建立了唯象的 Hockett-Sherby 硬化模型，并考虑了幂律应变率依赖性，基于用户材料模型的 VUMAT 接口，在商业软件 ABAQUS 中建立了材料的温度相关各向异性模型，分析了在成形过程中接触摩擦条件、冲力演变、沿杯壁的厚度分布和耳形轮廓对成形的影响。在钣金热成形中，需要研究工艺参数条件对成形结果的影响，以获得最优的热成形工艺参数，从而获得高可成形性零件并控制产品的成形缺陷。

11.1   2124 铝合金热变形行为

11.1.1   热拉伸试验

试验材料为 1mm 厚的 2124 铝合金，其热处理状态为 T4 态，在该状态下材料具有较高的强度及较差的塑性。通过线切割方式将原始板材沿着轧制方向加工成热拉伸试样的形状，其试样尺寸如图 11-1 所示。使用砂纸将切割后的试样表面打磨光滑，以防止材料的初始缺陷对拉伸性能造成影响。

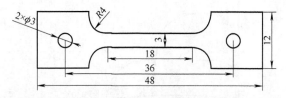

图 11-1   热拉伸试样尺寸（单位：mm）

在热拉伸之前，将试样分别加热到试验温度 350℃、400℃、450℃，并将试样保温 3min 以使试样温度均匀。随后使用配有高温炉的 CMT5150 电子万能试验机分别在不同的应变率（0.001/s、0.01/s、0.1/s）下进行热拉伸试验以获得材料热变形下的力学行为。热拉伸试验设备如图 11-2 所示，其包含了电子万能试验机和高温炉，电子万能试验机可以自动获取材料变形时的力与位移数据，通过高温炉可实现对试样的温度进行控制。热拉伸后通过电子万能试验机的传感器获得 9 组载荷-位移曲线数据，并将载荷-位移数据转换为应力-应变数据。

(a)电子万能试验机

(b)高温炉

图 11-2　热拉伸试验设备

11.1.2　热拉伸试验结果及分析

利用热拉伸试验（单轴）获得了在不同温度和应变率下 2124 铝合金的应力-应变曲线，如图 11-3 所示。

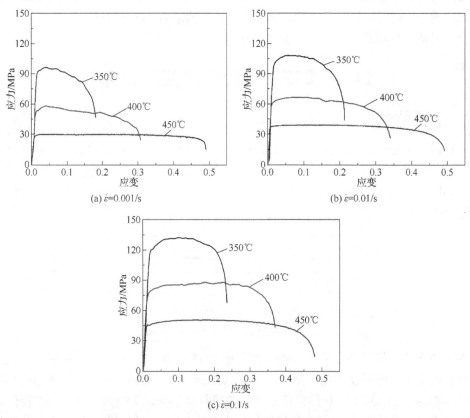

图 11-3　2124 铝合金热拉伸应力-应变曲线

总的来说，2124 铝合金热拉伸变形过程主要经历了三个阶段：峰值应力前的硬化阶段、稳态流动应力阶段以及应力软化阶段。第一个阶段主要为弹性变形以及塑性变形的初始阶段，此阶段加工硬化效应占主导，使得应力快速上升。由于 2124 铝合金在高温下具有较强的动态回复软化效应，以抵消加工硬化效应，因此应力在较低的应变下（小于 0.1）达到峰值，如图 11-3 所示。当加工硬化与动态回复平衡后，材料的流动应力将不再变化，此为稳态流动应力阶段。随着塑性变形的进行，第二相颗粒会引起微孔形核及生长，从而应力出现下降，当微孔聚合后，材料的承载能力急剧降低，随后很快断裂失效，此为应力软化阶段。

此外，影响金属材料高温下损伤机制的主要因素有变形参数（温度、应变率）以及微观组织。图 11-3 表明损伤起始及随后的演化与温度和应变率密切相关，且温度是影响延伸率的主要因素。2124 铝合金存在大而硬的金属间夹杂物，因此塑性较差。材料在试验拉伸变形条件下的损伤机制主要为第二相颗粒引起的微孔形核、生长和聚合[16]。随着温度升高，一方面，沉淀趋于溶解，基质软化，减少了微孔成核的机会并降低了孔隙演化速率；另一方面，热激活机制（如位错爬升/滑移）使得塑性变形更加容易，并且基质在高温下的软化降低了基质与破碎颗粒之间的不稳定性，从而减少了微孔聚合的机会，增加了延展性。此外，在较低温度下（如 350℃），材料在低应变率下具有较低的延展性，这可能归因于沉淀在温度效应下的粗化。

11.2　基于位错密度的统一黏塑性本构模型

11.2.1　理论模型

2124 铝合金在高温下的变形表现出时间依赖性的黏塑性特征，黏性应力与塑性应变率的非线性关系可以用幂函数来近似：

$$\dot{\varepsilon}_p = \left\langle \frac{\sigma_v}{K} \right\rangle^n \tag{11-1}$$

式中，σ_v 为黏性应力；K 是强度系数，与温度相关；n 为黏性指数，取决于材料、应变率及温度；$\langle \cdot \rangle$ 在这里用来确保在弹性域内塑性应变率失效。

假定材料变形遵循各向同性硬化，方程（11-1）可以表达为

$$\dot{\varepsilon}_p = \left\langle \frac{\sigma - R - k}{K} \right\rangle^n \tag{11-2}$$

式中，σ 为流动应力；k 为初始屈服应力，与温度相关；R 为各向同性硬化变量。塑性变形过程中随着位错的增殖，材料表现为加工硬化，位错密度所引起的应力增加可以用泰勒定律来表达[17]：

$$R = M\alpha G(T)b\sqrt{\rho} \tag{11-3}$$

式中，M 为平均泰勒因子；α 为材料常数；G 为剪切模量，与温度相关；b 为 Burgers 向量；ρ 为位错密度。

高温下位错随着塑性变形而储存，并伴随着位错攀移和滑移而动态回复，另外，高温下静态回复湮灭了位错，Lin 和 Dean[4] 引入了归一化位错密度的概念，并提出了热变形下考虑加工硬化、动态回复及静态回复的位错密度演化方程：

$$\dot{\bar{\rho}} = A(1 - \bar{\rho})\dot{\varepsilon}_p^{n_1} - C\bar{\rho}^{n_2} \tag{11-4}$$

式中，等式右侧第一部分描述了由塑性变形引起的位错储存和动态回复对位错密度的影响，$\bar{\rho}$ 是归一化位错密度且可以表达为：$\bar{\rho} = 1 - \rho_0 / \rho$，$\rho_0$ 是初始状态下的位错密度，ρ 是当前变形时刻的位错密度；A 是与温度相关的材料常数；材料常数 n_1 用来捕捉位错密度增殖速率对

应变率的敏感性。等式右侧第二部分描述了高温下静态回复对位错的减少，C 是与温度相关的材料常数；n_2 为材料常数。使用归一化位错密度代替式（11-3）中的位错密度，并简化常数，式（11-3）可以表达为

$$R = B(T)\sqrt{\overline{\rho}} \tag{11-5}$$

式中，B 为与温度相关的材料常数。材料进入塑性变形后，总的应变可以分解为弹性应变和塑性应变，且流动应力由线弹性胡克定律给出：

$$\sigma = E(\varepsilon - \varepsilon_p) \tag{11-6}$$

式中，E 为杨氏模量，与温度相关；ε 为总的应变；ε_p 为塑性应变。

因此，基于位错密度的统一黏塑性本构模型可以表达为[4]

$$\begin{cases} \dot{\varepsilon}_p = \left\langle \dfrac{\sigma - R - k}{K} \right\rangle^n \\ R = B(T)\sqrt{\overline{\rho}} \\ \dot{\overline{\rho}} = A(1 - \overline{\rho})\dot{\varepsilon}_p^{n_1} - C\overline{\rho}^{n_2} \\ \sigma = E(\varepsilon - \varepsilon_p) \end{cases} \tag{11-7}$$

通常材料参数与温度之间关系的构建直接影响建模精度，原始模型中材料常数 K、k、B、C、E、A、n 与温度之间的关系均为 Arrhenius 关系表达。为了提高该模型描述 2124 铝合金在热变形下的变形行为的能力，在参数求解过程中构建了一组合适的参数方程来描述材料常数与温度之间的关系。在本节中，材料常数 K、k、B、C、E、A、n 与温度之间的关系表示为

$$\begin{cases} K = K_0 T + K_1 \\ k = k_0 \exp(-((T - k_1)/k_2)^2) \\ B = B_0 \exp(B_1 T) \\ C = C_0 \exp\left(\dfrac{-Q_C}{RT}\right) \\ E = E_0 \exp\left(\dfrac{Q_E}{RT}\right) \\ A = A_0 \exp\left(\dfrac{Q_A}{RT}\right) \\ n = n_0 T + n_1 \end{cases} \tag{11-8}$$

式中，K_0、K_1、k_0、k_1、k_2、B_0、B_1、C_0、Q_C、E_0、Q_E、A_0、Q_A、n_0、n_1 为材料常数；R 为通用气体常数，其值为 8.314J/(mol·K)；T 为热力学温度。

11.2.2　基于遗传算法的黏塑性模型参数识别

由于黏塑性模型中材料参数较多，通过试验难以求解。利用智能算法来逼近模型曲线与试验曲线可以有效地获取本构模型材料参数。由于目标函数具有强烈的非线性（多峰），需要采用全局优化算法来寻得可靠的最优解[18]，采用遗传算法来确定黏塑性模型的材料参数，优化模型可以表达为

$$\min f(x) = \frac{1}{M} \sum_{j=1}^{M} \left(\frac{1}{N} \sum_{j=1}^{N} \left(\ln \left(\frac{\sigma_{ij}^{c}}{\sigma_{ij}^{e}} \right) \right)^{2} \right) \qquad (11\text{-}9)$$

式中，$f(x)$ 为流动应力残差；x 为所求的材料常数数组；M 为曲线条数；N 为每条曲线上所取的试验特征点数；σ_{ij}^{e} 为计算数据点的试验应力值；σ_{ij}^{c} 为对应于试验数据点的计算应力值。本节 $M=9$，$N=7$。

材料参数具体确定流程如下。

（1）利用遗传算法分别优化获取 350℃、400℃、450℃变形条件下的材料常数 K、k、B、C、E、A、n、n_1、n_2，其中每个温度下的参数优化流程如图 11-4 所示。

（2）评估每个温度下的材料常数 K、k、B、C、E、A、n 与温度之间的相关性，并构建合适的参数方程来描述材料常数与温度之间的关系。

（3）将求得的常数 K_0、K_1、k_0、k_1、k_2、B_0、B_1、C_0、Q_C、E_0、Q_E、A_0、Q_A、n_0、n_1 作为初始值按照图 11-4 所示的流程进行优化，并获得优化后的材料常数，如表 11-1 所示。

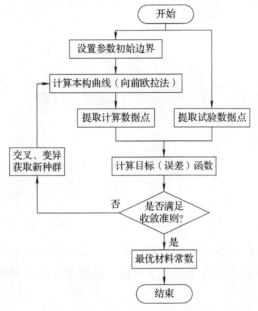

图 11-4　本构参数识别流程

表 11-1　优化后的材料常数

材料常数	最优值	材料常数	最优值
K_0	−0.3991	E_0 /MPa	145.7
K_1 /MPa	343.5	Q_E /(J/mol)	22684.25
k_0 /MPa	41.12	A_0	0.267942
k_1 /K	604.8	Q_A /(J/mol)	19006.42
k_2 /K	83.44	n_0 /K^{-1}	0.01575
B_0 /MPa	3102002	$n1$	−4.252
B_1 /K^{-1}	−0.01796	$n1$	0.7343
C_0	2792.702	$n2$	9.1015
Q_C /(J/mol)	11225.419	$n2$	

　　将求得的本构模型参数代入本构方程中，基于向前欧拉法获得模型的计算曲线，试验值与模型预测曲线对比如图 11-5 所示，从图中可以看出模型的预测值与试验值吻合良好，能够较为准确地描述不同温度和应变率下峰值应力前的应变硬化行为，并且随着温度降低和应变率升高，应变硬化能力增强的趋势得到了较好的表达，此外，不同变形条件下预测值与试验点的峰值应力也基本一致，表明该黏塑性模型能有效反映 2124 铝合金热变形下的变形行为。

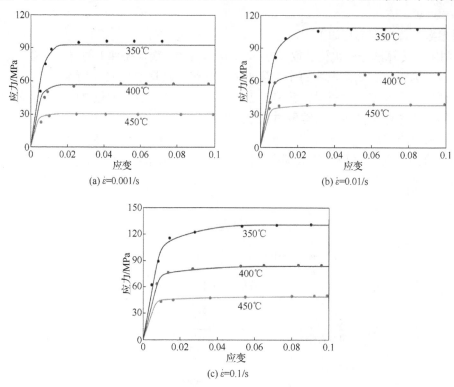

(a) $\dot{\varepsilon}=0.001/s$　　　　　　　　　　(b) $\dot{\varepsilon}=0.01/s$

(c) $\dot{\varepsilon}=0.1/s$

图 11-5　硬化行为的预测值（实线）与试验值（符号）对比

　　为了定量评估已建立黏塑性模型的精度，采用统计学的指标计算试验应力值与本构模型计算应力值的相关系数 R 以及均方根误差 RMSE，其值分别为 0.9892 和 2.73MPa，证明了该模型具有较高的精度。

11.3　耦合损伤的统一黏塑性本构模型

11.3.1　理论模型

　　铝合金热变形下的损伤机制比较复杂，不仅与材料的变形参数（温度和应变率）、变形程度、应力状态和应变路径有关，而且高温下的微观组织演变，如晶粒尺寸的演变、再结晶动力学及沉淀动力学演化，均对损伤演化行为具有重要影响，这些机制的耦合效应对材料损伤演变的影响通常具有非线性特征。

　　Xue[19]基于低周疲劳损伤累积规律提出了幂函数形式的非线性损伤增长定律：

$$D=\left(\frac{\varepsilon_p}{\varepsilon_f}\right)^m \tag{11-10}$$

通过考虑塑性变形程度对损伤演化起始的影响以及接近断裂时微孔微裂纹之间的相互作用，引入连续损伤模型的一些特征：损伤阈值塑性应变 ε_{th}、断裂时的临界损伤值 D_C，式（11-10）可以表达为

$$D = D_C\left(\frac{\varepsilon_p - \varepsilon_{th}}{\varepsilon_f - \varepsilon_{th}}\right)^m \tag{11-11}$$

式中，D 为损伤变量；ε_p 为塑性应变；ε_f 为给定比例载荷路径上的断裂应变；m 为损伤演化指数，与温度相关，ε_{th} 为与温度和应变率相关的材料常数，可以由热单轴拉伸应力-应变曲线确定。

通常断裂应变 ε_f 取决于塑性应变、应力三轴度和洛德角。在拉伸变形状态下，应力三轴度因子占主导，且断裂应变随应力三轴度的增加呈指数下降[20]。此外，热变形下温度和应变率对断裂应变的影响不可忽略。假设应力三轴度与变形参数（温度和应变率）对断裂应变的影响可分离，断裂应变可以表示为

$$\varepsilon_f = d_2 \exp(d_1(\eta - 1/3)) \tag{11-12}$$

式中，η 为应力三轴度，$\eta = \sigma_m / \sigma_e$，$\sigma_m$ 为平均应力，σ_e 为等效应力；d_1 代表应力三轴度对断裂应变的影响，需要通过多个温度条件下不同缺口试样的拉伸试验校准；d_2 表示温度和应变率对断裂应变的综合影响，当 $\eta = 1/3$ 时，d_2 表示在单轴拉伸变形下的断裂应变。

为适应有限元分析中的损伤更新，对式（11-11）微分得到损伤增量与塑性应变增量的关系为

$$\mathrm{d}D = D_C m\left(\frac{\varepsilon_p - \varepsilon_{th}}{\varepsilon_f - \varepsilon_{th}}\right)^{m-1}\frac{1}{\varepsilon_f - \varepsilon_{th}}\mathrm{d}\varepsilon_p \tag{11-13}$$

因此非线性损伤演化模型可以表示为[21]

$$\begin{cases} \dot{D} = D_C m\left(\frac{\varepsilon_p - \varepsilon_{th}}{\varepsilon_f - \varepsilon_{th}}\right)^{m-1}\dfrac{1}{\varepsilon_f - \varepsilon_{th}}\dot{\varepsilon}_p \\ \varepsilon_f = d_2 \exp(d_1(\eta - 1/3)) \end{cases} \tag{11-14}$$

值得注意的是，只有应力三轴度为正值时，才会产生损伤。

材料的热变形过程损伤会降低材料的力学性能，因此模型需要考虑此因素以与实际变形过程一致。为描述热变形过程损伤材料的应力软化与刚度降低情况，遵循连续损伤机理[22]，将损伤变量与屈服准则耦合，因此屈服函数可以表达为

$$\phi = \sigma_{eq}^2 - \left[(1-D)\sigma_y\right]^2 \tag{11-15}$$

式中，σ_{eq} 为 von Mises 等效应力；σ_y 为未损坏基体材料的屈服应力，该模型中未损坏基体材料遵循黏塑性硬化准则，即 $\sigma_y = k + R + K\sqrt[n]{\dot{\varepsilon}}$。

材料的微孔隙损伤可导致弹性模量降低，基于应变当量假设，假定弹性模量随损伤变量线性衰减，有

$$E = (1-D)E_0 \tag{11-16}$$

式中，E_0 和 E 为未损坏和受损材料的弹性模量。

总之，新的耦合损伤黏塑性本构模型可以表达为[23]

$$\begin{cases} \dot{\varepsilon}_p = \left\langle \dfrac{\sigma/(1-D)-R-k}{K} \right\rangle^n \\[2mm] R = B(T)\sqrt{\bar{\rho}} \\[2mm] \dot{\bar{\rho}} = A(1-\bar{\rho})\dot{\varepsilon}_p^{n_1} - C\bar{\rho}^{n_2} \\[2mm] \dot{D} = D_C m\left(\dfrac{\varepsilon_p - \varepsilon_{th}}{\varepsilon_f - \varepsilon_{th}}\right)^{m-1} \dfrac{1}{\varepsilon_f - \varepsilon_{th}}\dot{\varepsilon}_p \\[2mm] \varepsilon_f = d_2 \exp(d_1(\eta - 1/3)) \\[2mm] \sigma = E(1-D)(\varepsilon - \varepsilon_p) \end{cases} \tag{11-17}$$

11.3.2　损伤模型参数识别

1. 损伤阈值参数 D_C、ε_{th}

通常当损伤变量 $D=1$ 时，材料完全失去承载能力，但考虑微孔、微裂纹之间的相互作用，当 $D=D_C$ 时，可认为材料已出现裂纹而失效。

热变形下 2124 铝合金具有应变率敏感性，当不考虑损伤时，材料的流动应力逐渐趋于饱和，由微孔隙引起的损伤会降低流动应力，因此将热拉伸应力-应变曲线上应力开始下降时的应变作为损伤阈值塑性应变，并建立其与温度和应变率相关的参数方程：

$$\varepsilon_{th} = -0.287 + 1.2964\exp(-1169.36/T)\exp(\dot{\varepsilon}^{0.0997}) \tag{11-18}$$

2. 应力状态相关参数 d_1 及缺口拉伸试验

参数 d_1 反映了应力状态对损伤演化的影响，为了分离与温度和应变率相关的参数 d_2 对损伤演化的影响，需要在不同温度条件下进行测试，并且需要在每个温度条件下测试不同缺口的试样以反映不同应力三轴度对损伤演化的影响。此过程中，为了简化参数求解过程，将不再研究不同应变率对损伤演化造成的影响，温度和应变率对损伤演化的影响用参数反映，因此所有测试试样的拉伸速度均保持一致，其值为 0.1mm/s。

一组试验对象为常温下无缺口、缺口半径为 4mm 的试样；另一组试验对象为高温下 (450℃) 缺口半径为 2mm、5mm、10mm 的试样。试样尺寸及相应的测试结果如图 11-6 所示。

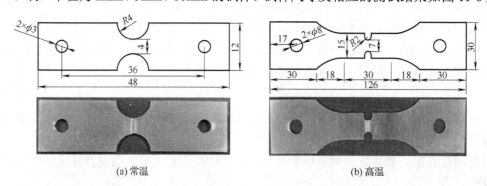

(a) 常温　　　　　　　　　　　　　　　(b) 高温

图 11-6　缺口拉伸试样尺寸及相应测试结果（单位：mm）

利用有限元软件 ABAQUS 模拟在不同温度条件下不同缺口试样的变形过程，通过不断调整缩颈后的应力-应变曲线，当载荷-位移曲线以及拉伸试样断裂处宽度均一致时，可认为该有限元模型能够反映真实变形过程。仿真和试验的载荷-位移曲线对比如图 11-7 所示。图 11-7 表明不同测试条件下的载荷-位移曲线吻合良好，证明了有限元分析结果的有效性。获得每个测试条件下等效塑性应变与应力三轴度之间的演化规律，如图 11-8 所示。

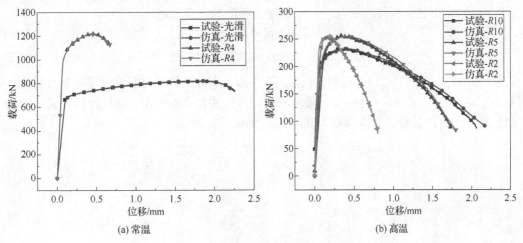

(a) 常温　　　　　　　　　　　　　　　(b) 高温

图 11-7　缺口试样仿真与试验载荷-位移曲线对比

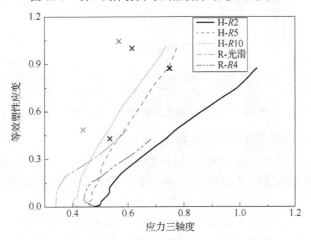

图 11-8　应力三轴度与等效塑性应变演化规律

图 11-8 中一共有五组试验，从上至下分别为高温下缺口半径为 2mm、5mm、10mm 的试样，以及常温下光滑和缺口半径为 4mm 的试样。图中深色的三个标记点表示试样在高温下从变形开始至断裂时试样中心处的平均应力三轴度以及对应的断裂时的等效塑性应变，浅色的两个标记点表示试样在常温下从变形开始至断裂时试样中心处的平均应力三轴度以及对应的断裂时的等效塑性应变。分别从高温和常温的条件来看，在每个温度条件下，应力三轴度越大，其断裂时的等效塑性应变越小，这表明了应力三轴度对于损伤演化的加速作用。在不同温度条件下，温度对断裂时的等效塑性应变影响较大，如在常温下，断裂时的等效塑性应变为 0.45 左右，而在 450℃条件下，等效塑性应变可达到 1 左右。

由于变形过程中应力三轴度的值不断变化，采用了 Bai 和 Wierzbicki[24] 提出的方法，计算每个测试条件下变形过程中应力三轴度的历史平均值，其计算公式为

$$\eta_{\mathrm{av}} = \frac{1}{\bar{\varepsilon}_f} \int_0^{\bar{\varepsilon}_f} \eta(\bar{\varepsilon}_p) \mathrm{d}\bar{\varepsilon}_p \tag{11-19}$$

获得了每个测试条件下的断裂应变与平均应力三轴度（图 11-8 中的标记点），基于常温/高温下的试验数据建立断裂应变与应力三轴度之间的拟合方程：

$$\varepsilon_{f\text{-RT}} = 0.534\exp(-1.029(\eta - 1/3)) \tag{11-20}$$

$$\varepsilon_{f\text{-HT}} = 1.345\exp(-1.029(\eta - 1/3)) \tag{11-21}$$

式（11-20）、式（11-21）分别为常温下和高温下应力三轴度与断裂应变的拟合方程，可以得到 $d_1 = -1.029$。图 11-9 为应力三轴度与断裂应变的拟合关系图，并且计算了式（11-20）、式（11-21）的决定系数，其值分别为 0.954、0.936。

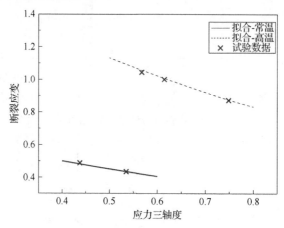

图 11-9　应力三轴度与断裂应变的拟合关系

3. 基于试验-模拟的损伤演化特征参数 d_2、m 反求

基于试验-模拟反求方法，通过对损伤演化参数不断调整，逼近试验和有限元模拟的载荷-位移数据来获取损伤演化特征参数 d_2、m。已构建的黏塑性本构模型通过用户定义的材料子程序 VUMAT 用于 ABAQUS 有限元分析。

利用 ABAQUS 建立热拉伸有限元模型，如图 11-10 所示。由于试样具有对称性，建立了 1/8 模型以减小计算成本，并设置相应的对称边界条件。采用具有温度-位移耦合和缩减积分的 8 节点六面体单元（C3D8RT），并在试样标距区域细化网格以提高分析精度，其中最小网格尺寸为 0.15mm。采用 ABAQUS/Explicit 求解器完成不同变形参数下的热拉伸模拟。为了考虑热力耦合分析过程，仿真中设置了一些性能参数，如表 11-2 所示。

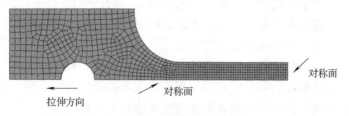

图 11-10　热拉伸有限元对称模型

表 11-2　热拉伸仿真中的性能参数设置

参数	值
密度/(kg/m³)	2780
泊松比	0.3
比热容/(J/(kg·K))	1050

续表

参数	值
热膨胀系数/K^{-1}	6.6×10^{-5}
热传导率/(W/(m·K))	190
非弹性热分数	0.9

通过仿真获得的载荷-位移曲线与试验曲线对比如图 11-11 所示。从图中可以看出，试验与仿真的载荷-位移曲线比较接近，反求得到的损伤参数能够很好地描述材料热拉伸变形下的损伤与断裂行为。

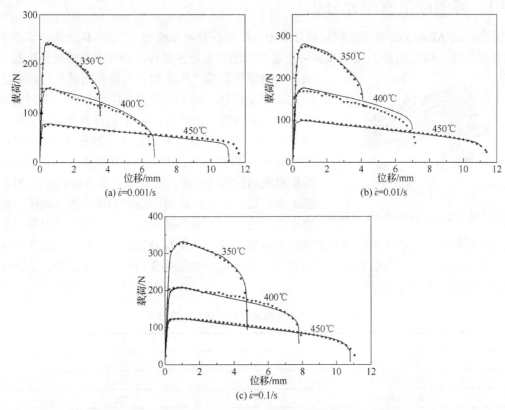

图 11-11　试验（实线）与仿真（符号）的载荷-位移曲线对比

基于试验和仿真载荷-位移曲线对比结果，获得了不同温度和应变率下的损伤演化特征参数 d_2、m，如表 11-3 所示。

表 11-3　反求的损伤演化特征参数

温度/℃	应变率/s^{-1}	d_2	m
350	0.001	0.45	1.15
	0.01	0.45	1.15
	0.1	0.54	1.15
400	0.001	0.57	1.8
	0.01	0.65	1.8
	0.1	0.9	1.8

续表

温度/℃	应变率/s⁻¹	d_2	m
450	0.001	0.9	2
	0.01	0.8	2
	0.1	1.08	2

11.4　等温胀形的破裂预测

11.4.1　等温胀形有限元分析

　　首先利用 ABAQUS 有限元软件建立了等温胀形的有限元模型,如图 11-12 所示。由于试样具有对称性,因此建立了 1/4 模型并设置相应的对称边界条件。为减小有限元分析的计算成本,考虑到工具(压边圈、凸模和凹模)与板料之间巨大的刚度差异,将工具设置为刚性部件,板料设置为变形体。板料的单元类型为温度-位移耦合、缩减积分壳单元 S4RT,并在厚度方向设置 5 个积分点,最小网格尺寸为 0.3mm 以获得较为准确的分析结果。为考虑拉延筋对板料流动的约束作用,对半径大于 73mm 的板料部分施加固定边界条件。模型中固定凹模,在压边圈上给定恒定的压边力,并对凸模施加恒定速度以模拟等温胀形

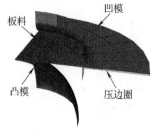

图 11-12　等温胀形试验有限元对称模型

过程。在板料与工具之间采用库仑摩擦模型且摩擦系数设置为 0.25。由于热成形过程的等温特性,因此忽略了工具与板料之间的热传递,但考虑了由塑性变形做功产生的热。仿真中设置的一些参数如表 11-4 所示。

表 11-4　等温胀形模型的一些参数设置

参数	值
凸模直径/mm	100
凹模直径/mm	106
板料直径/mm	200
压边力/kN	20
凸模速度/(mm/s)	5
工具和板料温度/K	673
热传导率/(W/(m·K))	190
比热容/(J/(kg·K))	1050
非弹性热分数	0.9

　　图 11-13 为等温胀形仿真下不同变形时刻的等效塑性应变分布情况。从图中可以看出,总体上整个变形过程的等效塑性应变分布逐渐趋于局部化。当 t=3.81s 时,等效塑性应变主要分布于与凸模相接触的板料区域且相对均匀,在中心区域的等效塑性应变为 0.25 左右。随着凸模的继续运动,当 t=4.2s 时,最大等效塑性应变达到 0.3471 且偏离试样中心,这是由于板料与工具之间的摩擦系数使得塑性变形区域逐渐偏离试样中心,而在试样中心的值约为 0.24,表明了板料的等效塑性应变在试样中心区域分布逐渐不均匀,变形有局部化趋势。直到变形

后期，板料变形局部化趋势加剧，当 t=4.5s 时，板料破裂，最大等效塑性应变达到 0.6475，表明材料高温变形下的塑性较好，而在破裂处两侧的等效塑性应变急剧降低，表明了材料高温延性断裂的局部化特征。

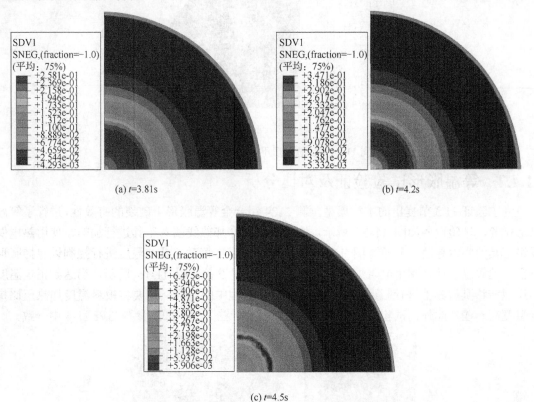

(a) t=3.81s

(b) t=4.2s

(c) t=4.5s

图 11-13　等温胀形不同时刻的等效塑性应变分布

　　图 11-14 为等温胀形仿真下不同变形时刻的损伤分布情况。当 t<3.81s 时，此阶段由于板料最大的塑性应变没有超过该变形条件下的损伤阈值塑性应变，因此没有损伤产生。当 t=3.81s 时，损伤的初始分布偏于试样中心处，这是由于该区域的等效塑性应变较大，如图 11-14（a）所示。随着时间的进行，该区域的等效塑性应变越来越大，因此损伤值也慢慢增加，当 t=4.2s 时，最大损伤达到 0.05（图 11-14（b））。随后塑性变形集中于该损伤区域，直到 t=4.5s 时，最大损伤达到 0.7（图 11-14（c）），材料破裂失效。

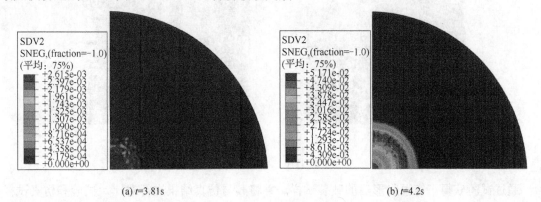

(a) t=3.81s

(b) t=4.2s

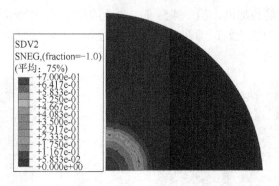

(c) *t*=4.5s

图 11-14　等温胀形不同时刻的损伤分布

11.4.2　等温胀形试验验证及对比分析

为了验证 11.3 节提出的本构模型预测 2124 铝合金等温胀形下破裂的有效性，进行了等温胀形试验，试验设备如图 11-15 所示。利用加热棒和加热线圈对工具进行加热，使用热电偶反馈工具的实时温度，并通过图 11-15（a）所示的温控箱对工具的温度进行控制以保持胀形下需要的等温条件。利用电阻炉对板料进行加热，其设备如图 11-16 所示，当达到指定温度后迅速转移到模具上进行胀形。考虑到板料转移过程中的温降，需要将板料温度加热至比指定温度高一些。此外，试验中板料的变形条件以及一些其他的加工参数与表 11-4 中一致。

(a) 温控箱

(b) 等温胀形模具

图 11-15　试验设备

(a)电阻炉

(b)温控仪

图 11-16　加热设备

通过试验获得了等温胀形后的破裂试样，并将其与仿真结果进行对比。试验和仿真试样断裂位置的比较如图 11-17 所示，从图中可以看出仿真中板料破裂时的损伤值为 0.7，并且与试验下的断裂位置基本一致，均在偏离试样中心一定距离处，因此 11.3 节提出的本构模型能够较好地预测等温胀形下的破裂位置[21]。

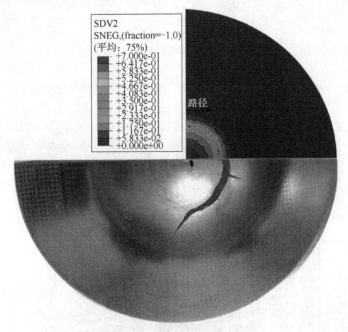

图 11-17　试验和仿真试样断裂位置的对比

　　为量化试样破裂时刻的具体位置和损伤分布情况，基于仿真结果获得了在材料破裂时刻沿图 11-17 中路径的损伤分布，结果如图 11-18 所示。从图 11-18 中可以发现：试样破裂的位置离试样中心 15mm 左右，这是由摩擦系数造成的，当板料与模具之间的摩擦系数较小时，板料中心区域能够发生较大的塑性变形，破裂位置接近试样中心，反之，在半径大于 25mm 的板料区域没有损伤发生，这是因为在这些区域中的塑性应变很小，且没有超过损伤阈值塑性应变，因此该区域的损伤值为零。另外，在断裂位置的两侧可以观察到近似对称的损伤分布，并且在靠近试样中心的一侧具有较大的损伤值，这归因于冲头运动引起靠近试样中心一侧具有较大的塑性变形。最后，在板料中心处的损伤值为 0.02，而在破裂位置处的损伤值可以达到 0.55，还可以观察到从板料两侧到破裂位置的损伤值呈指数分布，这表明了损伤的局部化特征。

　　为进一步评估 11.3 节提出的本构模型预测等温胀形过程破裂行为的能力，通过仿真获得了试样破裂时刻的厚度分布情况，并与试验结果进行对比，其结果如图 11-19（a）所示。图 11-19（a）显示出厚度减小主要分布在与冲头接触的板料区域，并且破裂时最大的厚度减薄率能够达到 39%，表明了在该高温变形条件下材料具有较好的塑性变形能力。为量化板料破裂时试验和仿真的厚度对比，给出了沿图 11-19（a）给定路径上的厚度分布，其结果如图 11-19（b）所示。图 11-19（b）显示出最小厚度的位置距离板料中心 15mm，这与最大损伤值的位置一致。此外，还可以看出试验和仿真的厚度分布比较接近，最大减薄率相差 5% 左右，其厚度变化的趋势也一致，证明了所建立的本构模型可以有效地预测 2124 铝合金在热成形下的破裂行为。

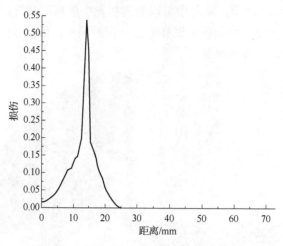

图 11-18　仿真中在断裂时刻的损伤分布

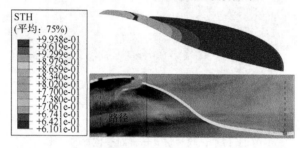

(a) 试样厚度对比（单位：mm）

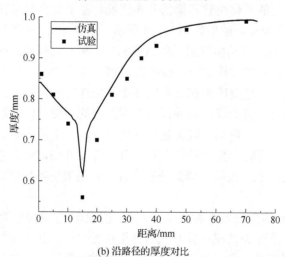

(b) 沿路径的厚度对比

图 11-19　试验与仿真之间的厚度比较

11.5　双 C 件热成形工艺分析与试验验证

　　将双 C 件的热成形作为实际案例，基于 11.3 节提出的本构模型利用 ABAQUS 有限元软件对双 C 件热成形工艺进行分析，以获得最佳的双 C 件热成形工艺参数组合，为工业上热成形工艺的选择提供参考。双 C 件几何尺寸如图 11-20 所示，从图中可以看出，材料成形过程中会经历较大的拉伸及弯曲变形，对材料的塑性变形能力要求较高，在常温条件下成形困难，因此非常适合作为热成形下的案例进行研究。

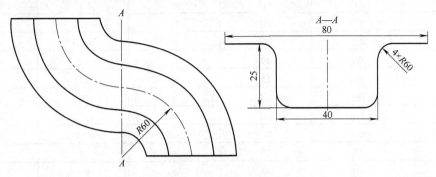

图 11-20　双 C 件几何尺寸（单位：mm）

11.5.1　工艺参数对双 C 件热成形损伤的影响

为了研究不同工艺参数（温度、变形速率、压边力和摩擦系数）对双 C 件热成形损伤的影响，基于正交试验，使用极差分析方法评估不同工艺参数对材料损伤的影响，并获得最佳的双 C 件热成形工艺条件。

利用 ABAQUS 软件建立了双 C 件有限元模型，如图 11-21 所示。模型中的材料参数、单元类型、板料与模具之间的接触属性与摩擦模型均与图 11-12 中的模型一致，利用该有限元模型对不同工艺条件下的双 C 件进行成形分析。

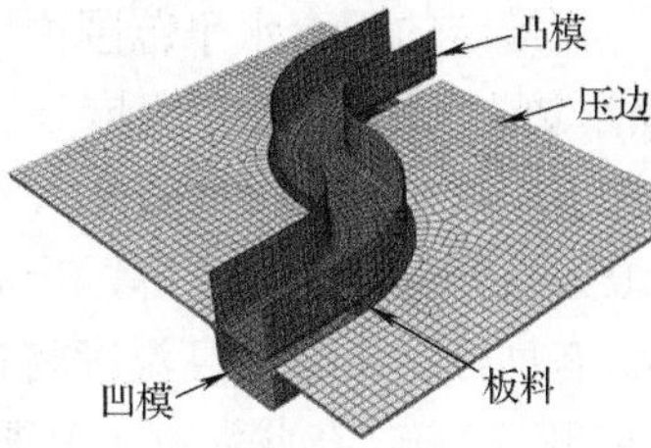

以温度、变形速率、压边力和摩擦系数作为分析变量，由于材料模型中考虑了损伤演化，因此将最大损伤值作为成形质量指标，设计了 4 因素 5 水平正交表，一共 25 组试验。其中温度各水平的选择覆盖了热拉伸试验的整个温度范围，变形速率及摩擦系数水平的选择依据参考文献确定，压边力各因素水平的选择通过有限元仿真分析得出。具体试验方案以及仿真结果如表 11-5 所示。

图 11-21　双 C 件有限元模型

表 11-5　正交试验方案及结果

编号	温度/K	变形速率/(mm/s)	压边力/kN	摩擦系数	最大损伤值
1	623	20	2	0.1	0.7
2	623	65	6	0.175	0.7
3	623	110	10	0.125	0.569
4	623	155	4	0.2	0.7
5	623	200	8	0.15	0.532
6	648	20	10	0.175	0.691
7	648	65	4	0.125	0.187
8	648	110	8	0.2	0.496
9	648	155	2	0.15	0.219
10	648	200	6	0.1	0.141
11	673	20	8	0.125	0.169
12	673	65	2	0.2	0.087

续表

编号	温度/K	变形速率/(mm/s)	压边力/kN	摩擦系数	最大损伤值
13	673	110	6	0.15	0.076
14	673	155	10	0.1	0.062
15	673	200	4	0.175	0.084
16	698	20	6	0.2	0.149
17	698	65	10	0.15	0.085
18	698	110	4	0.1	0.009
19	698	155	8	0.175	0.067
20	698	200	2	0.125	0.005
21	723	20	4	0.15	0.034
22	723	65	8	0.1	0.011
23	723	110	2	0.175	0.010
24	723	155	6	0.125	0.010
25	723	200	10	0.2	0.132

　　利用极差分析方法获得了各个因素水平与成形质量指标的趋势图，如图 11-22 所示。各个因素水平从 1~5 分别对应着各个因素水平的值从小至大。值得注意的是，当最大损伤值为 0.7 时，材料已经破裂，此时将其作为影响成形质量的因素将没有任何意义，因此在趋势图中将 623K 温度条件下的最大损伤值定为 0.7，且在该温度条件下的损伤值不参与后续的计算，以避免计算结果的灵敏度降低。从图 11-22 中可以得出以下几点。

　　在给定的因素水平范围内，各个因素对最大损伤值的影响从大到小分别为：温度>变形速率>压边力>摩擦系数。温度是影响材料损伤演化最重要的因素，表 11-5 表明，在温度为 623K 条件下，存在最大损伤值 0.7，表明在该变形条件下材料已经破裂，而随着温度的升高，试样的最大损伤值呈指数下降，当温度为 723K 时，其最大损伤值降低至 0.039，表明此状态下成形状态良好。由于升高温度将需要更多的能量并且温度越高越难控制，因此最佳的成形温度为 673K 左右，在此温度下其平均损伤值为 0.0956，试样可以得到良好成形。

　　对于变形速率因素，图 11-22 表明总体上最大损伤值随速度增加而减小。在变形速率为 20mm/s 时，其最大损伤值能达到 0.26，而当变形速率为 65mm/s 时，其最大损伤值迅速降低为 0.0925，表明适当提高变形速率可以减小材料热成形下的损伤演化，并且变形速率越高其最大损伤值变化越不明显，因此较合适的变形速率为 65mm/s 左右。

　　对于压边力因素，图 11-22 表明随着压边力的增加，材料的最大损伤值也逐渐增加，表明增加压边力增大了材料的变形阻力，因此在某些局部区域会产生更大的塑性变形。当压边力从 2kN 增加至 6kN 时，其最大损伤值从 0.08 增加至 0.094，变化不明显。而当压边力增加至 8kN 时，其最大损伤值增加至 0.186。由于较小的压边力会导致板料有起皱风险，因此最佳的压边力在 6kN 左右。

　　对于摩擦系数因素，图 11-22 表明最大损伤值随摩擦系数的增加而增加。当摩擦系数为 0.1 时，其最大损伤值为 0.056，而当摩擦系数增加至 0.2 时，其最大损伤值增加至 0.216，表明了摩擦系数对于材料成形质量的重要性。因此应尽可能使用摩擦系数较低的润滑剂，从而提高板料变形过程的流动特性，提高产品的质量。

总之，根据以上分析结果，最佳的成形工艺条件为：在尽可能使用具有较低摩擦系数的润滑剂的条件下，温度、变形速率、压边力分别为 673K、65mm/s、6kN 左右。

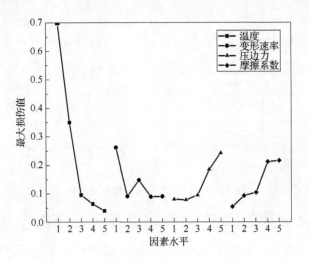

图 11-22　趋势图

11.5.2　最优双 C 件热成形工艺的试验验证

为验证以上分析结果，进行了双 C 件热成形试验，获得了该条件下的成形试样，并与仿真试样进行对比，结果如图 11-23 所示。从图 11-23 可以看出，在该最佳工艺条件下，试验的双 C 件成形良好，无破裂缺陷。仿真的结果表明，在该工艺条件下成形后的最大损伤值为 0.04294，远远小于破裂时的损伤值，与试验结果一致，表明了有限元模型的可靠性。

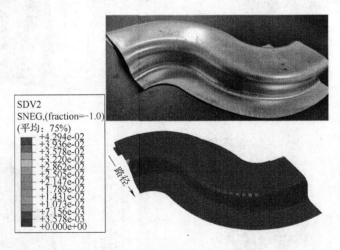

图 11-23　试验与仿真成形结果对比

为进一步评估仿真模型的准确性，沿成形件左端面获得了试验与仿真的厚度分布对比，如图 11-24 所示。从图 11-24 可以看出，试验与仿真的厚度分布趋势及厚度值也较为接近，证明了该本构模型用于工艺分析的有效性。

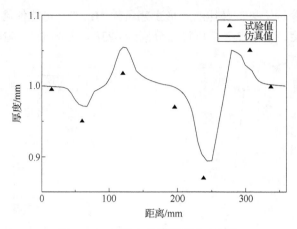

图 11-24　试验与仿真厚度分布对比

11.5.3　基于优化参数的双 C 件热成形有限元分析

　　利用 ABAQUS 软件对前面最佳工艺参数下的双 C 件热成形过程进行有限元分析。通过仿真获得了应力和等效塑性应变的分布情况，结果如图 11-25 所示。该图表明在整个变形阶段，试样的应力不均匀性较大，较大的应力主要分布于上下两个圆角区域，这是由于在这些区域的变形速率较大，材料的黏塑性硬化特征将导致较大的流动应力。此外，等效塑性应变主要分布于侧壁及上下圆角处，这是由于压边力和摩擦限制了板料的流动，因此需要合理控制压边力与摩擦系数来促进板料的流动，防止材料破裂。

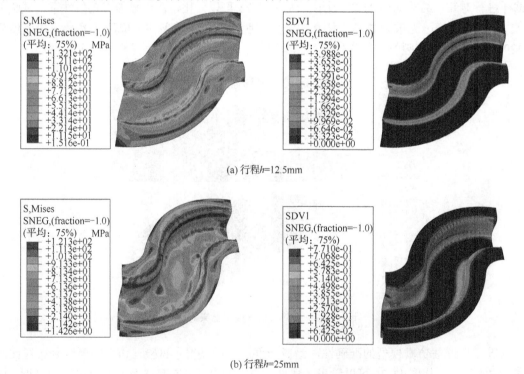

图 11-25　双 C 件成形中的应力及等效塑性应变分布

　　图 11-26 为双 C 件成形中的损伤及厚度分布。从图 11-26 可以看出，当凸模行程为 12.5mm

时，双 C 件的损伤最开始分布于底部圆角区域的中间，而当冲压完成后（h=25mm），最大损伤的区域转移至底部圆角区域的左端面处，这是由材料塑性应变区域的转移导致的。

此外，从厚度分布可以看出，当凸模行程为 12.5mm 时，材料最大减薄区域为顶部小圆角区域，在这些区域材料发生了较大的弯曲变形，在摩擦系数的影响下，压边圈区域的板料不易流动，因此在圆角区域发生较大的塑性变形，从而导致较大的减薄率。当冲压完成后，最大减薄率的区域主要分布于底部圆角区域的左端面处，这与最大损伤值的位置一致。

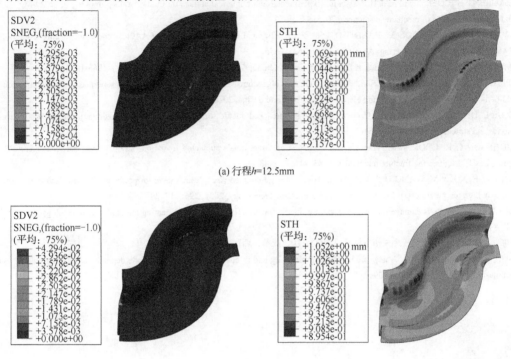

(a) 行程h=12.5mm

(b) 行程h=25mm

图 11-26　双 C 件成形中的损伤及厚度分布

参 考 文 献

[1] 罗先甫，查小琴，夏申琳. 2×××系航空铝合金研究进展[J]. 轻合金加工技术，2018，46（9）：17-25.

[2] ZHENG K L, POLITIS D J, WANG L L, et al. A review on forming techniques for manufacturing lightweight complex—shaped aluminium panel components[J]. International journal of lightweight materials and manufacture, 2018, 1(2): 55-80.

[3] LIN Y C, CHEN X M. A critical review of experimental results and constitutive descriptions for metals and alloys in hot working[J]. Materials & design, 2010, 32(4): 1733-1759.

[4] LIN J, DEAN T A. Modelling of microstructure evolution in hot forming using unified constitutive equations[J]. Journal of materials processing technology, 2005, 167(2/3): 354-362.

[5] LIU R, SALAHSHOOR M, MELKOTE S N, et al. A unified internal state variable material model for inelastic deformation and microstructure evolution in SS304[J]. Materials science and engineering: A, 2014, 594: 352-363.

[6] NAYAN N, MURTY S V S N, CHHANGANI S, et al. Effect of temperature and strain rate on hot deformation behavior and microstructure of Al-Cu-Li alloy[J]. Journal of alloys and compounds, 2017, 723: 548-558.

[7] DENG L, ZHAO T, JIN J S, et al. Flow behaviour of 2024 aluminium alloy sheet during hot tensile and compressive processes[J]. Procedia engineering, 2014, 81: 1049-1054.

[8] VILAMOSA V, CLAUSEN A H, BØRVIK T, et al. A physically-based constitutive model applied to AA6082 aluminium alloy at large strains, high strain rates and elevated temperatures[J]. Materials & design, 2016, 103: 391-405.

[9] GUO R C, WU J J. Dislocation density based model for Al-Cu-Mg alloy during quenching with considering the quench-induced precipitates[J]. Journal of alloys and compounds, 2018, 741: 432-441.

[10] 李齐飞. 2124 铝合金流变规律及成形工艺优化[D]. 长沙：中南大学，2012.

[11] 聂俊红，聂辉文，潘清林. 热变形条件对 2124 铝合金流变应力和显微组织的影响[J]. 热加工工艺，2015，44（10）：76-79，83.

[12] 傅垒，王宝雨，孟庆磊，等. 铝合金热冲压成形质量影响因素[J]. 中南大学学报（自然科学版），2013，44（3）：936-941.

[13] MOHAMED M S, FOSTER A D, LIN J G, et al. Investigation of deformation and failure features in hot stamping of AA6082: experimentation and modelling[J]. International journal of machine tools and manufacture, 2012, 53(1): 27-38.

[14] BAI Q, MOHAMED M, SHI Z, et al. Application of a continuum damage mechanics (CDM)-based model for predicting formability of warm formed aluminium alloy[J]. The international journal of advanced manufacturing technology, 2017, 88(9/10/11/12): 3437-3446.

[15] LAURENT H, COËR J, MANACH P Y, et al. Experimental and numerical studies on the warm deep drawing of an Al-Mg alloy[J]. International journal of mechanical sciences, 2015, 93: 59-72.

[16] WANG L, STRANGWOOD M, BALINT D, et al. Formability and failure mechanisms of AA2024 under hot forming conditions[J]. Materials science and engineering: A, 2011, 528(6): 2648-2656.

[17] MECKING H, KOCKS U F. Kinetics of flow and strain-hardening[J]. Acta metallurgica, 1981, 29(11): 1865-1875.

[18] PICCININNI A, SORGENTE D, PALUMBO G. Genetic algorithm based inverse analysis for the superplastic characterization of a Ti-6Al-4V biomedical grade[J]. Finite elements in analysis and design, 2018, 148:27-37.

[19] XUE L. Damage accumulation and fracture initiation in uncracked ductile solids subject to triaxial loading[J]. International journal of solids and structures, 2007, 44(16): 5163-5181.

[20] JOHNSON G R, COOK W H. Fracture characteristics of three metals subjected to various strains, strain rates, temperatures and pressures[J]. Engineering fracture mechanics, 1985, 21(1): 31-48.

[21] GUO Y H, XIE Y M, WANG D T, et al. An improved damage-coupled viscoplastic model for predicting ductile fracture in aluminum alloy at high temperatures[J]. Journal of materials processing technology, 2021, 296: 117229.

[22] JEAN L. A continuous damage mechanics model for ductile fracture[J]. Journal of engineering materials and technology, 1985, 107(1): 83-89.

[23] 郭元恒. 2124 铝合金热变形损伤本构及成形分析[D]. 成都：西南交通大学，2021.

[24] BAI Y L, WIERZBICKI T . A new model of metal plasticity and fracture with pressure and lode dependence[J]. International journal of plasticity, 2008, 24(6): 1071-1096.